# 大学化学实验

主　编◎孙志梅　潘向萍
副主编◎李　莉　潘　路　平兆艳
　　　　王晓玲　陈士昆　徐　博

北京理工大学出版社
BEIJING INSTITUTE OF TECHNOLOGY PRESS

## 内 容 简 介

本教材将无机化学实验和定量分析化学实验合二为一，主要内容包括四部分：第一部分是导言，第二部分是基础知识和基本操作，第三部分是实验部分，第四部分是附录。实验部分分为基本化学原理、无机化合物的制备、定量分析化学、基础元素化学、综合和设计型实验。基本化学原理部分的实验安排较多，因为对刚进实验室的学生，培养其正确的基本操作尤为重要，故作为重点。无机化合物的制备实验是为了配合课堂教学而选入的，牵涉到重要原理的有关章节都有相应的实验。基础元素化学部分是按元素分区选取适宜操作且性质明显的实验进行验证，培养学生的感性认识。综合和设计型实验是为了培养学生的独立工作能力，进行综合训练而安排。附录包括一些常用仪器和常数等，便于学生查找。



图书在版编目（CIP）数据

大学化学实验 / 孙志梅，潘向萍主编. -- 北京 ：北京理工大学出版社，2023.5

ISBN 978-7-5763-2395-5

Ⅰ. ①大… Ⅱ. ①孙… ②潘… Ⅲ. ①化学实验-高等学校-教材 Ⅳ. ①O6-3

中国国家版本馆 CIP 数据核字(2023)第 090776 号

责任编辑：多海鹏　　文案编辑：魏　笑
责任校对：刘亚男　　责任印制：李志强

出版发行 / 北京理工大学出版社有限责任公司
社　　址 / 北京市丰台区四合庄路 6 号
邮　　编 / 100070
电　　话 / （010）68914026（教材售后服务热线）
（010）68944437（课件资源服务热线）
网　　址 / http://www.bitpress.com.cn

版 印 次 / 2023 年 5 月第 1 版第 1 次印刷
印　　刷 / 三河市天利华印刷装订有限公司
开　　本 / 787 mm × 1092 mm　1/16
印　　张 / 12.25
字　　数 / 278 千字
定　　价 / 88.00 元

# 前　言

本书的编写是为适应高等师范院校化学专业教学改革的需要，将“无机化学”和“分析化学”两门基础课程合并为“无机化学与化学分析”，相应配套的实验改为“大学化学实验”，适用于高水平应用型本科高校。

本书的主要内容包括四部分：导言；基础知识和基本操作；实验部分；附录。为全方位培养学生的综合素质、创新能力、实践能力、就业能力和可持续发展能力，本教材在实验内容设置上分阶段对学生进行训练：基本化学原理；无机化合物的制备；定量分析化学；基础元素化学；综合和设计型实验。基本化学原理部分的实验安排较多，因为对刚进实验室的学生，培养其正确的基本操作尤为重要，故作为重点。无机化合物的制备实验是为了配合课堂教学而选入的，牵涉到重要原理的有关章节都有相应的实验。基础元素化学部分是按元素分区选取适宜操作且性质明显的实验进行验证，培养学生的感性认识。综合和设计型实验是为了培养学生的独立工作能力，进行综合训练而安排。附录包括一些常用仪器和常数等，便于学生查找。

本书编写时，考虑到如何将绿色化学融入，用绿色化学的观念对传统化学实验进行改造，建立了“制备实验小量化、分析实验减量化、实验内容绿色化”的课程体系。

本书由淮南师范学院化学与材料工程学院“大学化学实验”课程组负责编写。参加本次编写工作的有李莉（导言、第 1 章）、潘向萍（第 2 章、第 3 章、第 4 章　实验 1～6、第 6 章　实验 12、实验 13）、孙志梅（第 4 章　实验 7～8、第 5 章　实验 9、第 6 章　实验 14～18）、潘路（第 6 章　实验 19～23、第 7 章　实验 24～26）、平兆艳（第 5 章　实验 10、第 7 章　实验 27～29、第 8 章　实验 30～33）、王晓玲（第 5 章　实验 11、第 8 章　实验 34～39）、徐博（第 8 章　实验 40～44）、陈士昆（附录），全书由孙志梅、潘向萍统稿。

由于编者水平所限，不妥和疏漏之处，恳请读者批评指正。

孙志梅

2022 年 12 月

# 目　录



## 基础知识和基本操作



## 实 验 部 分

# 导　言

## 一、大学化学实验的重要意义

化学是一门中心科学。这是因为一方面化学学科本身迅猛发展，另一方面化学学科在发展过程中为相关学科的发展提供了学习基础，可以说化学正处在一个多边关系的中心。

化学离不开实验。化学实验的重要性主要表现在三个方面：第一，化学实验是化学理论知识产生的基础，化学的规律和成果建筑在实验成果之上；第二，化学实验是检验化学理论知识正确与否的唯一标准，所谓“分子设计”化学合成，其方案是否可行，最终由实验来检验，并且通过实验操作来完成；第三，化学学科发展的最终目的是发展生产力。据估计，21世纪，化学化工产品在国际市场上将成为仅次于电子产品的第二类产品，而化学实验正是化学学科与生产力发展的基本点。

化学学科已发生巨大变化，其中化学实验发展迅速，成果惊人。截至1998年年底，化合物总量已达1 880万种，而且化合物的合成已达分子设计的水平。实验测量的技术精度空前提高，空间分辨率可达1 Å（$10^{-10}$ m）；时间分辨率可达飞秒（$10^{-15}$ s）；测定溶液的浓度只需要含$10^{-13}$ g/mL。如今，化学家不仅研究地球重力场作用下发生的化学过程，还开始研究物质在磁场、电场和光能以及声能作用下的化学反应。化学家在高温、真空、无氧无水、强辐射等条件下的化学反应过程。化学实验推动着化学学科乃至相关学科飞速发展，引导着人类进入崭新的世界。

## 二、化学实验教学的目的

实验教学在化学教学方面起着课堂讲授不能代替的特殊作用。化学实验教学使学生掌握基本的操作技能、实验技术，更重要的是培养学生分析问题、解决问题的能力，养成严谨的、实事求是的科学态度，树立勇于开拓的创新意识。

## 三、掌握学习方法

1. 预习

（1）明确实验目的，了解实验原理、实验步骤和操作过程。

（2）明确实验中的注意事项（实验时的安全措施及所需的常数）。

2. 实验

（1）在实验室操作过程中保持肃静，严格遵循实验室工作规则。

（2）认真操作，细心观察，并及时、如实地做好详细的记录。

（3）如果发现实验现象和理论不符合，首先应尊重实验结果并认真分析和检查原因，再做对照实验、空白实验或自行设计实验来检验，必要时多次重复实验，从中得到有益的科学结论和方法。

3. 实验报告

实验完毕应对实验现象进行揭示并作出结论，或根据实验数据进行处理和计算，独立完成实验报告，并交指导教师审阅。要求：实验报告应格式正确、条理清晰、字迹端正、简明扼要。

# 基础知识和基本操作

# 第1章　实验室基本常识

## 1.1　大学化学实验的基本要求

大学化学实验是高等院校化学类专业必修的基础课程，该课程以全面推进素质教育为目标，包括基本技能、基本原理和基本方法，为无机化学和化学分析实验作素质教育的媒介，通过实验教学，应达到以下教学目的：

（1）掌握无机化学和化学分析实验的基础知识和基本操作技能。

（2）掌握一般无机物的制备和分离提纯方法，掌握基础无机化学原理、常见元素的单质和化合物的性质，学会某些常数的测定原理与方法。

（3）学会正确观察、记录、分析、总结、归纳实验现象，合理处理实验数据，正确绘制仪器装置简图和撰写实验报告，查阅数据手册，设计和改进简单实验，具有处理实验一般事故等方面的能力。

（4）以基本化学原理、无机化合物的制备、定量分析化学、基础元素化学、综合设计型实验五个层次展开实验教学，培养学生以化学实验为工具获取知识的能力。

（5）经过严格的实验训练，使学生具有一定的分析和解决实际问题、收集和处理化学信息、文字表达实验结果的能力，以及团结协作精神。

（6）培养学生严谨的科学态度、正确的科学精神和活跃的创新思维。

大学化学实验的任务即通过整个大学化学实验的教学，逐步达到上述目的，为学生进一步学习后继课程以及培养初步的科研能力打下基础。

为达到上述目的，要求学生必须做到：

（1）充分预习。

实验前应认真阅读实验教材，明确实验目的、原理、步骤和方法以及注意事项，弄清仪器的结构、使用方法和实验装置；明确试剂的物化性质、毒性与安全等数据，做到胸中有数、有计划地进行实验，避免边做边翻书、“照方抓药”式的实验操作。

预习时要求完成预习报告或预习笔记，上课前教师必须检查或抽查。上课时教师应有目的地提问，学生回答问题的情况应记入平时成绩。

书写预习报告应注意：简明扼要，切忌照抄书本；实验过程或步骤可以用框图或箭头等符号表示。

（2）认真实验。

实验中要严守纪律，认真实验，规范操作，细致观察，周密思考，科学分析，如实记录。

学生应独立进行实验基本操作，规范的基本操作是学生必须具备的能力。因此学生在实验中要注意培养自己规范操作的技能，操作过程不能随便，满不在乎。

要求：每个学生必须要有一个记录本。

（3）书写实验报告，做好总结。

实验结束后，根据原始数据和现象记录，严肃认真地书写实验报告。实验报告要求做到绘图规范，文理通顺，结论明确，字体端正，无错别字。

实验报告是学生完成整个实验情况的总结汇报，是整个实验的重要组成部分，也是把各种实验现象、实验结果提高到理性认识的必要步骤。报告中决不能出现抄袭和伪造数据。

不同类型的实验，可采取不同的报告格式，如原理及测定实验报告（工业纯碱总碱度测定）、制备实验报告（硫酸亚铁铵的制备）、性质实验报告（元素化合物部分实验）、定性分析实验报告等。

## 1.2 实验室基本常识

### 1.2.1 实验室规则

（1）课前应认真预习，明确实验目的和要求，了解实验的内容、方法和基本原理。

（2）进入实验室必须穿实验服，必要时佩戴防护眼镜、手套和口罩，请不要穿拖鞋、背心。

（3）实验时应遵守操作规则，注意安全，爱护仪器，节约水、电和药品。

（4）遵守纪律，不迟到，不早退，保持室内安静。

（5）实验中要认真操作，仔细观察各种现象，将实验中的现象和数据如实记录。根据记录的数据，认真地分析问题、处理数据、写出实验报告。

（6）实验过程中，随时注意保持操作环境的整洁，火柴、纸张和废品等必须丢入废物缸内。

（7）实验完毕后，将玻璃仪器洗净，公用仪器放回原处，把实验台和药品架整理干净，打扫实验室卫生。最后检查门、窗、水、电是否关好。

### 1.2.2 化学实验室内的安全操作

在进行化学实验时，需经常使用水、电，并常碰到一些有毒、有腐蚀性或者易燃、易爆的物质。不正确和不严谨的操作，以及忽视操作中必须注意的事项都有可能造成火灾、爆炸和其他事故。发生事故不仅会危害个人，还会危害周围，使国家财产受到损失，影响实验室的正常使用。因此，重视安全操作，熟悉一般的安全知识是非常必要的。我们必须从思想上重视，绝不可大意，但是不能盲目害怕而缩手缩脚，不敢进行实验操作。

为了保证实验顺利进行，必须熟悉和注意以下安全措施：

（1）熟悉实验室及周围环境和水、电、灭火器的位置。

（2）使用电器时，要谨防触电，**千万不要用湿的手、物去接触电源**。实验完毕后及时拔下插头，切断电源。

（3）一切有毒的、恶臭的气体实验，都应在通风橱内进行。此外，对有毒及恶臭气味的物质进行实验时，必须严格控制用量，且在教师的指导下进行实验。

（4）为了防止药品腐蚀皮肤和进入体内，不能用手直接拿取药品，要用药勺或指定的容器取用。取用一些强腐蚀性的药品，如氢氟酸、溴水等，必须戴上橡皮手套。绝不允许用舌头尝药品的味道。实验完毕后须将手洗净。严禁在实验室内饮食，严禁将食品及餐具等带入实验室内。

（5）不允许将各种化学药品混合，以免引起意外事故，自选设计的实验务必与教师讨论并征得同意后方可进行。

（6）使用易燃物（如酒精、丙酮、乙醚）、易爆物（如氯酸钾）时，要远离火源，用完后应及时将易燃物、易爆物加盖存放在阴凉的地方。

（7）酸碱是实验室常用的试剂，浓酸碱具有强腐蚀性，应小心取用，不要洒在衣服或皮肤上。实验用过的废酸应倒入指定的废酸缸中。

（8）使用浓 $HNO_3$、HCl、$H_2SO_4$、$HClO_4$、氨水、冰醋酸等时，均应在通风橱内操作。夏天，打开浓 $HNO_3$ 瓶盖之前，应先将瓶子放在自来水流水下冷却后，再行开启。如不小心溅到皮肤和眼内，应立即用水冲洗。

（9）如有机溶剂散落到地上，应立即用纸巾吸除，并做适当的处理。

（10）禁止使用无标签、性质不明的药品。

（11）实验室应保持室内整齐、干净。勿将火柴棒、废纸、残渣、pH 试纸、玻璃碎片等固体废物扔入水槽，此类废物应收集起来放入废物桶内或实验室规定的地方。废液小心倒入废液缸中。毛刷、抹布、拖把等卫生用品清洗干净，摆放整齐。

（12）实验完毕后，值日生和最后离开实验室的人员应负责检查门、窗、水是否关好，电闸是否关闭。

（13）实验室内所有药品不得携带，用剩的有毒药品应归还教师。

### 1.2.3　实验室中意外事故的急救处理

实验室内备有小药箱，以应发生事故时临时处理之用。

1. 割伤（玻璃或铁器刺伤等）

先把碎玻璃从伤口处挑出，如轻伤可用生理盐水或硼酸液擦洗伤处，涂上紫药水（或红汞），必要时撒些消炎粉，用绷带包扎。伤势较重时，则先用酒精清洗消毒伤口周围，再用纱布按住伤口压迫止血，立即送往医院治疗。

2. 烫伤

可用 10% $KMnO_4$ 溶液擦洗灼伤处，如轻伤涂玉树油、正红花油、鞣酸油膏、苦味酸溶液均可。重伤时撒上消炎粉或烫伤药膏，用油纱绷带包扎，立即送往医院治疗，切勿用冷水冲洗。

3. 受强酸腐蚀

先用大量水冲洗，然后以 3%～5% 碳酸氢钠溶液冲洗，再用水冲洗，拭干后涂上碳酸氢钠油膏或烫伤油膏。如受氢氟酸腐蚀，应迅速用水冲洗，再用稀苏打溶液冲洗，然后浸泡在冰冷的饱和硫酸镁溶液中半小时，最后敷以硫酸镁（20%）、甘油（18%）、水和盐酸普鲁卡因（1.2%）配成的药膏，伤势严重时，应立即送医院急救。

当酸溅入眼睛时，首先用大量水冲洗眼睛，然后用稀碳酸氢钠溶液冲洗，最后用清水洗眼。

4. 受强碱腐蚀

立即用大量水冲洗，然后用 10% 柠檬酸或硼酸溶液冲洗，最后用水冲洗。当碱液溅入眼睛时，先用水冲洗，再用饱和硼酸溶液冲洗，最后滴入蓖麻油。

5. 磷烧伤

用 5% 硫酸铜、10% 硝酸银或高锰酸钾溶液处理后，立即送医院治疗。

6. 吸入溴、氯等有毒气体

可吸入少量酒精和乙醚的混合蒸气以解毒，同时应到室外呼吸新鲜空气。溴灼伤，立即用大量水冲洗，再用乙酸擦至无溴液存在，最后涂上甘油或烫伤油膏。

7. 触电事故

应立即拉开电闸，切断电源，尽快地用绝缘物（干燥的木棒、竹杆）将触电者与电源隔离。

### 1.2.4　实验室中一些剧毒、强腐蚀性药品知识

1. 氰化物和氢氰酸

氰化钾、氰化钠、丙烯腈等是烈性毒品，进入人体 50 mg 即可致死，与皮肤接触经伤口进入人体，即可引起严重中毒。这些氰化物遇酸产生氢氰酸气体，易被吸入人体而中毒。

在使用氰化物时，严禁用手接触。大量使用这类药品时，应戴上口罩和橡皮手套。含有氰化物的废液，严禁倒入废酸缸，应先加入硫酸亚铁使之转变为毒性较小的亚铁氰化物，然后倒入水槽，最后用大量水冲洗器皿和水槽。

2. 汞和汞的化合物

汞的可溶性化合物，如氯化汞、硝酸汞都是剧毒物品。实验中应特别注意金属汞（如温度计、压力计、汞电极等）的使用，因金属汞易蒸发、蒸气剧毒、又无气味，人体吸入具有积累性，容易引起慢性中毒，所以切不可大意。

汞的比重很大（约为水的 13.6 倍），作压力计时，应用厚玻璃管，贮汞容器必须坚固，且厚玻璃管只应存放少量汞而不能盛满，以免容器破裂或脱底而使汞流失。在装汞的仪器下面应放一搪瓷盘，以免不慎将汞洒在地上。为减少室内的汞蒸气，贮汞容器应是紧密封闭，汞表面加水覆盖，以防蒸气逸出。一旦汞洒落在桌面或地上，须尽可能收集起来，并用硫黄粉覆盖，使汞转变成不挥发的 HgS，再清除干净。

3. 砷的化合物

砷和砷的化合物都有剧毒，常使用的是三氧化二砷（砒霜，内服 0.1 g 即可致死）和亚砷酸钠。这类药品的中毒一般由口服引起。当用盐酸和粗锌制备氢气时，也会产生一些剧毒

的砷化氢气体，应加以注意。一般将产生的氢气经高锰酸钾洗涤后再使用。砷的解毒剂是二巯丙醇，由肌肉注射即可解毒。通常服用新配制的氧化镁与硫酸铁溶液强烈摇动后而成的氢氧化铁悬浮液。

4. 硫化氢

硫化氢是极毒的气体，有臭鸡蛋味，能麻痹人的嗅觉，以致不闻其臭，所以特别危险。使用硫化氢或者进行酸与硫化物反应时，应在通风橱内进行。

5. 一氧化碳

煤气中含有一氧化碳，使用煤炉或煤气时，一定要提高警惕，防止中毒。煤气中毒，轻者头痛、眼花、恶心；重者昏迷。应立即将中毒的人移出中毒房间，呼吸新鲜空气，进行人工呼吸，保暖，立即送医院治疗。

6. 有毒的有机化合物

常用的有机化合物有苯、二硫化碳、硝基苯、苯胺、甲醇等，常被用作溶剂，容易引起中毒，特别是慢性中毒，使用时应特别注意和加强防护。

7. 氯气和溴

氯气有毒和刺激性，人体吸入会刺激喉管，引起咳嗽和喘息。进行有关氯气试验时，必须在通风橱内操作。闻氯气时，不能直接对着管口或瓶口。

溴为棕色液体，易蒸发成红色蒸气，强烈刺激眼睛，催泪，能损伤眼睛、气管和肺。触及皮肤，轻者感受到剧烈的灼痛，重者皮肤溃烂，长久不愈。使用溴时应加强防护，戴橡皮手套。

8. 氢氟酸

氢氟酸与氟化氢都具有剧毒、强腐蚀性。灼伤肌体，透入体内，轻者剧痛难忍，重者肌肉腐烂，如不及时抢救，就会造成死亡。因此在使用氢氟酸时，应特别注意，必须在通风橱内进行，并戴上橡皮手套，用塑料滴管吸取。

其他剧毒、腐蚀性无机物还有很多，如磷、铍的化合物，可溶性钡盐、铅盐、浓硝酸、碘蒸气等，使用时都应注意，这里不一一介绍。

### 1.2.5　防火、灭火常识

一般有机物，特别是有机溶剂，大都容易着火，它们的蒸气或其他可燃性气体、固体粉末等（如氢气、一氧化碳、苯、油蒸气、面粉）与空气按一定比例混合后，当遇到火花时（点火、电火花、撞击火花）就会引起燃烧或猛烈爆炸。

某些化学反应放热而引起燃烧，如金属钠、钾等遇水燃烧，甚至爆炸。

有些药品易自燃（如白磷遇空气就自行燃烧），保管和使用不善会引起燃烧。

有些化学试剂混合在一起，在一定的条件下会引起燃烧和爆炸（如将红磷与氯酸钾混合在一起，磷就会燃烧爆炸）。

1. 防火

（1）在操作易燃溶剂时，应远离火源，切勿将易燃溶剂放在敞口容器内用明火加热或放在密闭容器中加热。

（2）在进行易燃物质实验时，应先将酒精等移开。

（3）蒸馏易燃物质时，装置不能漏气，接收器的支管应与橡皮管相连，使余气通往水槽或室外。

（4）回流或蒸馏液体时应放沸石，不要用火焰直接加热烧瓶，而应根据液体沸点高低使用石棉网、油浴、沙浴或水浴，冷凝水要保持畅通。

（5）切勿将易燃溶剂倒入废液缸中，更不能用敞口容器放易燃液体。倾倒易燃液体时应远离火源，最好在通风橱内进行。

（6）油浴加热时，应绝对避免水滴溅入热油中。

（7）酒精灯用毕应立即盖火。避免使用灯颈已破损的酒精灯。切忌斜持一只酒精灯到另一只酒精灯上去接火。

2. 灭火

万一发生着火，要沉着快速处理，先要切断热源、电源，把附近的可燃物品移走，再针对燃烧物的性质采取适当的灭火措施。不可将燃烧物抱着往外跑，因为跑动时空气更流通，火会烧得更猛。常用的灭火措施有以下几种，使用时要根据火灾的轻重、燃烧物的性质、周围环境和现有条件进行选择。

（1）石棉布。

石棉布适用于小火。用石棉布盖上以隔绝空气，就能灭火。如果火很小，用湿抹布或石棉板盖上就行。

（2）干砂土。

干砂土一般装于砂箱或砂袋内，只要抛洒在着火物体上就可灭火，适用于不能用水扑救的燃烧，但对火势很猛，面积很大的火焰灭火效果欠佳。砂土应该用干的。

（3）水。

水是常用的救火物质。它能使燃烧物的温度下降，但一般有机物着火不适用，因溶剂与水不相溶，又比水轻，水浇上去后，溶剂还漂在水面上，扩散开来继续燃烧。但若燃烧物与水互溶，或用水没有其他危险可用水灭火。在溶剂着火时，先用泡沫灭火器把火扑灭，再用水降温是有效的救火方法。

（4）泡沫灭火器。

泡沫灭火器是实验室常用的灭火器材，使用时，把灭火器倒过来，往火场喷。由于它生成二氧化碳及泡沫，使燃烧物与空气隔绝而灭火，效果较好，适用于除电流起火外的灭火。

（5）二氧化碳灭火器。

在小钢瓶中装入液态二氧化碳，救火时打开阀门，把喇叭口对准火场，喷射出二氧化碳以灭火。在工厂和实验室都很适用，它不损坏仪器，不留残渣，对于通电的仪器也可使用，但金属镁燃烧不可使用它来灭火。

（6）四氯化碳灭火器。

四氯化碳沸点较低，喷出后形成沉重而惰性的蒸气掩盖在燃烧物体周围，与空气隔绝而灭火。它不导电，适于扑灭带电物体的火灾。但在高温时会分解出有毒气体，故在不通风的地方最好不用。另外，在有钠、钾等金属存在时不能使用，因为有引起爆炸的危险。

除了以上几种常用的灭火器外，近年来生产了多种新型的、高效能的灭火器。如 1211 灭火器，其在钢瓶内装有一种药剂——溴氯二氟甲烷，灭火效率很高。又如干粉灭火器是将二氧化碳和一种干粉剂配合起来使用，灭火速度很快。

（7）水蒸气。

在有水蒸气的地方把水蒸气对火场喷，也能隔绝空气而起灭火作用。

（8）石墨粉。

当钾、钠或锂着火时，不能用水、泡沫、二氧化碳、四氯化碳等灭火，可用石墨粉扑灭。

（9）电路或电器。

扑救的关键是先要切断电源，防止事态扩大。电器着火的最好灭火器是四氯化碳和二氧化碳灭火器。

在着火和救火时，若衣服着火，千万不要乱跑，因为空气的迅速流动会加剧燃烧，应当躺在地下滚动，这样一方面可压熄火焰，另一方面也可避免火烧到头部。立即脱下衣服，马上以大量水扑灭也是行之有效的方法。

# 第2章　化学实验的数据表达与处理

## 2.1　测量误差

化学实验中常常需要进行许多计量或测定，需要正确记录及处理所得到的各种数据，并对计量及测定的结果进行正确的表示，这样才能从中找出规律，正确地说明及分析实验结果。因此，需要掌握实验数据采集及处理过程中误差与有效数字的概念，以及表示实验数据结果的基本方法。

### 2.1.1　误差

在计量或测定过程中，误差总是客观存在的。误差按来源和性质可分为系统误差、随机误差和过失误差。

1. 系统误差

由于实验方法、所用仪器、试剂、实验条件以及实验者等确定因素所造成的误差，称为系统误差。对同一试样的多次测量，系统误差的绝对值和符号总是保持恒定，或者当观测条件改变时，系统误差按一定的规律变化。系统误差按来源分为仪器误差、方法误差、试剂误差、操作误差和主观误差。

2. 随机误差

随机误差又称偶然误差，是由一些随机的、偶然的因素（如温度、湿度、气压、振动等外界条件的微小变化）造成的。这种误差在实验中无法避免，但通常遵守统计和概率理论，因此能用数理统计与概率论来处理。

3. 过失误差

过失误差是一种与事实显然不符的误差，主要由测量者的过失或错误引起。含有过失误差的测量值称为坏值或反常值，处理数据时不可取。

### 2.1.2　误差的表示方法

1. 绝对误差和相对误差

$$\text{绝对误差}=\text{测定值}-\text{真实值}$$

$$\text{相对误差}=\frac{\text{绝对误差}}{\text{真实值}}\times 100\%$$

绝对误差表示测定值与真实值之间的差，具有与测定值相同的量纲；相对误差表示绝对误差与真实值之比，一般用百分率或千分率表示，无量纲。绝对误差和相对误差都有正值和负值，正值表示测定结果偏高，负值表示测定结果偏低。

2. 准确度与精密度

准确度是指测定值与真实值之间的偏离程度，可用误差来量度。误差越小说明测量的结果准确度越高。

精密度是各次测定结果相互接近的程度。精密度高不一定准确度就好，但准确度高一定需要精密度高。精密度是保证准确度的先决条件。通常由于被测量的真实值无法知道，因此往往用多次测量结果的平均值来近似代替真实值。每次测量结果与平均值之差，称为偏差。偏差有绝对偏差和相对偏差之分。绝对偏差等于每次测量值减去平均值；相对偏差等于绝对偏差与平均值的百分数。相对偏差的大小可以反映出测量结果的精密度。相对偏差越小，测量结果的重现性越好，即精密度高。为了说明测量结果的精密度，最好以单次测量结果的平均偏差来表示。

对一系列测定数据的精密度则要用统计学上的方法来量度。因为，即使在相同条件下测得的一系列数据，也总会有一定的离散性，分散在总体平均值的两端。标准偏差 $s$ 是统计学上用来表示数据的离散程度，也可用来表示精密度的高低。由于标准偏差不考虑偏差的正、负号，同时又增强了大的偏差数据的作用，所以能较好地反映数据的精密度。

$n$ 次结果的算术平均值：$\bar{x}=\dfrac{x_1+x_2\cdots x_n}{n}$

绝对偏差：$d_i=x_i-\bar{x}\ (i=1,2\cdots n)$

平均偏差：$\bar{d}=\dfrac{|d_1|+|d_2|\cdots|d_n|}{n}$

相对平均偏差：$\bar{d}_r=\dfrac{\bar{d}}{\bar{x}}\times 100\%$

标准偏差：$s=\sqrt{\dfrac{\sum_{i=1}^{n}(x_i-\bar{x})^2}{n-1}}$

## 2.2 有 效 数 字

在化学实验中，经常要根据实验测得的数据进行化学计算，但是在测定实验数据时，应该用几位数字？在化学计算时，计算的结果应该保留几位数字？这些都是需要首先解决的问题。为了解决这两个问题，需要了解有效数字的概念及其运算规则。

### 2.2.1　有效数字的概念及其位数的确定

具有实际意义的有效数字位数，是根据测量仪器和观察的精确程度来决定的。现举例说明之。

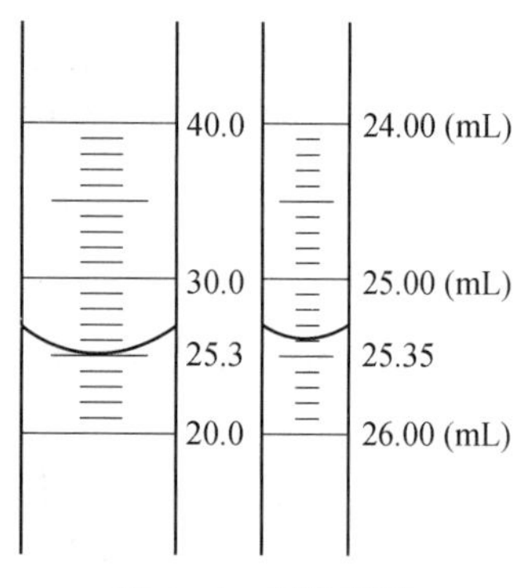


图 2－1　液体读数

例如在测量液体的体积时，在最小刻度为 1 mL 的量筒中测得该液体的弯月面最低处是在 25.3 mL 的位置，如图 2－1 所示，其中 25 mL 是直接由量筒的刻度读出，是准确的，而 0.3 mL 是由肉眼估计的，它可能有±0.1 mL 的出入，是可疑的。该液体的液面在量筒中的读数 25.3 mL 均为有效数字，故有效数字为三位。如果该液体在最小刻度为 0.1 mL 的滴定管中测量，它的弯月面最低处是在 25.35 mL 的位置，如图 2－1 所示，其中 25.3 mL 是直接从滴定管的刻度读出的，是准确的，而 0.05 mL 是由肉眼估计的，它可能有±0.01 mL 的出入，是可疑的，该液体的液面在滴定管中的读数 25.35 mL 均为有效数字，故有效数字为四位。从以上例子可知，从仪器上能直接读出（包括最后一位估计读数在内）的几位数字叫作有效数字。实验数据的有效数字与测量用的仪器的精确度有关。由于有效数字中最后一位数字已经不是十分准确，因此任何超过或低于仪器精确程度的有效位数的数字都是不恰当的。例如在台秤上读出 5.6 g，不能写作 5.600 0 g；在分析天平上读出数值恰巧是 5.600 9 g，也不能写 5.6 g，这是因为前者夸大了实验的精确度，后者缩小了实验的精确度。

移液管只有一个刻度，其精确度如何？例如 25 mL 移液管的精确度规定为±0.01 mL，即读数为 25.00 mL，不能读作 25 mL。同样，容量瓶也只有一个刻度，如 50 mL，容量瓶的精确度规定为±0.01 mL，其读数为 50.00 mL。

由上述可知，有效数字与数学上的数有着不同的含义，数学上的数仅表示大小，有效数字则不仅表示量的大小，还反映了所用仪器的精确度，各种仪器由于测量的精确度不同，其有效数字表示的位数也不同。

我们经常需要知道测量结果的有效数字位数，现以下例推断说明。

例：某教师要求学生称量一块金属，在学生报告的质量记录中有下列数据。

20.03 g、0.020 03 kg、20.0 g、20 g

上述情况各是几位有效数字？

解：报告 20.03 g 的学生显然相信，四位数字的每一位都是有意义的，他给出了四位有效数字。

报告 0.020 03 kg 的学生也给出四位有效数字。紧靠小数点两侧的“0”没有意义，它的存在是因为此处质量是用“kg”而不是用“g”表示罢了。

报告 20.0 g 的学生给出了三位有效数字，他将“0”放在小数点之后，说明金属块称准至 0.1 g。

我们无法确认“20 g”所具有的有效数字。有可能这个学生将金属块称准至克并想表示两位有效数字，但也可能他想告诉我们他的天平只称到 17 g，在这种情况下，“20 g”中只有第一位数是有效的，为避免这种混淆，可用指数表示法给出质量，即 $2.0\times10^{1}$ g（两位有效数字）；$2\times10^{1}$ g（一位有效数字）。

采用指数表示法表示数量时，测量所得的有效数字位数就等于给出数字的位数。

可见“0”在数字中是否为有效数字与“0”在数字中的位置有关。

（1）“0”在数字前，仅起定位作用，“0”本身不是有效数字，如 0.027 5，数字 2 前的两个“0”都不是有效数字，所以 0.027 5 是三位有效数字。

（2）“0”在数字中，是有效数字，如 2.006 5，两个“0”都是有效数字，2.006 5 是五位有效数字。

（3）“0”在小数点的数字后，是有效数字，如 6.500 0，三个“0”都是有效数字，6.500 0 是五位有效数字。

问：0.003 0 是几位有效数字？

（4）如 54 000 g 或 2 500 mL 等以“0”结尾的正整数，就很难说“0”是有效数字或非有效数字，有效数字的位数不确定，如 54 000，可能是二位、三位、四位，甚至五位有效数字。这种数应根据有效数字情况用指数形式表示，以 10 的方次前面的数字代表有效数字。

如二位有效数字则写成 $5.4\times10^4$，三位有效数字则写成 $5.40\times10^4$。

此外，在化学计算中一些不需经过测量所得的数值，如倍数或分数等数的有效数字位数，可认为无限制，即在计算中需要几位就可以写几位。

### 2.2.2　有效数字的运算规则

1. 加减法

在计算几个数字相加或相减时，所得和或差的有效数字中小数点后位数应与各加减数中小数点后位数最少的数字相同。

例：2.011 4 + 31.25 + 0.357 = 33.62

```
  2.011 4
        ?
+31.25
      ?
+ 0.357
      ?
-----------------
 33.618 4→33.62
      ???
```

（可疑数以“？”标出）

可见小数点后位数最少的数字是 31.25，其中“5”已是可疑的，相加后的和 33.618 4 中“1”也是可疑的，因此再多保留几位已无意义，也不符合有效数字只保留一位可疑数字的原则，这样相加后，按“四舍五入”的规则处理，结果应是 33.62。一般情况，可先取舍后运算，即

```
 2.011 4→ 2.01
   31.25→31.25
   0.357→+0.36
-----------------
         33.62
```

2. 乘除法

在计算几个数字相乘或相除时，所得积或商的有效数字位数，应与各乘除数中有效数字位数最少的数字相同，而与小数点的位置无关。

例：1.202 × 21 = 25

```
      1.2 0 2
            ?
   ×      2 1
            ?
─────────────
      1.2 0 2
      ? ? ? ?
    2 4.0 4
          ?
─────────────
    2 5.2 4 2 →2 5
      ? ? ? ?
```

显然，由于 21 中“1”是可疑的，使积 25.242 中“5”也是可疑的，所以保留两位即可，其余按“四舍五入”的规则处理，结果是 25。也可先取舍后运算，即

```
  1.2 0 2  →1.2
          ×2 1
           1 2
──────────────
           2 4
──────────────
          2 5.2  →2 5
```

3. 对数

进行对数运算时，对数值的有效数字只由尾数部分的位数决定，首数部分为 10 的幂数，不是有效数字。

如 2 345 为四位有效数字，其对数 lg 2 345 = 3.370 1，尾数部分仍保留四位。

首数“3”不是有效数字，故不能记成 lg 2 345 = 3.370，这只有三位有效数字，就与原数 2 345 的有效数字位数不一致了。

例：pH 的计算

若 $c(H^+) = 4.9 \times 10^{-11}$ mol/L，是二位有效数字，所以 $pH = -\lg c(H^+) = 10.31$，有效数字仍为二位。反之，由 pH = 10.31 计算氢离子浓度时，也只能记作 $c(H^+) = 4.9 \times 10^{-11}$，而不能记成 $4.898 \times 10^{-11}$。

注意，现有是根据“四舍六入五成双”来处理的。即凡末位有效数字后边的第一位数字大于 5，则在前一位上增加 1；小于 5 则弃去不计；等于 5 时，如前一位为奇数，则增加 1，如前一位偶数，则弃去不计。例如 21.024 8 取四位有效数字时，结果为 21.02；取五位有效数字时，结果为 21.025；但将 21.025 与 21.035 取四位有效数字时，则分别为 21.02 与 21.04。

## 2.3 实验数据及其表达方式

从实验中得到的大量数据最终是要得出某一个量的实验值，或者由此找出某种规律来，

这就是数据处理的任务。一般可对数据进行计算、作图和列表处理。

1. 数据的计算处理

对要求不太高的实验，一般只要求重复两至三次，如数据的精密度较好，可用平均值作为结果。如若非得注明结果的误差，可根据方法误差求得或者根据所用仪器的精度估算出来，对于要求较高的实验，往往要多次进行，所获得的一系列数据要经过严格处理，具体做法是：

（1）整理数据。

（2）算出平均值。

（3）算出各个数据对平均值的偏差。

（4）计算标准偏差等。

2. 数据的列表处理

实验完成后，应将获得的数据尽可能整齐地、有规律地列表表示出来，使全部数据能一目了然，便于处理和运算。列表时应注意以下几点：

（1）每个表应有简明、达意、完整的名称。

（2）格的横排称为行，竖排称为列，每个变量占表格一行或一列，每一行或一列的第一栏，要列出变量的名称和量纲。

（3）表中数据应表示为最简单的形式，公共的乘方因子应在第一栏的名称中注明。

（4）表中数据排列要整齐，应注意有效数字的位数，小数点要对齐。

（5）处理方法和运算公式要在表中注明。

3. 数据的作图处理

利用图形表达实验结果能直接显示出数据的特点和变化规律，并能利用图形做进一步处理。如求得斜率、截距、外推值、内插值等。作图时的注意事项如下：

（1）正确选择坐标纸、比例尺。

坐标纸有直角坐标纸、半对数坐标纸、对数坐标纸等，应根据具体情况选择。在大学化学实验中多使用直角坐标纸。习惯以横坐标为自变量，纵坐标为应变量。坐标轴上比例尺的选择极为重要，选择时要注意：

① 要能表示全部有效数字，这样由图形所求出物理量的准确度与测量的准确度相一致。

② 坐标标度应选取便于计算的分度。即每一小格应代表 1、2、5 的倍数，而不要采用 3、6、7、9 的倍数。而且应把数字标在逢 5 或逢 10 的粗线上。

③ 要使数据点在图上分散开，占满纸面，使全图布局匀称。

④ 若图形是直线，则比例尺的选择应使直线的斜率接近 1。

（2）点和线的描绘。

代表某一数值的点可用⊕、⊙、△、×、◆等不同的符号表示。符号的重心所在即表示读数值。描出的线必须平滑，尽可能接近（或贯穿）大多数的点（并不要求贯穿所有的点），并且使处于平滑曲线（或直线）两边的点的数目大致相等。这样描出的线能表示出被测量数值的平均变化情况。在曲线的极大、极小或转折处应多取一些点，以保证曲线所表示的规律的可靠性。如果发现有个别的点远离曲线，又不能判断被测物理量在此区域会发生什么突变，就要分析一下是否有偶然性的过失误差，如果属于后一种情况，描线时可不考虑这一点。但是如果重复实验仍有同样的情况，就应在这一区域重复进行仔细的测量，判断是否有某些必然的规律。总之，切不可毫无理由地丢弃离曲线较远的点。

# 第 3 章　大学化学实验的基本操作

## 3.1　常用仪器的洗涤

### 3.1.1　仪器的洗涤

化学实验中经常使用各种各样的玻璃仪器，用不干净的仪器进行实验，必然会影响实验结果的准确性，因此必须保证仪器的“干净”。但世界上没有绝对“干净”的东西，化学上“干净”的含义主要是指不含有妨碍实验准确性的杂质。对于不同类型的实验，对于“干净”的定义也不尽相同。

黏附在仪器上的污物，主要包括尘土及其他不溶物、可溶物、油污和其他有机物等三类，刷洗时应根据实验的具体要求、污染物的性质，以及污染的程度来选用不同的方法。

1. 直接使用自来水刷洗

用自来水冲洗对于水溶性物质，以及附在仪器上的尘土及其他不溶物的除去有效，但难以除去油污及某些有机物。对于某些有机污染物，则应选取相应的有机溶剂洗涤。

2. 用去污粉、肥皂或合成洗涤剂刷洗

先用自来水浸泡润洗，加入少量去污粉，用毛刷刷洗污处，再用自来水冲洗干净，必要时用蒸馏水冲洗 2～3 次。

注意：使用毛刷刷洗试管时，应将毛刷顶端的毛顺着伸入试管中，用食指抵住试管末端，来回抽拉毛刷进行刷洗，不可用力过大。不要同时抓住几支试管一起刷洗。

3. 用洗液刷洗

在进行精确定量实验，或者所使用的仪器口径小、管细、形状特殊时，应该用洗液洗涤。洗液具有强酸碱性、强氧化性、去油污和有机物的能力较强的特性，但对衣物、皮肤、桌面及橡皮的腐蚀性也较强，使用时应小心。

具体做法是先将仪器用自来水刷洗，倒净其中的水，加入少量铬酸洗液，转动仪器使内壁全部为洗液所浸润，一段时间后，将洗液倒回原瓶。仪器先用自来水冲洗，再用蒸馏水冲洗 2～3 次。使用洗液时注意：① 洗液为强腐蚀性液体，应注意安全；② 洗液吸水性强，用完后应立即将洗液瓶子盖严；③ 洗液可反复使用，但是若洗液变为绿色即失效，不能再使用。

4. 用蒸馏水（或去离子水）淋洗

经过上述方法洗涤的仪器，仍然会黏附有自来水中的钙、镁、氯、铁等离子，因此必要时应该用蒸馏水（或去离子水）淋洗内部 2～3 次。

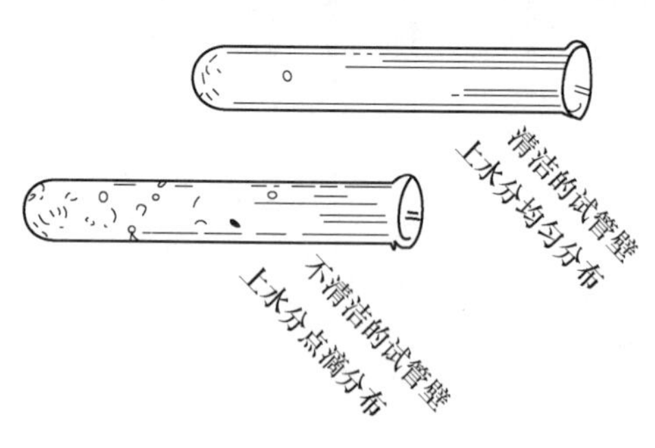


图 3－1　试管的清洁情况

洗涤仪器时，应注意按照少量多次的原则，尽量将仪器洗涤干净。洗涤干净的仪器内外壁上不应附着不溶物、油污，仪器可被水完全湿润，将仪器倒置水即沿器壁流下，器壁上留下一层既薄又均匀的水膜，不挂水珠。图 3－1 所示为试管的清洁情况。

在实验中应根据实际情况和实验内容来决定洗涤程度，如在进行定量实验中，由于杂质的引入会影响实验的准确性，因此对仪器的洁净程度要求较高。对于一般的无机制备实验或者定性实验等，对仪器的洁净程度的要求相对较低，只要刷洗干净，不要求仪器不挂水珠，也不必用蒸馏水洗涤。

为了避免有些污染难以洗去，要求当实验完毕后立即将所用仪器洗涤干净，养成一种用完即洗净的习惯。

### 3.1.2　沉淀垢迹的洗涤

一些不溶于水的沉淀垢迹经常牢固地黏附在仪器内壁，需要根据沉淀的性质选用合适的试剂，用化学方法除去。表 3－1 介绍了几种常见垢迹的化学处理方法。

表 3－1　几种常见垢迹的化学处理方法

| 垢迹类别 | 处理方法 | 垢迹类别 | 处理方法 |
|---|---|---|---|
| $MnO_2$、$Fe(OH)_3$ 或碱土金属的碳酸盐 | 盐酸（$MnO_2$ 需用浓盐酸） | 不溶于水及酸碱的有机物 | 相应有机溶剂 |
| 银、铜等 | 硝酸 | 煤焦油 | 煮沸石灰水 |
| 难溶银盐 | 一般用硫代硫酸盐，$Ag_2S$ 可用热浓硝酸 | $KMnO_4$ | 浓碱浸泡 |
|  |  | 硫黄 | 稀草酸溶液 |

### 3.1.3　洗涤液的配制

1. 铬酸洗涤液（简称洗液）

将 25 g $K_2Cr_2O_7$ 溶于 50 mL 水中，冷却后向溶液中慢慢加入浓 $H_2SO_4$ 至 1 000 mL。

2. 高锰酸碱洗液

将 4 g $KMnO_4$ 溶于 5 mL 水中，再加入 95 mL 10% NaOH 溶液，混合即得。

# 3.2　仪器的干燥

仪器干燥的方法很多，但要根据具体情况，选用具体的方法。

1. 晾干

每次实验完毕，将洗涤干净的仪器倒置于干燥的仪器柜中或仪器架上自然干燥。

2. 烤干

将洗涤干净的烧杯、蒸发皿等放置于石棉网上，用小火烤干。试管可直接烤干，在烤干试管过程中，要将试管口向下倾斜，以免水滴倒流导致试管炸裂，火焰也不要集中于一个部位，先从底部开始加热，再慢慢移至管口，反复加热至无水滴，最后将管口向上将水汽赶干净。

3. 烘干

将干净的仪器尽量倒干水后放入电热烘干箱烘干（控温 105 ℃左右），放入烘箱的仪器口朝上，或在烘箱下层放一瓷盘，接收滴下的水珠。注意，木塞、橡皮塞不能与玻璃仪器一同干燥，玻璃塞也应分开干燥。

4. 有机溶剂快速干燥

带有刻度的计量仪器不能用加热的方法干燥，因此和一些急需用的仪器一样，采用有机溶剂快速干燥法干燥：将少量易挥发的有机溶剂（如乙醇、丙酮等）加入已经用水洗干净的玻璃仪器中，倾斜并转动仪器，使水与有机溶剂互溶，然后倒出，同样操作两次后，再用乙醚洗涤仪器后倒出，自然晾干或用吹风机吹干。

# 3.3　加热与制冷技术

## 3.3.1　热源

1. 酒精灯

酒精灯是实验室最常用的加热灯具，供给温度为 400～500 ℃。酒精灯由灯罩、灯芯和灯壶三部分组成，灯罩上有磨口。使用时注意事项：

（1）加酒精时应将灯熄灭，利用漏斗将酒精加入灯壶内，添加量最多不超过总容量的 2/3。

（2）应使用火柴点燃酒精灯，决不能用点燃的酒精灯来点燃另一只酒精灯。

（3）熄灭酒精灯时，不要用嘴吹，将灯罩盖上即可，注意当酒精灯熄灭后，要将灯罩拿下，稍作晃动赶走罩内的酒精蒸气后盖上，以免引起爆炸（特别是在酒精灯使用时间过长时，尤其应注意）。

（4）酒精灯不用时应盖上灯罩，以免酒精挥发（见图 3－2 和图 3－3）。

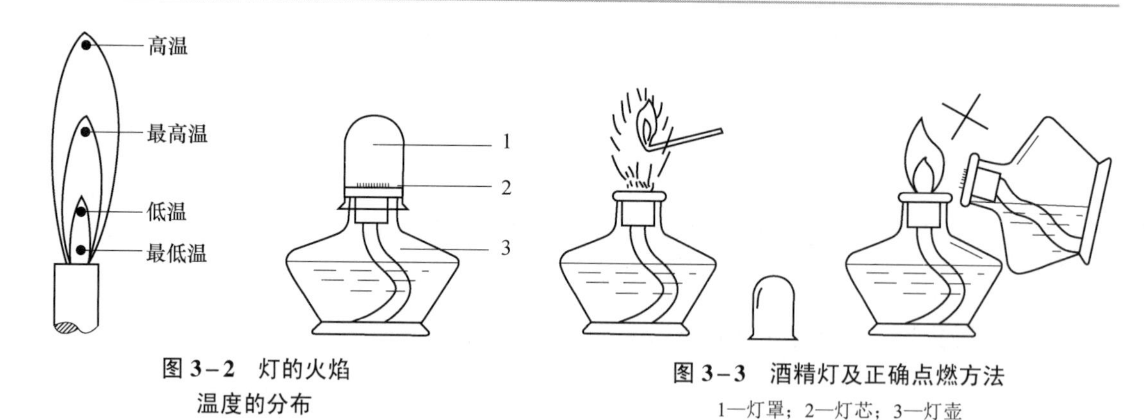


图 3-2 灯的火焰温度的分布

图 3-3 酒精灯及正确点燃方法

1—灯罩；2—灯芯；3—灯壶

2. 电炉、马福炉

根据需要，实验室还经常用到电炉、马福炉等加热设备，如图 3-4 所示，电炉是一种利用电阻丝将电能转化为热能的装置，使用温度的高低可通过调节外电阻来控制，为保证容器受热均匀，使用时反应容器与电炉间利用石棉网相隔离。马福炉是利用电热丝或硅碳棒加热的密封炉子，炉膛是利用耐高温材料制成，呈长方体。一般电热丝炉最高温度为 950 ℃，硅碳棒炉为 1 300 ℃，炉内温度是利用热电偶和毫伏表组成的高温计测量，并使用温度控制器控制加热速度。使用马福炉时，被加热物体必须放置在能够耐高温的容器（如坩埚）中，不要直接放在炉膛上，同时不能超过最高允许温度。

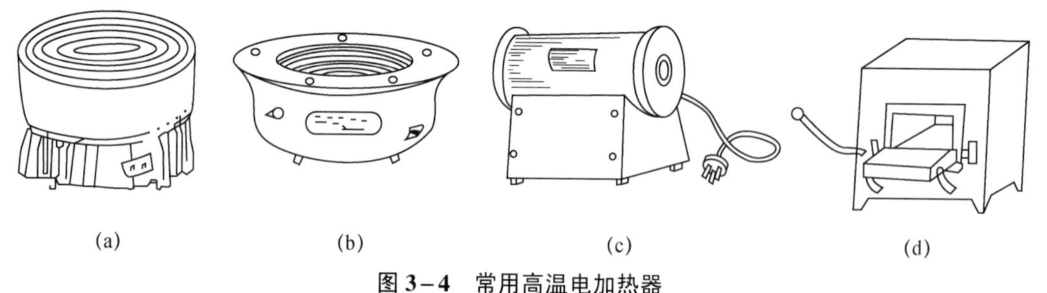


图 3-4 常用高温电加热器

（a）电炉；（b）电加热套；（c）管式电炉；（d）马福炉

### 3.3.2 加热方法

1. 液体加热

当加热液体时，液体不宜超过容器总容量的一半。加热方式有两种。

（1）直接加热。

1）加热试管中的液体时（见图 3-5），一般可直接在火焰上加热。在火焰上加热试管时，应注意以下几点：

① 应用试管夹夹持试管的中上部，试管应稍微倾斜，管口向上，以免烧坏试管夹。

② 应使液体各部分受热均匀，先加热液体的中上部，再慢慢往下移动，同时不停地上下移动，不要集中加热试管某一部分，否则将使液体局部受热骤然产生蒸气，液体被冲出管外。

③ 不要将试管口对着别人或自己，以免溶液溅出时把人烫伤。

2）在烧杯、烧瓶等玻璃仪器中加热液体时，玻璃仪器必须放在石棉网上（见图 3-6 和

图 3-7），否则容易因受热不均而破裂。

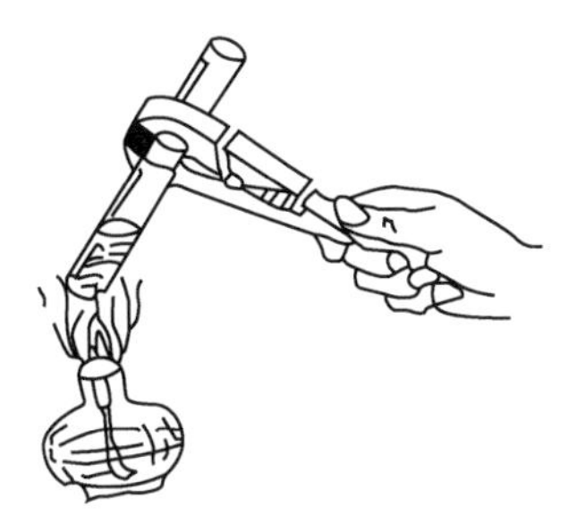
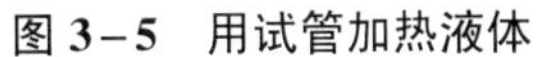

图 3-5　用试管加热液体

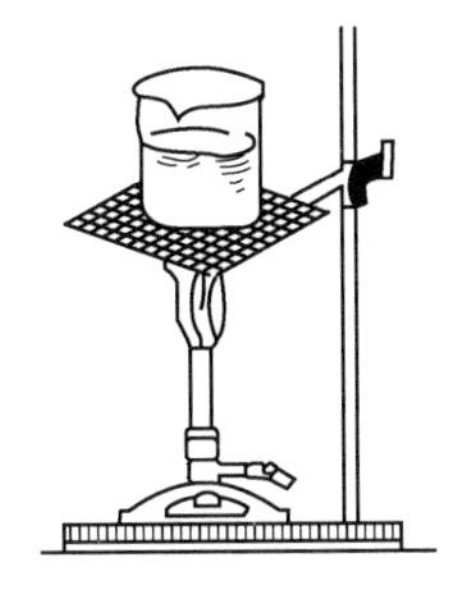

图 3-6　烧杯加热

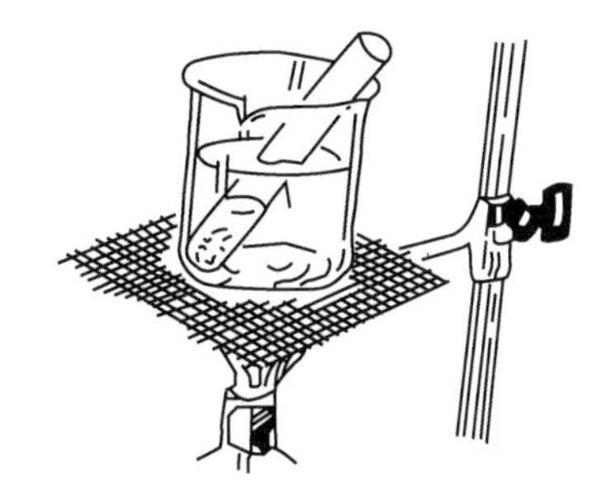

图 3-7　烧杯代替水浴加热

（2）水浴加热。

如果要在一定范围温度下进行较长时间的加热，则可使用水浴、蒸气浴或砂浴等。水浴或蒸气浴是具有可移动的同心圆盖的铜制水锅（见图 3-8），也可用烧杯代替。砂浴是盛有细砂的铁盘。注意，离心试管由于管底玻璃较薄，不宜直接加热，应在热水浴中加热。

2. 固体加热

（1）加热试管中的固体时，必须使试管口稍微向下倾斜，以免凝结在试管上的水珠流到灼热的管底，而使试管炸破。试管可用试管夹夹持进行加热，有时也可用铁夹固定进行加热（见图 3-9 和图 3-10）。

图 3-8　蒸汽浴加热

图 3-9　用试管加热潮湿的固体

（2）加热较多的固体时，可把固体放在蒸发皿中进行，但应注意充分搅拌，使固体受热均匀。蒸发皿、坩埚灼热时，可放在泥三角上（见图 3-11）。如需移动，则必须用坩埚钳夹取。

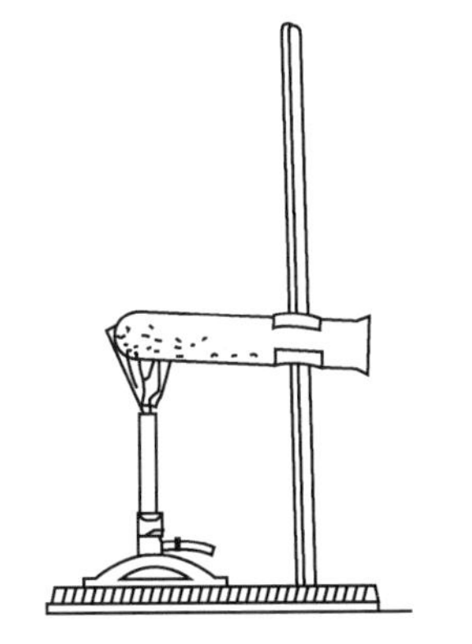

图 3-10　加热试管中的固体

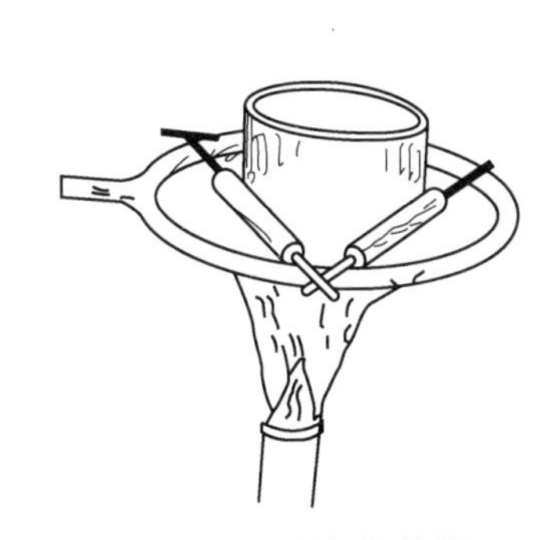

图 3-11　坩埚的灼烧

注意：试管、烧杯、烧瓶、瓷蒸发皿等器皿能承受一定的温度，但不能骤冷或骤热。因此，加热前必须将器皿外壁的水擦干，加热后不能立即与潮湿的物体接触。

### 3.3.3 制冷技术

在化学实验中有些反应，如分离及提纯要求在低温下进行，通常根据不同要求，选用合适的制冷技术。

1. 自然冷却

热的液体可在空气中放置一定时间，自然冷却至室温。

2. 吹风冷却和流水冷却

当实验需要快速冷却时，可将盛有溶液的器皿放在冷水流中冲淋或用鼓风机吹风冷却。

3. 冷冻剂冷却

要使溶液的温度低于室温，可使用冷冻剂冷却。若要将反应物维持在 0 ℃以下，经常用碎冰与无机盐的混合物做冷冻剂。最简单的冷冻剂是冰盐溶液。用盐做冷冻剂时，应该将盐研细，然后和碎冰按一定的比例混合以达到最低温度。100 g 碎冰和 30 g NaCl 混合，温度可降至－20 ℃，更冷的冷冻剂是干冰（固体 $CO_2$）、乙醇和丙酮的混合物，冷却温度可至－77 ℃。液态 $N_2$ 能使温度降至－190 ℃。表 3－2 列出了几种不同的冰盐浴。

**表 3－2　几种不同的冰盐浴**

| 盐类 | 100 份碎冰中的重量份数 | 能够达到的最低温度/℃ |
|---|---|---|
| $NH_4Cl$ | 35 | －15 |
| $NaNO_3$ | 50 | －18 |
| NaCl | 33 | －21 |
| $CaCl_2 \cdot 6H_2O$ | 100 | －29 |
| | 125 | －40 |
| | 150 | －49 |
| | 41 | －9 |

必须指出，温度低于－38 ℃时，不能用水银温度计，应改用内装有机液体的低温温度计。

4. 回流冷凝

许多有机化学反应需要使反应物在较长时间内保持沸腾才能完成。为了防止反应物以蒸气形式逸出，常用回流冷凝装置，使蒸气在冷凝管内不断地冷凝成液体，返回反应器中。为了防止空气中的湿气浸入反应器或吸收反应中放出的有毒气体，可在冷凝管上口，连接 $CaCl_2$ 干燥管或气体吸收装置。为了使冷凝管的套管内充满冷却水，应从下面入口通入冷却水，水流速度能保持蒸气充分冷凝即可。

### 3.3.4 温度的测量

温度计是实验室中用来测量温度的仪器，如图 3－12 所示。利用物质的体积、电阻等物理性质与温度的函数关系制成的温度计为接触式温度计。测温时必须将温度计触及被测体系，使温度计和被测体系达成热平衡，二者温度相等，从而由被测物质的特定物理参数直接或间接地换成温度。如水银温度计就是根据水银的体积直接在玻管上刻以温度值的。每只温度计都有一定的测温范围，水银温度计可用于测量 -30～360 ℃；测量低于 -30 ℃，甚至低于 -200 ℃的温度时，可以使用封在玻管中不同的烃类化合物温度计；若要测量高温可用热电偶或辐射高温计等来测量。

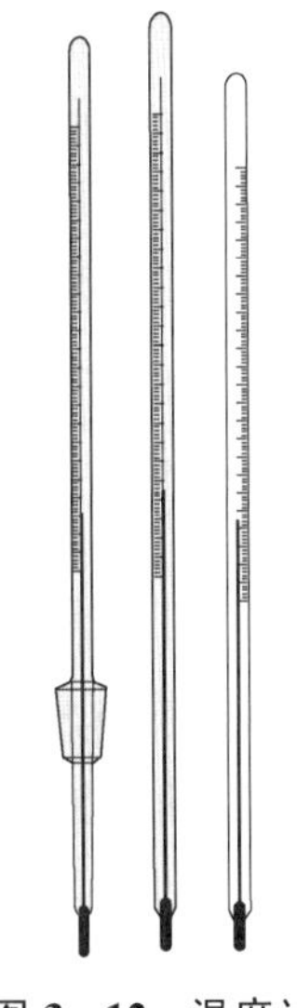

图 3-12　温度计

在利用温度计测量温度时应该注意：

（1）根据所测温度的高低选择合适的温度计，实验室中常用的水银温度计有 0～100 ℃、0～250 ℃、0～360 ℃三种规格，如要测量温度在 200 ℃左右时，最好选择 0～250 ℃的温度计，而不要选 0～100 ℃（易胀破）或 0～360 ℃（精度差）的温度计。

（2）根据实验要求选择合适精度的温度计，如利用冰点下降法测量化合物的分子量时，最好选用刻度为 1/10 的温度计，可准确测到 0.01 ℃。对于一般的温度测量，则没有必要使用高精度的温度计（价格偏高）。

（3）利用温度计测量时，要使温度计浸入液体的适中位置，不要使温度计接触容器的底部或壁上。

（4）不能将温度计当搅拌棒使用，以免水银球碰破。

（5）刚测量过高温的温度计取出后不能立即用凉水冲洗，也不要放置在温度较低的水泥台上，以免水银球炸裂。

（6）使用温度计时要轻拿轻放，不要随意甩动。温度计不慎被打碎后，要立即告诉指导教师，撒出的水银应立即回收，不能回收的部分，要立即用硫黄覆盖清扫。

## 3.4　试剂及其取用

### 3.4.1　化学试剂的纯度等级

化学试剂是纯度较高的化学制品，通常按所含杂质浓度的多少分为四种类型，即优质纯、分析纯、化学纯和实验试剂（见表 3-3）。

表 3-3　化学试剂的分级

| 等级 | 一级试剂（优质纯） | 二级试剂（分析纯） | 三级试剂（化学纯） | 四级试剂（实验试剂） |
|---|---|---|---|---|
| 符号 | G.R. | A.R. | C.P. | L.R. |
| 标签颜色 | 绿色 | 红色 | 蓝色 | 黄色 |
| 应用范围 | 精密分析及科学研究 | 一般化学分析及科学研究 | 一般定性分析及化学制备 | 化学制备 |

在化学实验过程中，应根据具体要求合理选择不同纯度的试剂，级别不同的试剂价格相差很大，在要求不高的实验中使用纯度较高的试剂会造成很大的浪费。

一般为了取用方便，固体试剂应装在广口瓶中，液体试剂放在细口瓶或者滴瓶中，见光易分解的试剂应装在棕色瓶中，盛碱液的试剂瓶不能用玻璃塞而要用橡皮塞。每一个试剂瓶上都要贴上标签，标明试剂的名称、浓度、纯度及配制时间，在使用时应仔细观察。

### 3.4.2　化学试剂的取用原则

1. 不弄脏试剂

不用手接触试剂，已取出的试剂不得倒回原试剂瓶。固体用干净的药匙或镊子取用，试剂瓶瓶塞不张冠李戴，胡乱取放。

2. 力求节约

实验中试剂用量应按规定量取，如未注明用量时，应尽可能少取，多取时将多余试剂分给同学们使用。实验中不指明用量或“少量”“少许”，一般是指固体试剂为黄豆或绿豆粒大小，液体试剂为 0.5～1 mL。

### 3.4.3　液体试剂取用

1. 从试剂瓶取用试剂

用左手持量筒（或试管），并用大拇指指示所需体积的刻度处，右手持试剂瓶（注意，试剂标签应向手心避免试剂黏污标签），慢慢将液体注入量筒至所指刻度（见图 3－13）。读取刻度时，视线应与液体凹面的最低处保持水平（见图 3－14）。取用后，应将试剂瓶口在容器壁上靠一下，再将瓶子竖直，以免试剂流至瓶的外壁。如果是平顶塞子，取出后应倒置桌上，如瓶塞顶不是扁平的，可用食指和中指（或中指和无名指）将瓶塞夹住（或放在洁净的表面皿上），切不可将瓶塞横置桌面。取用试剂后应立即盖上原来的瓶塞，把试剂瓶放回原处，并使试剂标签朝外，应根据所需用量取用试剂，不必多取，如不慎取出了过多的试剂，只能弃去，不得倒回或放回原瓶，以免黏污试剂。

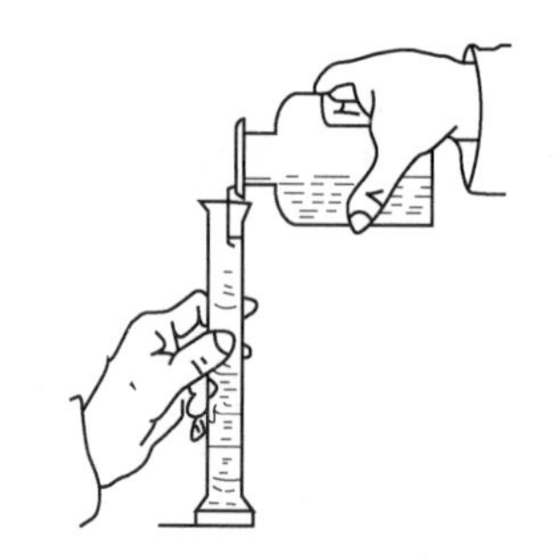

图 3－13　平顶瓶塞试剂瓶的操作

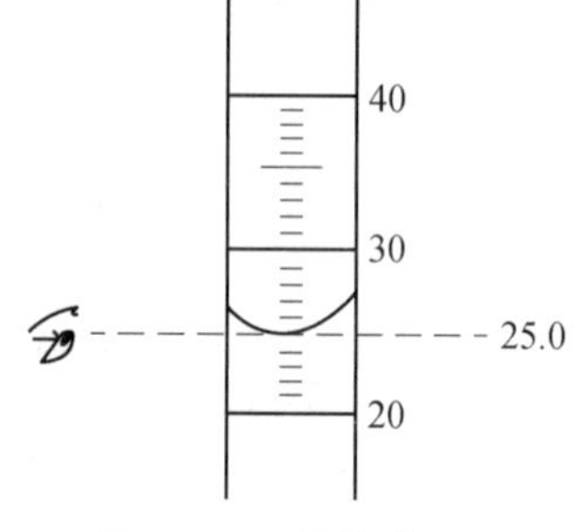


图 3－14　量筒读数

2. 从滴瓶中取用少量试剂

瓶上装有滴管的试剂瓶称作滴瓶。滴管上部装有橡胶头，下部为细长的管子。使用时，

提起滴管，使管口离开液面，先用手指紧捏滴管上部的橡胶头，以赶出滴管中的空气，然后把滴管伸入试剂瓶中，放开手指，吸入试剂，最后提起滴管将试剂滴入试管或烧杯中。

使用滴瓶时，必须注意以下要点：

① 将试剂滴入试管中时，可用无名指和中指夹住滴管，将它悬空地放在靠近试管口的上方（见图 3－15），然后用大拇指和食指掐捏橡胶头，使试剂滴入试管中。绝对禁止将滴管伸入试管中。否则，滴管的管端将很容易碰到试管壁黏附其他溶液，以致使试剂被污染。

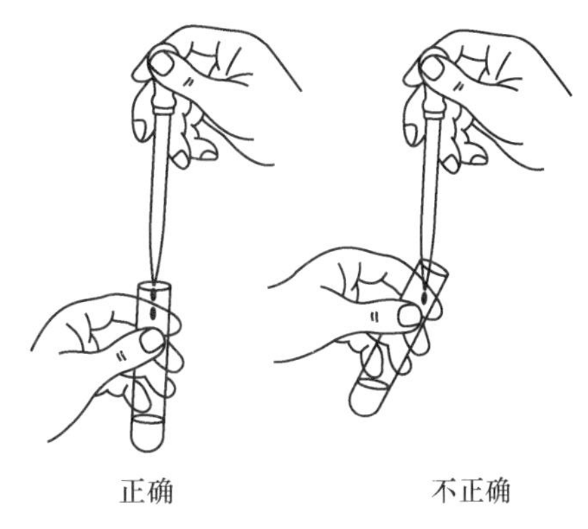


图 3－15　用滴管将试剂加入试管中

② 滴瓶上的滴管只能专用，不能和其他滴瓶上的滴管搞错。因此，使用后应立即将滴管插回原来的滴瓶中。

③ 滴管从滴瓶中取出试剂后，应保持橡胶头在上，不要平放或斜放，以免试剂流入滴管的橡胶头。

### 3.4.4　固体试剂的取用

（1）固体试剂要使用干净的药匙取用，药匙的两端分别有大小两个匙，取较多试剂时用大匙，取较少试剂时用小匙。如果是将固体试剂放进试管时，可将药匙伸入试管 2/3 处，直立试管将试剂放入，或者取出固体试剂放置于一张对折的纸条上，伸入试管中，固体试剂则应沿管壁慢慢滑下（见图 3－16）。取出试剂后，先将瓶塞盖严并将试剂瓶放回原处，用过的药匙必须立即洗净擦干，以备取用其他试剂。

（2）要求取用一定重量的固体样品时，可将样品放置于洁净的称量纸上或表面皿上再进行称量，具有腐蚀性或易吸潮的样品，应放置在玻璃容器内进行称量。

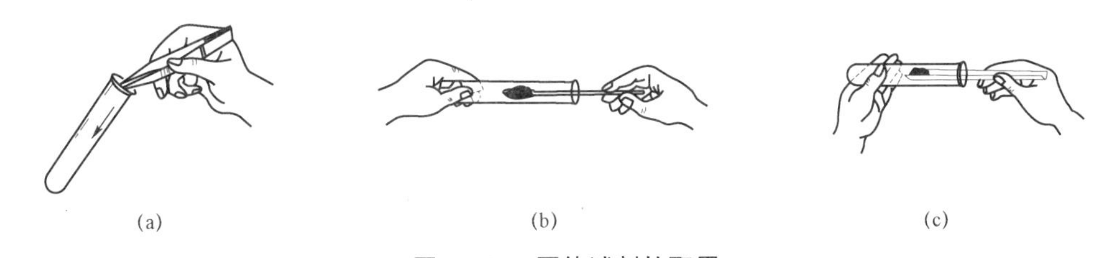


图 3－16　固体试剂的取用

（a）块状固体沿管壁缓慢滑下；（b）使用药匙；（c）使用纸条

## 3.5　溶液的配制

在实验过程中经常要将化学试剂配制成不同浓度的溶液，不同的实验对溶液浓度的准确度的要求不尽相同：一般的性质实验、反应实验（如定性检测和无机制备实验）对溶液浓度的准确度要求不高，只需配制一般溶液就行了。定量测定实验，对溶液准确度要求较高，则需配制准确浓度的溶液（标准溶液），应该根据不同试验的具体要求，选择配制合适的溶液。

### 3.5.1 一般溶液的配制

常见的溶液浓度包括物质的量浓度、质量摩尔浓度和物质的质量分数，见表3-4。

**表3-4 几种不同的浓度表示方法**

| 浓度 | 符号 | 定义 | 单位 |
| --- | --- | --- | --- |
| 质量摩尔浓度 | $b$ | 每千克溶剂中所含溶质的摩尔数 | mol/kg |
| 物质的量浓度 | $c$ | 每立方米溶液中所含溶质的摩尔数 | $mol/m^3$、mol/L |
| 物质的质量分数 | $w$ | 溶质质量与溶液质量的百分比 | %、mg/kg |

溶液配制的方法基本上可分为两种：

（1）对于一定质量的溶剂中所含溶质质量的浓度（如质量摩尔浓度）来说，只需将定量的溶质和溶剂混合均匀即得，如配制10% NaCl的水溶液，只要将干燥的10 g NaCl溶于90 g水中，混合均匀即成。

（2）对于以一定体积的溶液中所含溶质的浓度（如物质的量浓度）来说，溶质与溶剂的混合，其溶液的体积往往会发生变化。因此配制这一类溶液时，先将一定量的溶质和适量的溶剂混合，使溶质完全溶解，然后再添加溶剂至所需要的体积，最后混合均匀即得。例如配制10% NaCl（$m/v$）水溶液，将10 g干燥的NaCl放在烧杯中加适量水溶解后，再精确加水至100 mL，搅拌均匀即得。由上可知，一般溶液的配制操作涉及托盘天平、量筒等仪器的使用。

量筒的使用。量筒是化学实验室中最常用的度量液体体积的玻璃仪器，它是一种侧壁有刻度的玻璃圆筒，刻度线旁标明溶液至该线的体积，规格有10 mL、25 mL、100 mL、500 mL、1 000 mL等数种，在实验中应根据所取液体体积的大小来选用，如要取8.0 mL液体时，最好选用10 mL量筒，若用100 mL量筒会造成较大误差；如果量取80 mL液体，应选用100 mL量筒，而不要用50 mL或10 mL及500 mL的量筒。在使用量筒时首先了解量筒的刻度值。在读取量筒刻度值时，用拇指和食指拿着量筒的上部，让量筒垂直，使视线与量筒内液体的凹月面最低处保持水平，然后读出量筒上的刻度值即可。注意，量筒不能做反应器皿，不能装热的液体。

### 3.5.2 标准溶液的配制

标准溶液要用蒸馏水（或去离子水）在容量瓶中配制，其浓度可由容器的体积与试剂量计算出来，也可以由基准试剂或基准溶液通过标定而得到。为了配制标准溶液，需准确称量固体试剂和准确量取液体的体积，所以一般用分析天平称量，用移液管（或吸量管）等量取液体体积，用滴定管标定所得溶液的浓度。

1. 容量瓶

容量瓶是一种细颈梨形平底玻璃瓶，带有磨口塞子，颈上有标线圈，表明在指定温度（一般为20 ℃）下，当液体充满到标线时，液体体积正好与瓶上注明的体积相等，用于配制标准溶液或稀释溶液。

使用容量瓶前，应首先检查是否漏水。具体做法是先将容量瓶中加入1/2体积的水，盖上塞子，左手按瓶塞，右手拿瓶底，倒置容量瓶观察有无漏水现象，再转动瓶塞 180° 仍不漏水即可使用，否则需更换。

若将固体物质准确配制成一定体积的溶液时，需先在洁净的小烧杯将已准确称量的固体溶解，待溶液冷却至室温后，再将溶液转移到容量瓶中。转移时，要用玻璃棒引流，玻璃棒的顶端靠近容量瓶的瓶颈内壁，使溶液顺壁流下（见图 3－17）。溶液全部流完后，将烧杯轻轻上提，同时直立，使附着在玻璃棒和烧杯嘴之间的一滴溶液收回到烧杯中。用洗瓶洗涤烧杯壁 3 次，并分别将洗涤液全部转移到容量瓶中，再缓慢加蒸馏水至接近标线 1 cm 处，稍等，使黏附在瓶颈上的水流下，再用滴管加水至标线。加水时，视线平视标线，将滴管伸入瓶颈，但稍向旁侧倾斜，使水沿壁流下，直至液体凹月面最低点与标线相切为止。盖好瓶塞，左手大拇指在前，中指、无名指及小指在后，拿着瓶颈标线以上部位，食指压住瓶塞上部，用右手指尖顶住瓶底边缘，将容量瓶倒转，气泡上升至顶端，慢慢摇动。再倒转使气泡上升到顶，如此反复数次即可。

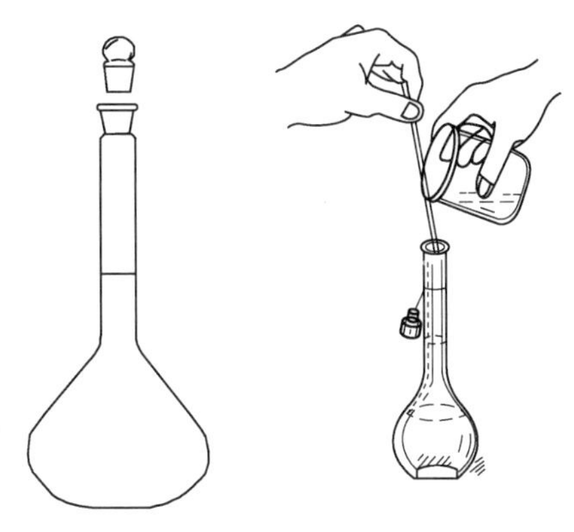

**图 3－17　容量瓶及操作**

如稀释溶液时，则用吸量管或移液管吸取一定体积的溶液，放入瓶中，再按上述方法稀释至标线，摇匀。容量瓶上的塞子是配套的，应用线缚在瓶颈上，以防黏污、打碎或丢失。

2. *移液管*

移液管是中间为一球体的玻璃管，管颈上部刻有一标线环。移液管的容量是按吸入液体的凹月面最低点与标线相切后，液体自然流出的总体积确定的，有 50 mL、25 mL、20 mL、10 mL、5 mL、2 mL、1 mL 等数种。还有一种刻有分度的、内径均匀的玻管所构成的移液管，又叫吸量管（见图 3－18），吸量管有 10 mL、5 mL、2 mL、1 mL 等数种，有些吸量管的分度一直刻到管下口，还有一种分度只刻到距管下口 1～2 cm 处，使用时应注意。

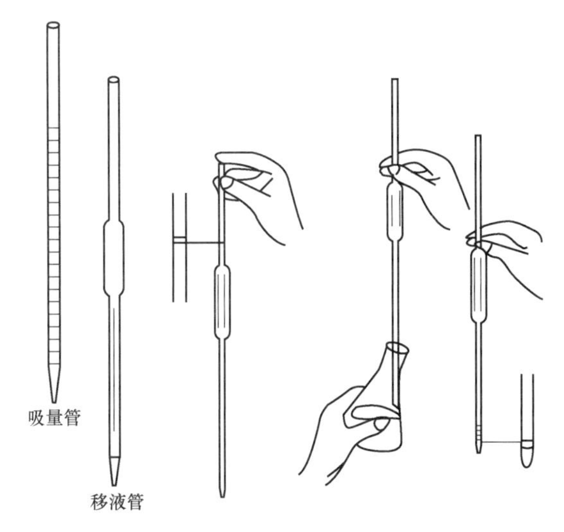


**图 3－18　移液管及移液管操作**

使用移液管前应依次用洗液、自来水、蒸馏水洗涤至内壁不挂水珠为止，最后用欲移取的溶液洗涤 3 次，具体做法是用滤纸将移液管外壁水珠除去，将移液管尖端插入液体中，用洗耳球在移液管上端慢慢吸取液体至球部，立即用右手食指按住管口，注意勿使液体流回，从液体中取出后将管横过来，用左右手的拇指和食指分别拿住移液管球体上下两端，一边旋转一边降低上口，使液体布满全管，当液体流到距上口 2～3 cm 处时，将管直立放出液体并弃去。

吸取液体时，用右手拇指和中指拿住移液管上口 2～3 cm 处，将管下口深入液体中（不可太浅，也不应将管口抵住容器底部），左手将洗耳球中空气赶走后，将洗耳球的小口对准管口并慢慢放松，使液体缓缓吸入移液管。随时注意液面情况，降低移液管高度，使管口始终在液面以下。当移液管中液面上升到标线以上 1～2 cm 处时，移开洗耳球，并迅速用右手食指堵住上口，轻轻提起移液管，将管下口靠在容器壁上，稍松食指，同时用拇指及中指轻轻转动管身，使液面缓慢平稳地下降。直到溶液凹月面的最低点与标线相切，立即停止转动并按紧食指，使液体不再流出，取出移液管并用滤纸擦去管下口外部的液体后移至准备接受液体的容器中，仍使管下口接触容器器壁，并使接受容器倾斜而使移液管直立，右手拇指与中指拿紧移液管，抬起食指，使液体沿器壁自由流下，待液体全部流尽后，再转动移液管，使管下口接近管壁（靠 5～15 s）。注意不要将留在管尖的液体吹出（除非移液管上注明“吹”字）。

吸量管的使用方法与移液管基本相同，只是吸量管可以取不同体积的液体，即使用吸量管时，总是使液面由某一分度落到另一分度，两分度间的体积正好等于所需的体积，应尽可能在同一实验中使用同一吸量管的同一分段，尽可能从最上端标线（即 0.00 刻度）开始。另外在放液体时食指不能完全抬起，一直要轻轻地按住管口，以免到要求的刻度时来不及按住管口。

3. 滴定管

滴定管有两种形式：一种是下端有玻璃活塞的酸式滴定管，另外一种是由下端填有玻璃珠的橡皮管代替活塞的碱式滴定管。

（1）滴定管的选择与处理。

1）滴定管的选择。若是用来盛放酸液，具有氧化性的溶液（如高锰酸钾溶液）则选用酸式滴定管，若用来盛放碱液，则选用碱式滴定管。

2）洗涤。当滴定管无明显污染时，可直接用自来水冲洗，或用滴定管刷和肥皂水刷洗，不能用去污粉洗。如果用肥皂水洗不干净的话，则可用洗液浸泡清洗。具体做法是洗涤酸式滴管时，应先关闭活塞，倒入 5～10 mL 洗液后，一只手拿住滴定管上部无刻度部分，另一只手拿住活塞上部无刻度部分，边转动边将管口倾斜，使洗液流经浸润全管内壁，然后将管竖起，打开活塞将洗液从下端放回洗液瓶中。洗涤碱管时，先取下下端橡皮管，接上一小段塞有玻璃棒的橡皮管，再按上法洗涤。

用肥皂或用洗液洗涤后都须用自来水充分洗涤，并检查是否洗涤干净。

3）检查是否漏水。经自来水洗涤后，应检查滴定管是否漏水，具体做法是对于酸管，关闭活塞装水至“0”标线，直立约 2 min，仔细观察是否有水珠滴下，然后转动活塞 180°，再直立 2 min，观察有无水滴。对于碱管，装水后直立 2 min，观察是否漏水即可。如发现漏水或酸管活塞转动不灵活的现象，应将酸管活塞拆下重涂凡士林，碱管需要更换玻璃珠或橡皮管。活塞涂凡士林的方法是将滴定管平放在台面上，取下活塞，用滤纸将活塞及活塞槽擦干净。用手指黏少量凡士林，在活塞孔两边沿圆周涂一薄层，将活塞插入槽中，向同一方向转动活塞，直到外边观察全部透明为止。如果转动不灵活或出现纹路，表明涂得过少，

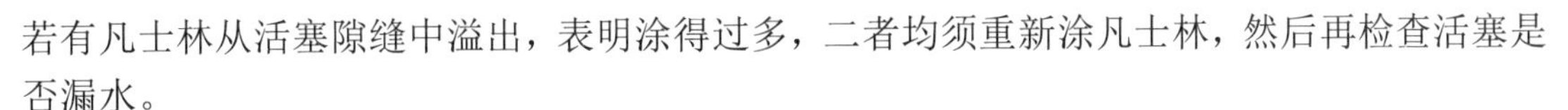

若有凡士林从活塞隙缝中溢出，表明涂得过多，二者均须重新涂凡士林，然后再检查活塞是否漏水。

4）润洗。滴定管用自来水冲洗后，再用蒸馏水洗涤3次，每次水量约5 mL，方法同前，最后用待测溶液润洗3次，每次约5 mL，方法同前。

（2）装液与读数。

1）装液及调零。将相应溶液加入洗涤干净并润洗过的滴定管中“0”标线以上的地方，开启活塞或挤压玻璃球，使液体流出，若下端留有气泡或未充满的部分，用右手拿住酸管的无刻度处，将滴定管倾斜30°，左手迅速打开活塞让溶液快速冲出，从而使溶液布满滴定管下端。若是碱管，则将橡皮管向上弯曲，用食指和拇指挤压玻璃球上端部位，将橡皮与玻璃球间挤开一个小的空隙，使溶液从管尖喷出，直到玻璃珠下气泡全部排出，液体充满为止（见图3－19）（注意：挤压玻璃球时，手指应放在球的上部，若放在下部，松手时仍会有气泡产生）。气泡排完后，再看一看滴定管上部液面是否位于“0”标线处，如不在“0”标线处，可再添加或排出使液面在“0”标线处。

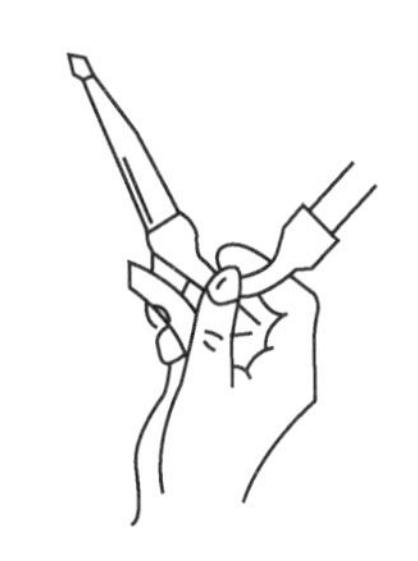

**图3－19　排气泡法**

2）读数。读数应根据滴定管的具体情况确定，对于常量滴定管，一般应读至小数点后第二位，为了减少读数误差应注意以下几个问题：① 将滴定管夹在滴定管架上并保持垂直，把一个小烧杯放置在滴定管下方，以左手轻轻打开酸管的活塞，使液面下降到0.00～1.00 mL的某一刻度（最好是0.00 mL），1 min左右以后检查液面有无变化，若无改变，则记下读数（初读数）。每次滴定前都应调节液面在“0”标线或以下位置，并检查管内有无气泡，滴定后观察管内壁是否挂有液珠，有无气泡等；② 读数时视线应与所读的液面处于同一水平面。对于无色（或浅色）的溶液应读取溶液凹月面最低点所对应的刻度，而对于凹月面看不清楚的有色溶液，可读液面两侧的最高点处，初读数和终读数必须按同一方法读取。对于乳白色底板蓝线衬背的滴定管，即使无色溶液也应读取两个凹月面相交的最尖部分（山尖），深色液还是读取液面两侧的最高点。有时为了更好地读数，常借助读数卡，将黑白两色的卡片紧贴在滴定管后面，黑色部分放在凹月面下方约1 cm处，即可见到凹月面最下缘映衬的黑色，读取黑色凹月面的最低点；③ 读数时，最好将滴定管从滴定管架上取下，移至与眼睛相平的位置再按上法读数。

（3）滴定操作。

滴定前应先去掉滴定管尖端悬挂的残余液滴，读取初读数后，将滴定管尖端插入烧杯或锥形瓶内约1 cm处，管口放在烧杯的左后方，但不要靠着杯壁（或锥形瓶颈壁）。使用酸式滴定管时，必须用左手拇指、食指和中指控制活塞，旋转活塞的同时应稍稍向里用力，以使玻璃塞始终保持与塞槽的密合，防止溶液泄漏。必须学会慢慢旋开活塞以控制溶液的流速。使用碱式滴定管时，必须用左手拇指、食指捏住橡皮管中玻璃珠所在部位稍上一些的位置，向右方挤橡皮管，使橡皮管与玻璃珠之间形成一条缝隙，使溶液流出。通过缝隙的大小控制溶液的流出速度。在滴定的同时，右手拇指、食指和中指拿住锥形瓶瓶颈，沿同一方向按圆周摇动锥形瓶，使溶液在锥形瓶中作圆周运动（若利用烧杯滴定，可用玻璃棒顺着一个方向充分搅拌溶液，但勿使玻璃棒碰击杯底和杯壁），使溶液均匀混合（见图3－20）。特别要注意滴定速度，开始滴定时，滴定速度可稍快一些，但注意要成滴不成线。随着滴定反应的进行，滴落点周围出现暂时性的颜色变化，但随着锥形瓶的振荡，颜色迅速消失；接近终点时颜色消失较慢，此时应该逐滴加入，每加一滴后将溶液振荡，观察颜色变化情况，最后每次加半滴后振荡，仔细观察决定是否继续滴加？应控制使液滴悬而不落，用锥瓶内壁（或玻璃棒）将液滴黏下来，用洗瓶冲洗锥瓶内壁，振荡，反复操作直到溶液颜色改变，即可认为到达终点。为了便于判断终点时指示剂颜色的变化，可把锥形瓶放在白色瓷板或白纸上观察。必须待滴定管内液面完全稳定后，方可读数（在滴定刚完毕时，常有少量黏在滴定管壁上的溶液仍在继续下流）。

实验完毕后，倒出滴定管内剩余的液体，用自来水将滴定管冲洗干净，再用蒸馏水冲洗，放置备用。

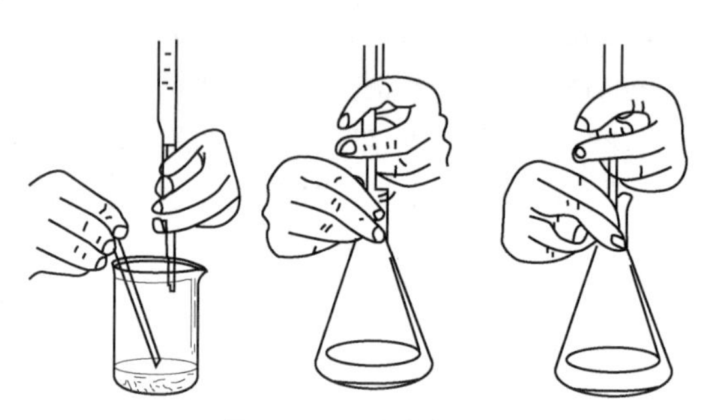

图 3-20　滴定操作

# 3.6　称　　量

## 3.6.1　天平的种类及称量原理

化学实验要经常进行称量，重要的称量仪器是天平，常用的有托盘天平（又称为台秤，用于精确度要求不高的称量，可以称准至 0.1 g）、分析天平（可以准确称量至 0.1 mg，甚至更精确）等。在称量时，应根据实验对于称量准确度的不同要求，选取不同类型的天平。

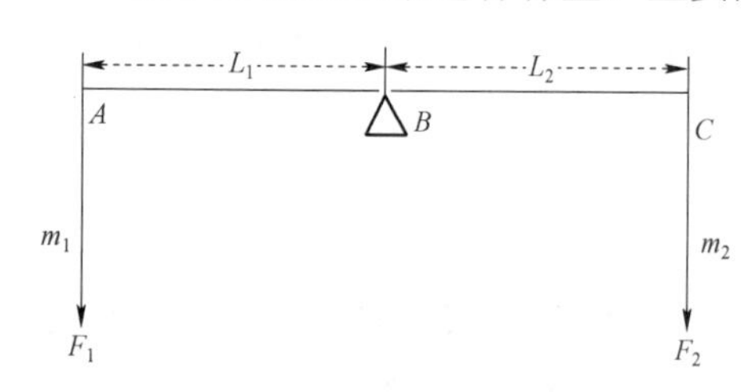


图 3-21　天平的构造原理

虽然天平的类型不同，但基本原理都是一样的，即根据杠杆原理设计的。如图 3-21 所示，杠杆 $ABC$，$B$ 是支点，$A$、$C$ 两点所受的力分别为 $F_1$、$F_2$，当平衡时，支点两端力矩相等，即

$$F_1L_1=F_2L_2$$

根据 $F=mg$，得 $m_1gL_1=m_2gL_2$

因天平等臂，则 $m_1=m_2$，也就是说等臂天平称量达平衡时，被称物质量 $m_1$ 等于砝码质量 $m_2$。

不同的天平就是由于制造所采用的材质、等臂的准确程度、刀口的受阻情况及砝码的准确度不同而造成的，因此不同的天平，精确度不同。

### 3.6.2　托盘天平

托盘天平（见图 3－22）主要有台秤座和横梁两部分组成，横梁以一个支点架在台秤座上，左右各有一个盘子，中部有指针和刻度盘，根据指针在刻度前的摆动情况，可以看出托盘的平衡状态，使用托盘天平称量时，可按下列步骤进行：

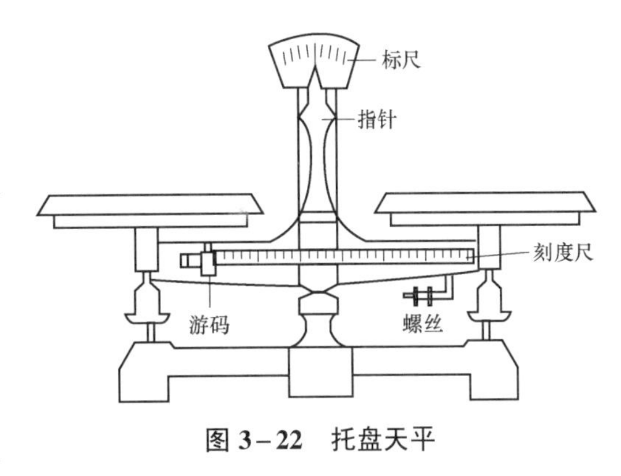


图 3－22　托盘天平

1. 使用前的检查工作

先将游码拨至游码标尺左端“0”处，观察指针摆动情况。如果指针在刻度尺左右摆动的距离几乎相等，即表示台秤可以使用；如果指针在刻度左右摆动的距离相差很大，则应调节零点的螺丝后方可使用。

2. 物品称量

（1）称量的物品放在左盘，砝码放在右盘。

（2）先加大砝码，再加小砝码，最后（在 5 g 以内）用游码调节，至指针在刻度尺左右两边摇摆的距离几乎相等时为止。

（3）记下砝码和游码的数值至小数点后第一位，即得所称物品的质量。

（4）称固体药品时，应在两盘内各放一张重量相仿的蜡光纸，然后用药匙将药品放在左盘的纸上（称 NaOH、KOH 等易潮解或有腐蚀性的固体时，应衬以表面皿）。称液体药品时，要用已称过重量的容器盛放药品，称法同前（注意：台秤不能称量热的物体）。

3. 称量后的结束工作

称量后，把砝码放回砝码盒中，将游码退到刻度“0”处，取下盘上的物品。台秤应保持清洁，如果不小心把药品撒在台秤上，必须立刻清除。

### 3.6.3　电子天平

电子天平是集精确、稳定、多功能及自动化于一体的、最先进的分析天平，大多可称准至 0.1 mg，能满足所有实验室质量分析要求。电子天平一般采用单片微处理机控制，有些电子分析天平还具有标准的信号输出口，可直接连接打印机、计算机等设备来扩展天平的使用，使称量分析更加现代化。

1. 电子天平的基本结构

AL 型电子天平（见图 3－23）由称盘、显示屏、操作键、防风罩和水平调节螺丝等部分组成。

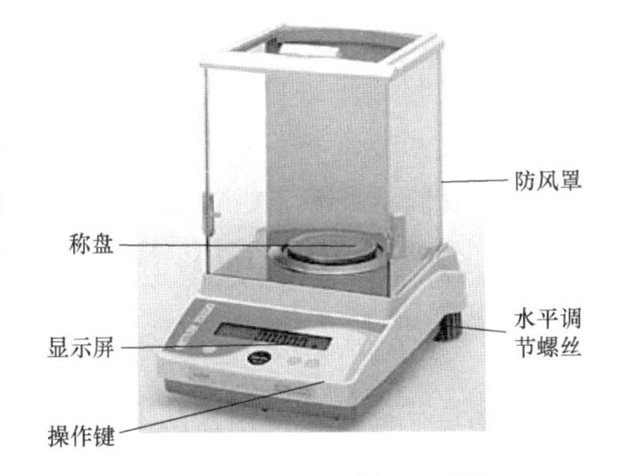


图 3－23　AL 型电子天平

2. 电子天平的使用方法

电子天平称量快速、准确，操作方便。电子天平的品牌及型号很多，不同品牌的电子分析天平在外型设计的功能等方面有所不同，其操作存在差异，但基本使用规程大同小异。本书以梅特勒–托利多公司生产的 AL 型电子天平为例，介绍称量基本操作（加重法）。

（1）调整水平调节螺丝，使天平后部的水平仪内空气泡位于圆环中央（以使天平保持水平位置）。

（2）接通电源，预热约 10 min，按 on/off 键开机，天平自检，显示回零时，即可开始称量。

（3）将称量容器置于托盘上，显示容器重量，按 on/off 键调零（去皮）。

（4）往称量容器中加入样品，再次置于托盘上称量，待显示屏左下方“。”符号消失，读数稳定，所示数值即为样品净重，记录结果。

（5）称量结束，按 on/off 键至显示屏出现“OFF”字样，关闭天平，关好天平拉门，断开电源，盖上防尘罩，并做好使用登记。

在实际工作中，还常用减量法进行称量。减量法称量与加重法称量操作的主要区别在于上述步骤中的第（3）步和第（4）步。将加重法称量操作的第（3）步改为称量并记录称量瓶及样品的总重量，第（4）步改为称量并记录取出所需样品后的称量瓶及剩余样品的总重量（取出样品并称重通常要反复多次），前后读数的差值即为所取样品的质量。其余步骤与加重法一致。

天平控制面板上的每个按键均有多种功能，如 on/off 键除可用于开机和关机外，还有清零、去皮以及取消功能。此外，还可调节菜单方式进行操作，需要时请参阅说明书。

3. 注意事项

（1）称量范围越小、精密度越高的电子天平，对天平的环境要求越高，天平室基本要求是防尘、防震、防过大的温度波动的气流影响，精密度高的天平最好在恒温室中使用。

（2）电子天平安装之后，使用之前必须进行校准。较长时间不使用时，应每隔一段时间通电一次，保持电子元件干燥。校准及维护由实验工作人员负责完成。

（3）电子天平自重小，容易被碰移位，导致水平改变，影响称量的准确性。因此在使用时动作要轻缓，并时常检查天平是否水平。

（4）称量时，应注意克服影响天平读数的各种因素，如空气流动、温度波动、容器或样品不够干燥、开门及放置称量物时动作过重等。

（5）称量物不可直接放在天平托盘上称量。

（6）称量物品切忌超过量程。

（7）保持天平整洁，如药品撒落应及时清理。

（8）若发现故障或损坏，应及时报告工作人员。使用后，注意做好使用登记，便于维护。

### 3.6.4 称量方法

在称量样品时，根据样品的性质不同，有直接法和差减法等不同的称量方法。

1. 直接法

若固体样品无吸湿性，在空气中性质稳定，可用直接称量法。称量时，将样品放在洁净容器中（或称量纸上），然后放在天平左盘，在天平右盘根据所需的质量放好砝码，再用角匙增减样品，直到天平平衡为止。

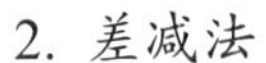

2. 差减法

易吸潮或在空气中性质不稳定的样品，最好用差减法来称量：先在干燥洁净的称量瓶中装部分试样，在天平上准确称量（设所得质量为 $m_1$），从称量瓶中倾出一部分试样（装在事先准备好的容器中），再准确称量（设此次所得质量为 $m_2$），则前后两次称量的质量差 $m_1-m_2$，即为取出样品的质量 $m$。

# 3.7　沉淀的分离和洗涤

## 3.7.1　倾析法

当沉淀比重较大或结晶颗粒较大，静置后能较快沉降至容器底部时，就可用倾析法进行沉淀的分离和洗涤。

方法是把沉淀上部的清液沿玻璃棒小心倾入另一容器内，如图 3－24 所示，然后往盛沉淀的容器内加入少量洗涤剂，进行充分搅拌后，让沉淀下沉，倾去洗涤剂。

重复操作三次即可将沉淀洗净。

图 3－24　倾析法过滤

## 3.7.2　过滤法

过滤法是将溶液与沉淀分离最常用的方法。过滤时，溶液与沉淀的混合物通过过滤器（如滤纸），沉淀留在过滤器上，溶液则通过过滤器进入承接的容器中，所得溶液称为滤液。

溶液的温度、黏度、过滤时的压力、过滤器孔隙的大小和沉淀物的性质都会影响过滤的速度。热溶液比冷溶液容易过滤，但一般说来温度升高，沉淀的溶解度也有所提高，可能会导致分离不完。过滤速度还同溶液的黏度有关，一般来说黏度大，过滤慢。此外，还可以通过控制过滤器两边的压差来调节过滤速度（如减压过滤）。至于过滤器孔隙的大小应从两方面考虑：孔隙较大，过滤加快，但小颗粒的沉淀也会通过过滤器进入滤液；孔隙较小，沉淀的颗粒易被滞留在过滤器上，形成一层密实的固体层（滤饼），堵塞过滤器的孔隙，使过滤速度减慢甚至难以进行。另外，胶体沉淀能够穿过一般的滤纸，所以过滤前应设法把胶状沉淀破坏，如加热煮沸或保温过滤。总之，选用不同的过滤方法，应考虑到相应的影响因素。

1. 常压过滤

在常压下用普通漏斗过滤的方法称为常压过滤，此法最为简便和常用，过滤器是玻璃漏斗和滤纸。当沉淀物为胶体或细微晶体时，用此法过滤较好，缺点是过滤速度较慢。

玻璃漏斗锥体的角度应为 60°，但也有略大一些的情况，使用时应注意校正。滤纸分为定性和定量两种。按照孔隙的大小，滤纸又可分为快速、中速和慢速三个类型，应根据实际需要加以选用。过滤时，取圆形滤纸或四方形滤纸（要剪成圆形）一张，对折两次，叠成四层，展开呈圆锥形（一半为三层，一半为一层），锥顶朝下放入漏斗中应与 60° 角漏斗相密合。如果漏斗不够标准，应适当改变所折滤纸的角度再展开成锥体。为确保滤纸与漏斗壁之间贴紧后无空隙，可事先在三层滤纸的那一边，将外层撕去一小角（见图 3-25）。用食指把滤纸按在玻璃漏斗的内壁上，用少量去离子水润湿滤纸，使其贴紧（见图 3-26）。注意，滤纸的边缘应略低于漏斗的边缘。如果滤纸贴在漏斗上后，发现两者之间有气泡，应用手指（或玻璃棒）轻压滤纸，把气泡赶走，以免影响过滤速度。为了加速过滤，可在过滤溶液之前先做一个“水柱”，方法是手指堵住漏斗下口，掀起滤纸，向下面堵住出口的手指时，漏斗颈中的水仍能保留，此时“水柱”即告做成。在整个滤纸与漏斗壁间加水，使漏斗颈及锥体下端充满水，然后把滤纸按紧在壁上，再放开滤纸的过程中，漏斗颈一直被液体充满，这样就能过滤迅速。

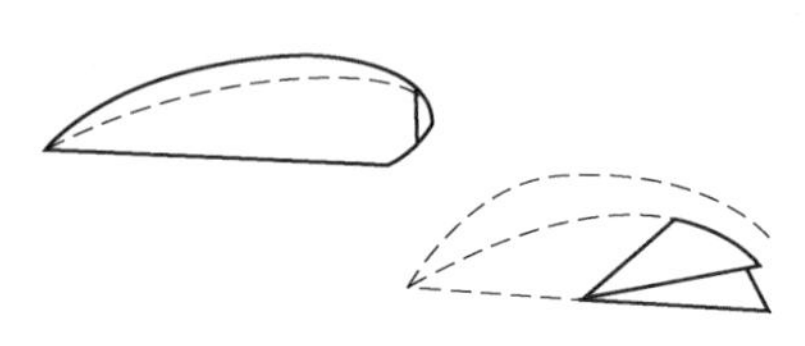

图 3-25　滤纸的折法

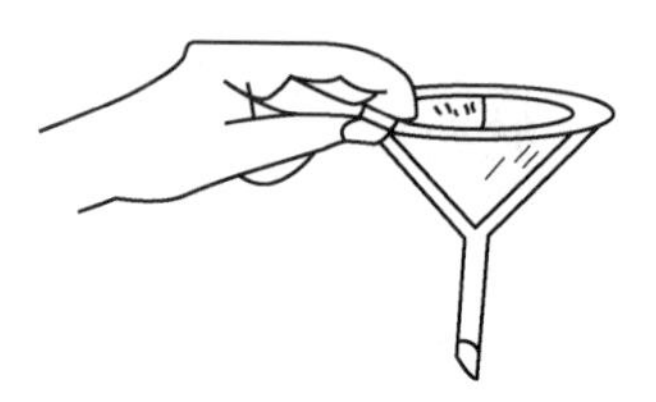

图 3-26　用手指按住滤纸

过滤时应注意以下几点：

（1）漏斗放在漏斗架上，并调整漏斗架的高度，使漏斗的下口靠在接受容器的内壁上，以便使溶液顺着容器壁流下，减少空气阻力，加速滤程，且防滤液溅出。

（2）将溶液转移到漏斗中时，要采用倾析法。先倾倒溶液，后转移沉淀，这样就不会因为沉淀堵塞滤纸的孔隙而减慢过滤速度。

（3）转移溶液时，应使用玻璃棒，让溶液顺其缓慢倾入漏斗中，玻璃棒下端轻轻触在三层滤纸处，以免把单层滤纸冲破。

（4）过滤过程中，溶液的转移要渐续进行，漏斗中的溶液不能太多，液面应低于滤纸上缘 3～5 mm，以防过多的溶液沿滤纸和漏斗内壁的隙缝中流入接受容器，失去滤纸的过滤作用。

如果需要洗涤沉淀，则要等溶液转移完毕后，往盛有沉淀的容器中加少量去离子水，充分搅拌，静置片刻，待溶液中沉淀下沉后，再把上层溶液倾入漏斗内。如此重复二到三遍（或根据洗涤条件，例如洗至中性 pH=7 等），再把沉淀转移到滤纸上。也可以把沉淀全部转移到滤纸上后，用少量去离子水淋洗沉淀，即坚持少量多次洗涤沉淀的原则，以提高洗涤效率。最后根据需要检查滤液中的杂质，以判断沉淀是否已洗涤干净。

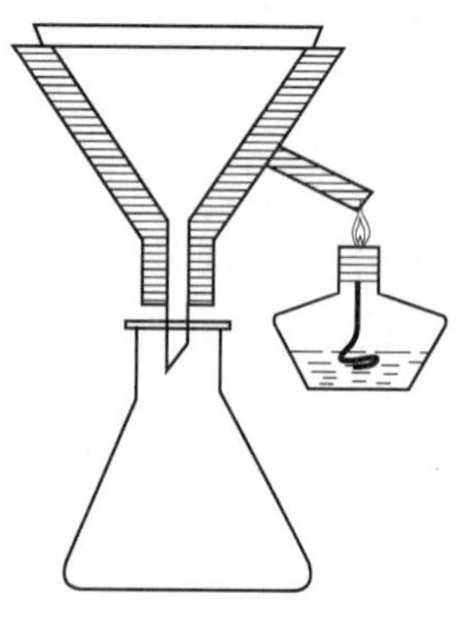

图 3-27　热过滤

2. 热过滤

为了防止过滤某些溶液在温度降低时易析出晶体，通常使用热过滤。热过滤时，把玻璃漏斗放在铜质的热水漏斗内，如图 3-27 所示。热水漏斗内装有热水（注意，不要加水过满，以免加热沸腾后溢出），用酒精灯加热热水漏斗，以维持溶液的温度，保证过滤中不析出晶体。热过滤所选用的玻璃漏斗，其颈外露部分不宜过长。

3. 减压过滤

减压可以加快过滤的速度，还可以把沉淀抽吸得比较干。但对于结晶颗粒太小的沉淀和胶态沉淀，不适用此法过滤，因为胶态沉淀在快速过滤时易透过滤纸，颗粒太小的沉淀又会因为减压抽吸而在滤纸上形成一层密实的沉淀（滤饼），使溶液不易透过，反而达不到加速过滤的目的。

减压过滤法使用的仪器是布氏漏斗、抽（吸）滤瓶、循环水式真空泵、安全瓶，装配如图 3－28 所示。

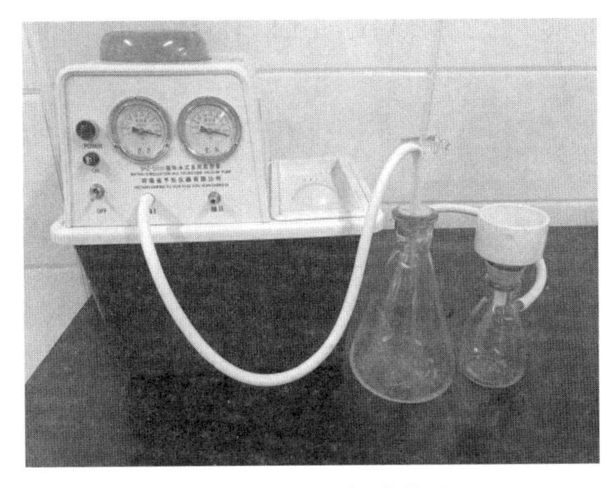

**图 3－28　减压抽滤装置**

布氏漏斗（或称瓷孔漏斗）为瓷质过滤器，中间为具有许多小孔的瓷板，以便使溶液通过滤纸从小孔流出。布氏漏斗下端颈部装有橡皮塞，借以与吸滤瓶相连，胶塞的大小应和吸滤瓶的口径相配合，橡皮塞塞进吸滤瓶颈内的部分以不超过整个塞子的 1/2 为宜。滤瓶用以承接过滤下来的滤液，其支管用橡胶管和安全瓶的短管连接，而安全瓶的长管则和真空泵相连接。

安全瓶的作用是防止真空泵中水产生溢流而倒灌入吸滤瓶中。因为真空泵中的水压发生变动时，常会发生水溢流现象。例如减压过滤完成后关闭真空泵时，由于吸滤瓶内的压力低于外界压力而使水倒吸进入吸滤瓶内，使过滤好的溶液受污染，造成过滤失败。将一个安全瓶装在吸滤瓶与抽滤泵之间，一旦发生水溢流，安全瓶起到缓冲作用。

必须注意，如果在抽滤装置中不装安全瓶，过滤完成后，应先拔掉连接吸滤瓶和真空泵的橡胶管，再关真空泵，以防发生倒吸现象。

减压过滤的操作方法如下：

（1）做好吸滤前准备工作，检查装置。

1）安全瓶的长管接水泵，短管接吸滤瓶。

2）布氏漏斗的颈口应与吸滤瓶的支管相对，便于吸滤。

（2）贴好滤纸。滤纸的大小应剪得比布氏漏斗的内径略小，以能恰好盖住瓷板上的所有小孔为度。先由洗瓶挤出少量蒸馏水润湿滤纸，调节安全瓶上的旋塞，稍微抽吸。使滤纸紧贴在漏斗的瓷板上，然后开真空泵进行减压过滤。

（3）过滤时，应该用倾析法，先将澄清的溶液沿玻璃棒倒入漏斗中，滤完后再将沉淀移入滤纸的中间部分。

（4）过滤时，吸滤瓶内的滤液面不能达到支管的水平位置，否则滤液将被真空泵抽出。因此，当滤液快上升至吸滤瓶的支管处时，应拔去吸滤瓶上的橡皮管，取下漏斗，从吸滤瓶的上口倒出滤液后再继续吸滤，但须注意，从吸滤瓶的上口倒出滤液时，吸取滤瓶的支管必须向上（吸滤瓶的侧口只作连接减压装置用，不要从侧口倾倒滤液，以免弄脏溶液）。

（5）在吸滤过程中，不得突然关闭真空泵，如欲取出滤液，或需要停止吸滤。应先调节安全瓶上的旋塞，然后再关上真空泵，否则水将倒灌，进入安全瓶。

（6）在布氏漏斗内洗涤沉淀时，应停止吸滤，让少量洗涤剂缓慢通过沉淀，然后进行吸滤。如果实验中要求洗涤沉淀，洗涤方法与使用玻璃漏斗过滤时相同，但不要使洗涤液过滤太快（适当调节安全瓶上的旋塞），以便使洗涤液充分接触沉淀，使沉淀洗得更干净。

（7）为了尽量抽干漏斗上的沉淀，最后可用一个平顶的试剂瓶塞挤压沉淀。过滤完后，应先调节安全瓶上的旋塞再关闭真空泵，然后取下漏斗；将漏斗的颈口朝上，轻轻敲打漏斗边缘，即可使沉淀脱离漏斗，落入预先准备好的滤纸上或容器中。

（8）洗涤沉淀时，先让烧杯中的沉淀充分沉降，然后将上层清液沿玻璃棒小心倾入另一容器或漏斗中，或将上层清液倾去，让沉淀留在烧杯中。由洗瓶吹入蒸馏水，并用玻璃棒充分搅动，让沉淀沉降，用上面同样的方法将清液倾出，让沉淀仍留在烧杯中。再由洗瓶吹入蒸馏水进行洗涤，这样重复数次。

这样洗涤沉淀的好处是沉淀和洗涤液能很好地混合，杂质容易洗净；沉淀留在烧杯中，只倾出上层清液过滤，滤纸的小孔不会被沉淀堵塞，洗涤液容易过滤，洗涤沉淀的速度较快。

### 3.7.3 离心分离法

少量溶液与沉淀的混合物可用离心机进行离心分离以代替过滤操作，常用的离心机有手摇式和电动式（见图 3－29）两种。

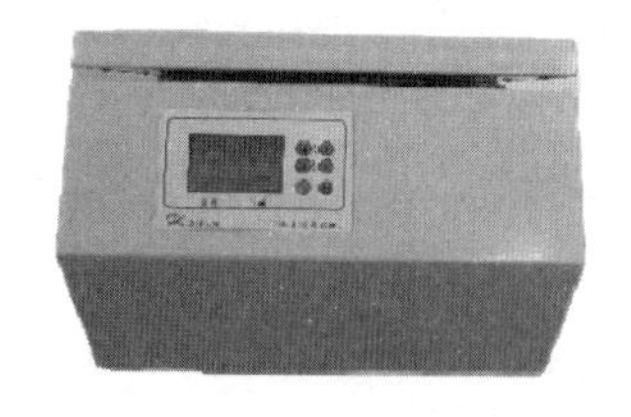

**图 3－29 电动离心机**

将盛有溶液和沉淀混合物的离心管放入离心机试管套筒内，如果离心机是手摇的，插上摇柄，按顺时针方向摇转。起动时要慢，逐渐加快，停止离心操作时，必须先取下摇柄，试管套管自然停止转动，不可用手去按住离心机的轴，否则不仅易损坏离心机，且因骤然停止会使已沉淀物又翻腾起来。

为了防止由于两支管套中重量不均衡所引起的振动而造成轴的磨损，必须在放入离心管的对面位置上，放一同样大小的离心管，管内中装有与混合物等体积的水，以保持平衡（电

动离心机的使用方法和注意事项与手摇式离心机基本相同）。

离心操作完毕后，从套管中取出离心管，再取一小滴管，先捏紧橡皮头，然后插入离心管中，插入的深度以尖端不接触沉淀为限。慢慢放松捏紧的橡皮头，吸出溶液，移去。这样反复数次，尽可能把溶液移去，留下沉淀。

如要洗涤试管中存留的沉淀，可由洗瓶挤入少量蒸馏水，用玻璃棒搅拌，再进行离心沉降后按上法将上层清液尽可能地吸尽。重复洗涤沉淀 2～3 次。

# 3.8　干　　燥

干燥是指除去吸附在固体、气体或混在液体中的少量的水分和溶剂。化合物在测定物理常数及进行分析前都必须进行干燥，否则会影响结果的准确性。某些反应需要在无水条件下进行，原料和溶剂也需干燥。所以，在化学实验中试剂和产品的干燥具有十分重要的意义。

## 3.8.1　固体的干燥

固体干燥最简单的方法是把它摊开，在空气中晾干。固体也可在水浴上或干燥箱中干燥。对于热稳定的固体，并且其蒸气没有腐蚀性，可以在电热恒温干燥箱中进行干燥（干燥箱的温度调节到低于该物质的熔点约 20 ℃进行干燥）。

电热恒温干燥箱是利用电热丝隔层加热使物体干燥的设备。它适用于比室温高 5～200 ℃的恒温烘焙、干燥、热处理等，灵敏度通常为±1 ℃。电热恒温干燥箱一般由箱体、电热系统和自动恒温控制系统三个部分组成。电热系统一般由两组电热丝构成，一组为辅助电热丝，用于短时间内急升温和 120 ℃以上恒温时辅助加热。另一组为恒温电热丝，受温度控制器控制。辅助电热丝工作时恒温电热丝必定也在工作，而恒温电热丝工作时辅助电热丝不一定工作（如 120 ℃以下恒温时）。

电热恒温干燥箱的使用及注意事项：

（1）为保证安全操作，通电前应检查是否断路、短路，箱体接地是否良好。

（2）在箱面排气阀上孔插入温度计，旋开排气阀，接上电源。

（3）空箱通电试验。开启电源开关，温度调节旋钮在 0 位置时，绿色指示灯亮，表示电源接通，将温度旋钮顺时针旋至某一位置时，绿色指示灯熄灭的同时红色指示灯亮，表示电热丝已通电加热，箱内升温；然后把旋钮旋回至红灯熄灭而绿灯再亮，说明电器工作正常，即可投入使用。

（4）干燥箱的使用。调节温度旋钮，使箱内温度上升，当箱内温度升高至接近所需温度时，将温度旋钮回调到红、绿灯交替明亮处，即能自动控温。此时须再做几次小微调，以使工作温度稳定在所要求的值。恒温后一般不需要人工监视，但为防止控制器失灵，仍须有人经常照看，不能长时间远离。注意：恒温后温度旋钮指示值并不直接表示干燥室工作温度，但可记下来以备中途调整及下次使用时参考。

（5）恒温后可根据需要关闭一组加热器，以免功率过大影响温度波动及箱内温差。

（6）升温时即可开启鼓风机，鼓风机可连续使用。

（7）当需观察工作室内干燥物品情况时，可开启外道箱门，透过玻璃内门观察。但箱门以尽量少开为宜，以免影响恒温。高温工作时不宜开启箱门，以防玻璃门因骤冷而破裂。

（8）易燃、易爆、易挥发及有腐蚀性或有毒物品禁止放入干燥箱内。

（9）当停止使用时，应及时切断电源，以保证安全。

此外，固体还常在干燥器中进行干燥。

（1）普通干燥器。盖与缸之间的接触面经过磨砂，在磨砂处涂上凡士林，以便紧密吻合，缸中有多孔瓷板，下面放干燥剂，上面放被干燥的物质。根据固体表面所带的溶剂来选择干燥剂。如氧化钙（生石灰）用于吸收水或酸，无水氯化钙吸收水和醇，氢氧化钠吸收水和酸，石蜡吸收石油醚等，所选用的干燥剂不能与被干燥的物质反应。为了更好地干燥，也可用浓硫酸或五氧化二磷作为干燥剂。

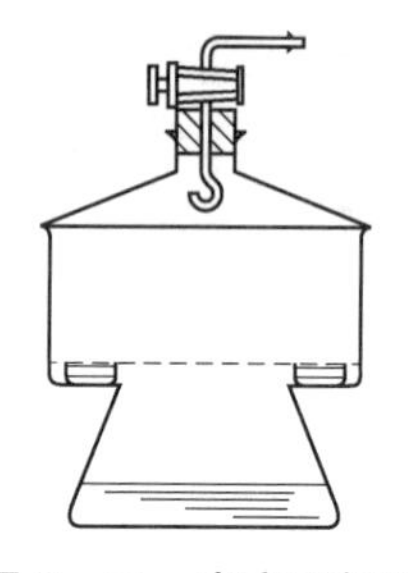

图 3-30　真空干燥器

（2）真空干燥器。真空干燥器的形状与普通干燥器相同，只是盖上带有活塞，可以和真空泵相连，降低干燥器内的压力。在减压情况下干燥，可以提高干燥效率。活塞下端呈弯钩状，口向上，防止和大气相通时因空气流入太快将固体冲散。开启盖前，必须先旋开活塞，使内外压力相等，方可打开，如图 3-30 所示。

（3）红外线快速干燥箱。用红外线干燥固体物质时，可将被干燥固体物质放入红外线干燥箱中或置于红外灯下进行烘干，但要注意被干燥物质与红外灯之间的距离，否则温度太高使被干燥物质未被干燥而被熔化，红外线干燥的特点是能使溶剂从固体内部的各个部分蒸发出来。

### 3.8.2　液体的干燥

液体有机物中含有的少量水分通常是用固体干燥剂除去。选用的干燥剂应符合以下条件：

（1）干燥剂与被干燥的有机物不发生反应。

（2）干燥剂不溶于被干燥的有机物中。

（3）干燥剂干燥速度快，吸水量大（吸水量是指单位质量干燥剂所吸收的水量），价格低廉。

下面是常用的干燥剂及应用范围：

（1）无水 $CaCl_2$ 价廉，所以在实验室中广泛地应用。但无水氯化钙吸水速度不快，因而干燥的时间较长。$CaCl_2$ 能水解生成碱式氯化钙、氢氧化钙，因此无水 $CaCl_2$ 不宜用作酸性物质的干燥剂。同时由于无水 $CaCl_2$ 易与醇、胺以及某些醛、酮、酯生成络合物，因而也不宜于做上述有机物的干燥剂。$CaCl_2$ 吸水能力大，吸收后形成 $CaCl_2 \cdot 6H_2O$（30 ℃以下）。

（2）无水 $MgSO_4$ 是很好的中性干燥剂，干燥作用快，价格不贵，能形成 $MgSO_4 \cdot nH_2O$（$n$=1、2、4、5、6、7）用来干燥不能用其他干燥剂干燥的有机物，例如醇、醛、酸、酯等。

（3）无水 $Na_2SO_4$ 为中性盐，吸水量大，吸水后形成 $Na_2SO_4 \cdot 10H_2O$（32.4 ℃以下），对酸性或碱性物质都无作用，使用范围也广，但吸水速度较慢，而且最后残留的少量水分不易吸收。

（4）无水 $K_2CO_3$ 吸水能力中等，作用较慢，碱性，适用于干燥中性有机物，如醇类、酮类和腈类及碱性有机胺类等，能形成 $K_2CO_3 \cdot H_2O$。

（5）固体 NaOH、KOH 主要用于干燥胺类，使用范围有限。

（6）金属 Na 常用金属 Na 除去用无水 $CaCl_2$ 处理后的烃类、醚类等有机物中微量的水。金属 Na 比较贵。

干燥方法：取一个大小合适的、干净又干燥的锥形瓶，放入被干燥的液体，加入适量的干燥剂，塞好瓶塞，摇荡，静置一定的时间。使用干燥剂时应注意用量适当，否则不是干燥得不完全，就是被干燥物质过多地吸附在干燥剂的表面上而造成损失。在实际操作时，可先少加一些干燥剂，振摇放置片刻后，如果干燥剂有潮解现象，则再加一些；如果出现少量水层，则必须用滴管将水层吸去，再加入一些干燥剂。

# 3.9　气体的产生、净化、干燥与收集

## 3.9.1　气体的产生

实验室常用分解固体或者液体与固体作用等方法来制备少量的气体。用分解固体的方法制备气体（如用氯酸钾分解制备氧气）使用的装置如图 3－31 所示。用液体与固体反应制备气体的装置如图 3－32（a）所示，特别适合用来制备 $H_2$、$CO_2$、$H_2S$ 等气体。启普发生器由中间狭窄的球形玻璃容器和大的球形漏斗所组成，二者以磨口相配合。容器的上半球有一侧口，用橡皮管与导气管相连接（气体出口），下半球有一排液口（液体出口），球形漏斗上装有安全漏斗。固体试剂放在中间圆球内，关闭活塞，从球形漏斗中将酸加入。使用时打开活塞，酸液自动下降进入球内，与固体试剂接触而产生气体，停止使用时关闭活塞，产生的气体将酸压入球形漏斗，使酸与固体样品不再接触而停止反应，下次再用时，只需打开活塞即可。

当固体样品颗粒很小或呈粉末状时，或者当反应须在加热情况下才能进行（如 $Cl_2$ 的制备）时，不能使用启普发生器，可采用图 3－32（b）所示的装置，固体装在蒸馏瓶内，液体装在（衡压）漏斗中，使用时打开滴液漏斗的活塞，使液体滴在固体上产生气体，液体不宜滴加过快过多，控制滴加速度，使气体不断地缓慢地产生。

如制备少量的气体，可以使用具有支口的试管（图 3－32（c）），缺点是不易控制。

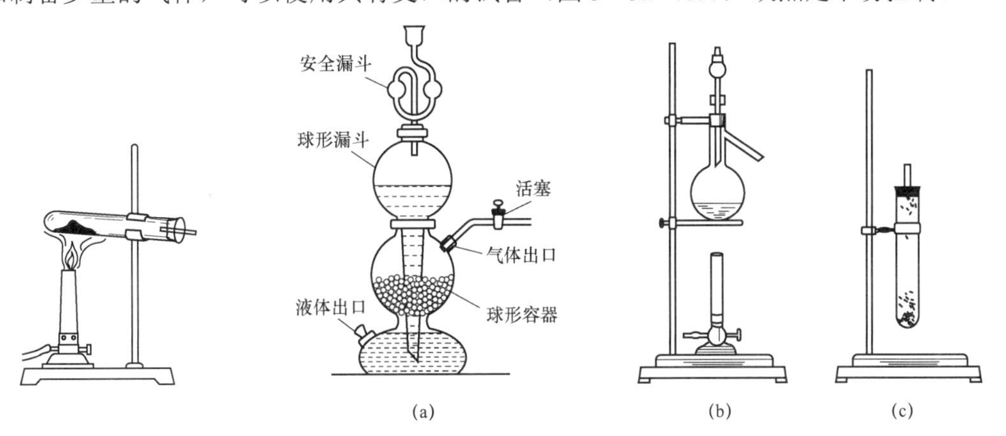


**图 3－31**　加热固体生成气体的装置

**图 3－32**　固液反应产生气体的装置

实验室中还经常利用气体钢瓶直接获得各种气体。气体钢瓶是特制的耐压钢瓶，使用时通过减压器（气压表）控制气体放出。钢瓶内压很大（有时高达 150 atm 以上），使用时应注意安全，操作要特别小心。

### 3.9.2 气体的干燥和净化

利用上述方法制取的气体通常带有水气、酸雾等杂质，因此对于气体纯度要求较高的实验，在使用前必须进行净化和干燥，通常选用洗气瓶和干燥塔等仪器（图 3－33），配合特别的试剂达到净化和干燥气体的目的。

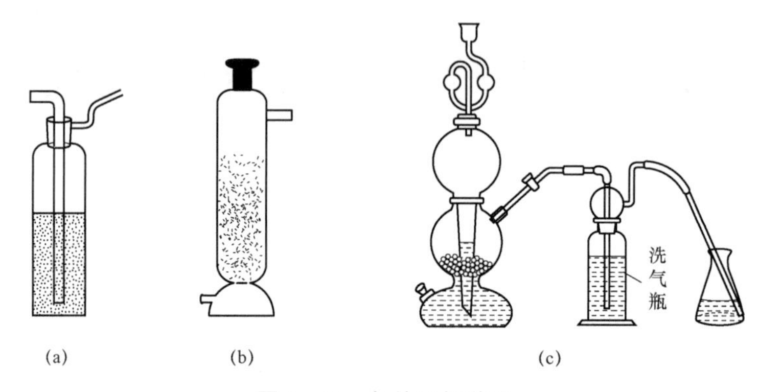


**图 3－33 气体干燥装置**

（a）洗气瓶；（b）干燥塔；（c）气体产生净化装置

一般气体先用水洗去酸雾（也可用玻璃棉），再通过浓硫酸（或无水氯化铜、硅胶等）除去水汽，如 $CO_2$ 的干燥。$H_2$ 的净化则要复杂一些，因为制备 $H_2$ 的原料中含有 As 和 S 等杂质，故生产的 $H_2$ 中常夹杂 $H_2S$、$AsH_3$ 等气体，常需要通过 $KMnO_4$ 溶液和 $Pb(Ac)_2$ 溶液除去，最后才通过 $H_2SO_4$ 干燥。对于具有还原性、碱性的气体（如 $H_2S$、$NH_3$ 等）不能用浓 $H_2SO_4$ 干燥。总之对于不同性质的气体应根据其特性，采用不同的洗涤液和干燥剂进行处理。一般液体（如水、浓 $H_2SO_4$）装在洗气瓶中，固体（如无水 $CaCl_2$、硅胶）装在干燥塔或 U 形管内。常用的气体干燥剂见表 3－5。

**表 3－5 常用的气体干燥剂**

| 气体 | 常用干燥剂 |
| --- | --- |
| $H_2$、$O_2$、$N_2$、CO、$CO_2$、$SO_3$ | 浓 $H_2SO_4$、$CaCl_2$、$P_2O_5$ |
| $Cl_2$、HCl、$H_2S$ | $CaCl_2$ |
| $NH_3$ | CaO(或 CaO＋KOH) |
| HI、HBr | $CaI_2$、$CaBr_2$ |
| NO | $Ca(NO_3)_2$ |

### 3.9.3 气体的收集

（1）难溶于水的气体（如 $O_2$、$H_2$ 等），可用排水集气法收集（见图 3－34（a））。

（2）易溶于水且比空气轻的气体（如 $NH_3$），可用瓶口向下排气法收集（见图 3–34（b））。

（3）易溶于水且比空气重的气体（如 $Cl_2$、$CO_2$），可用瓶口向上排气法收集（见图 3–34（c））。

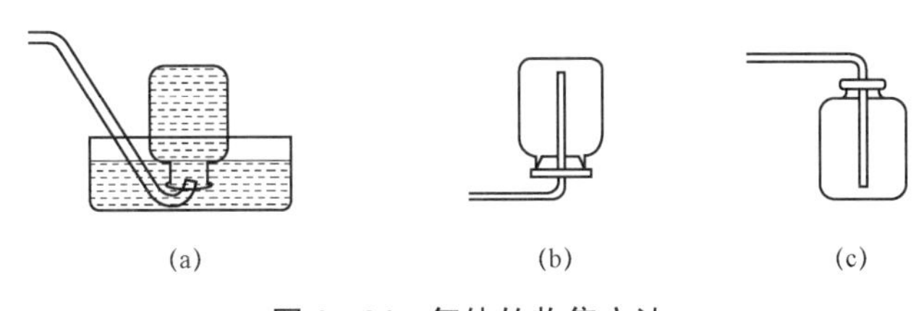


**图 3–34 气体的收集方法**

（a）排水集气法；（b）排气法收集轻气体；（c）排气法收集重气体

# 3.10 试纸的应用

在实验室中常用一些试纸来定性检验一些溶液的性质或某些物质是否存在，试纸操作简单、方便、快速，并具有一定的精确度。

## 3.10.1 试纸的种类

实验室所用的试纸种类很多，常用的有 pH 试纸、醋酸铅试纸、淀粉–碘化钾试纸和高锰酸钾试纸等。

1. pH 试纸

pH 试纸用来检验溶液或气体的 pH，包括广泛 pH 试纸和精密 pH 试纸两大类别。广泛 pH 试纸的变色范围为 1～14，用来粗略估计溶液的 pH。精密 pH 试纸可较精密地估计溶液的 pH，根据变色范围可以分为多种，如变色范围在 pH 为 2.7～4.7、3.8～5.4、5.4～7.0、6.9～8.4、8.2～10.0、9.5～13.0，根据待测溶液的酸碱性可选用某一变色范围的试纸（最好先用广泛 pH 试纸粗测，再用精密 pH 试纸进行较准确的测量）。

2. 醋酸铅试纸

醋酸铅试纸是用来定性检验 $H_2S$ 气体的试纸。当含有 $S^{2-}$ 的溶液被酸化后，逸出的 $H_2S$ 气体遇到试纸，即与纸上的醋酸铅反应，生成黑色的醋酸铅沉淀，使试纸呈黑褐色，并具有金属光泽，反应式为

$$Pb(Ac)_2 + H_2S \longequal PbS(s) + 2HAc$$

若溶液中 $S^{2-}$的浓度较小时则不易检出。

3. 淀粉–碘化钾试纸

淀粉–碘化钾试纸是用来定性检验氧化性气体的一种试纸，如 $Cl_2$、$Br_2$。当氧化性气体

遇到湿的淀粉–碘化钾试纸时，将试纸上的$I^-$氧化成$I_2$，后者立即与试纸上的淀粉作用而显蓝色，反应式为

$$2I^- + Cl_2 = I_2 + 2\,Cl^-$$

如气体氧化性强，且浓度较大时，$I_2$可以进一步氧化而使试纸褪色，反应式为

$$I_2 + 5\,Cl_2 + 6\,H_2O = 2\,IO_3^- + 10\,Cl^- + 12H^+$$

使用时必须仔细观察试纸颜色的变化，以免得出错误的结论。

4. 其他试纸

目前，我国生产的各种用途的试纸已多达几十种，较为重要的有测$A_SH_3$的溴化汞试纸、测汞的汞试纸。

### 3.10.2 试纸的使用方法

每种试纸的使用方法都不一样，在使用前应仔细阅读使用说明，但也有一些共性的地方。

（1）用作测定气体的试纸，都需要先行润湿后再测量，并且不要将试纸接触相应的液体或反应器，以免造成误差。

（2）使用试纸时，应注意节约，尽量将试纸剪成小块。

（3）不要将试纸浸入反应液中，以免造成溶液的污染。

（4）使用试纸时应尽量少取，取后盖好瓶盖，以防污染（尤其是醋酸铅试纸）。

几种特殊的试纸的使用方法：

（1）pH 试纸及石蕊、酚酞试纸。将小块试纸放在洁净的表面皿或点滴板上，将待测液用玻璃棒点在试纸的中部，试纸被待测液润湿而变色，即与标准色阶板比较，确定相应的pH 或 pH 范围，若是其他试纸，则根据颜色的变化确定酸碱性。如果需要测气体的酸碱性，应先用蒸馏水将试纸润湿，将试纸黏附在洁净的玻璃棒尖端，移至产生气体的试管口上方（不要接触试管），观察试纸的颜色变化。

（2）淀粉–碘化钾试纸或醋酸铅试纸。将小块试纸用蒸馏水润湿后黏附在干净的玻璃棒尖端，移至产生气体的试管口上方（不要接触试管或触及试管内的溶液），观察试纸的颜色变化。若气体量较小时，可在不接触溶液的条件下将玻璃棒伸进试管进行观察。

### 3.10.3 试纸的制备

1. 淀粉–碘化钾试纸（无色）

将 3 g 可溶性淀粉于 25 mL 水搅匀，倾入 225 mL 沸水中，加入 1 g KI 和 1 g $Na_2CO_3$，搅拌，加水稀释至 500 mL，将滤纸条浸润，取出后放置于无氧化性气体处晾干，保存于密封装置（如广口瓶）中备用。

2. 醋酸铅试纸（无色）

在浓度小于 1 mol/L 的醋酸铅溶液（每升中含 190 g $Pb(Ac)_2 \cdot 3H_2O$）中浸润滤纸条，在无$H_2S$气氛中干燥即可，密封保存备用。

# 3.11　重量分析的基本操作

## 3.11.1　沉淀

深沉应根据沉淀性质采取不同的操作方法。

1. 晶形沉淀

（1）在热溶液中进行沉淀，必要时将溶液稀释。

（2）操作时，左手拿滴管加沉淀剂溶液。滴管口应接近液面，勿使溶液溅出。滴加速度要慢，接近沉淀完全时可以稍快。与此同时，右手持玻璃棒充分搅拌，但需注意不要碰到烧杯的壁或底。

（3）应检查沉淀是否完全。方法是静置，待沉淀下沉后，于上层清液中加少量沉淀剂，观察是否出现浑浊。

（4）沉淀完全后，盖上表面皿，放置过夜或水浴加热一小时左右，使沉淀陈化。

2. 非晶形沉淀

沉淀时宜用较浓的沉淀剂溶液，加沉淀剂和搅拌速度都可快些，沉淀完全后要用热蒸馏水稀释，不必放置陈化。

## 3.11.2　过滤和洗涤

1. 滤纸的种类

定量滤纸规格：快速（白带）、中速（蓝带）、慢速（红带）
定性滤纸规格：快速（白带）、中速（蓝带）、慢速（红带）

2. 滤纸的选择

（1）滤纸的致密程度要与沉淀的性质相适应。胶状沉淀应选用质松孔大的滤纸，晶形沉淀应选用致密孔小的滤纸。沉淀越细，所选用的滤纸就越致密。

（2）滤纸的大小要与沉淀的多少相适应。过滤后，漏斗中的沉淀一般不要超过滤纸圆锥高度的 1/3，最多不得超过 1/2。

3. 漏斗的选择

（1）漏斗的大小与滤纸的大小相适应。滤纸的上缘应低于漏斗上沿 0.5～1 cm。

（2）应选用锥体角度为 60°、颈口倾斜角度为 45° 的长颈漏斗。颈长一般为 15～20 cm，颈的内径不要太粗，以 3～5 mm 为宜。

4. 过滤和洗涤

（1）漏斗做成水柱的操作。把滤纸对折再对折（暂不折死），展开成圆柱体后，放入漏斗中，若滤纸圆柱体与漏斗不密合，可改变滤纸折叠的角度，直到与漏斗密合为止（这时可把滤纸折死）。为了使滤纸三层的那边能紧贴漏斗，常把这三层的外面两层撕去一角（撕下来的纸角保存起来，以备为擦烧杯或漏斗中残留的沉淀用)，如图 3－35 所示。用手指按住滤纸中三层的一边，以少量的水润湿滤纸，使滤纸紧贴在漏斗壁上。轻压滤纸，赶走气泡。加水至滤纸边缘使之形成水柱（即漏斗颈中充满水）。若不能形成完整的水柱，可一边用手指堵住漏斗下口，一边稍掀起三层那一边的滤纸，用洗瓶在滤纸和漏斗之间加水，使漏斗颈和椎体大部分被水充满，然后一边轻轻按下掀起的滤纸，一边断续放开堵在下口处的手指，即可形成水柱。将这种准备好的漏斗安放在漏斗板上盖上表面玻璃，下接一个洁净烧杯，烧杯的内壁与漏斗下口尖处接触，开始过滤。

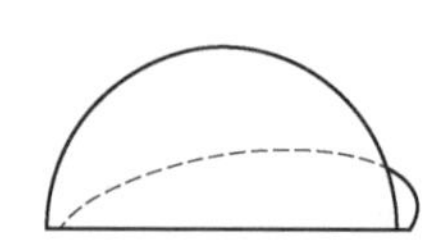

图 3－35　滤纸的折法

（2）采用倾注法过滤，就是先将上层清液倾入漏斗中，使沉淀尽可能留在烧杯内（见图 3－36)。操作步骤为左手拿起烧杯置于漏斗上方，右手轻轻地从烧杯中取出玻璃棒并紧贴烧杯嘴，垂直竖立于滤纸三层部分的上方，尽可能地接近滤纸，但绝不能接触滤纸，慢慢将烧杯倾斜，尽量不要搅起沉淀，把上层清液沿玻璃棒倾入漏斗中。倾入漏斗的溶液，最多到滤纸边缘下 5～6 mm 处。当暂停倾注溶液时，将烧杯沿玻璃棒慢慢向上提起一点，同时扶正烧杯，等玻璃棒上的溶液流完后，将玻璃棒放回原烧杯中，切勿放在烧杯嘴处。在整个过滤过程中，玻璃棒不是放在原烧杯中，就是竖立在漏斗上方，以免试液损失，漏斗颈的下口不能接触滤液。溶液的倾注操作必须在漏斗的正上方进行。不要等漏斗内液体流尽就应继续倾注。

（3）过滤开始后，随时观察滤液是否澄清，若滤液不澄清，则必须另换一个洁净的烧杯承接滤液，用原漏斗将滤液进行第二次过滤，若滤液仍不澄清，则应更换滤纸重新过滤（在此过程中保持沉淀及滤液不损失)。第一次所用的滤纸应保留，待洗。

（4）当清液倾注完毕，即可进行初步洗涤，每次加入 10～20 mL 洗涤液冲洗杯壁，充分搅拌后，把烧杯放在桌上，待沉淀下沉后再倾注。如此重复洗涤数次。每次待滤纸内洗涤液流尽后再倾注下一次洗涤液。如果所用的洗涤总量相同，那么每次用量较小，多洗几次要比每次用量较多，少洗几次的效果要好。

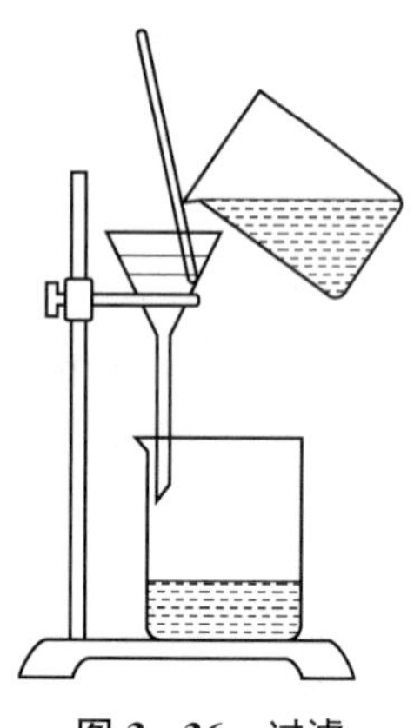

图 3－36　过滤

（5）初步洗涤几次后，再进行沉淀的转移。向盛有沉淀的烧杯中加入少量洗涤液，搅起沉淀，立即将沉淀与洗涤液沿玻璃棒倾入漏斗中，如此反复几次，尽可能地将沉淀都转移到滤纸上。

（6）如沉淀未转移完全，特别是杯壁上黏着的沉淀，要用左手把烧杯拿在漏斗的上方，烧杯嘴向着漏斗，拇指在烧杯嘴的下方，同时右手把玻璃棒从烧杯中取出横放在烧杯口上，使玻璃棒的下端从烧杯嘴 2～3 cm 伸出，此时用左手食指按住玻璃棒的较高地方，倾斜烧杯使玻璃棒下端指向滤纸三层一边，用洗瓶吹洗整个烧杯内壁，使洗涤液和沉淀沿玻璃棒流入漏斗中，若还有少量沉淀牢牢地黏在烧杯壁上吹洗不下来，可用撕下的滤纸角擦净玻璃棒和烧杯的内壁，将擦过的滤纸角放在

漏斗里的沉淀上。也可用沉淀帚擦净烧杯的内壁，然后用洗瓶吹洗沉淀帚和杯壁，再用洗瓶吹洗沉淀和杯壁，并在明亮处仔细检查烧杯内壁、玻璃棒、沉淀帚、表面皿是否干净。

（7）沉淀全部转移后，继续用洗涤液洗涤沉淀和滤纸。洗涤时，水流从滤纸上缘开始往下做螺旋形移动，将沉淀冲洗到滤纸的底部，用少量洗涤液反复多次洗涤。最后用蒸馏水洗涤烧杯、沉淀及滤纸 3～4 次。

用一个洁净的小试管（表面皿也可以）承接少量漏斗中流出的洗涤液，用检测试剂检验沉淀是否洗干净。

### 3.11.3　滤纸的炭化和灰化

待滤纸及沉淀干燥后，将酒精灯逐渐移至坩埚底部，稍稍加大火焰，使滤纸炭化。注意火力不能突然加大，如温度升高太快，滤纸会生成整块的炭，需要较长时间才能将其完全烧完。如遇滤纸着火，可用坩埚盖盖住，使坩埚内火焰熄灭（切不可用嘴吹灭），同时移去酒精灯。火熄灭后，将坩埚盖移至原位，继续加热至全部炭化。炭化后加大火焰，使滤纸灰化。滤纸灰化后应该不再呈黑色。为了使坩埚壁上的炭完全灰化，应该随时用坩埚钳夹住坩埚转动，但注意每次只能转极小的角度，以免转动过大时，沉淀飞扬。

### 3.11.4　沉淀的灼烧

（1）灰化后，将坩埚移入马福炉中，盖上坩埚盖（稍留有缝隙），在与空坩埚相同的条件下（定温定时）灼烧至恒重。若用酒精喷灯灼烧，则将坩埚直立于泥三角上，盖严坩埚盖，在氧化焰上灼烧至恒重。切勿使还原焰接触坩埚底部，因还原焰温度低，且与氧化焰温度相差较大，以至坩埚受热不均匀而容易损坏。

（2）灼烧时将炉温升至指定温度后应保温一段时间（通常，第一次灼烧 45 min 左右，第二次灼烧 20 min 左右）。灼烧后，切断电源，打开炉门，将坩埚移至炉口，待红热稍退，将坩埚从炉中取出，放在洁净的泥三角或耐火瓷板上，在空气中冷却至红热退去，再将坩埚移入干燥器中（开启 1～2 次干燥器盖），冷却 30～60 min，待坩埚的温度与天平温度相同时进行称量。再灼烧、冷却、称量，直至恒重为止。注意每次冷却条件和时间应一致。称重前，应对坩埚与沉淀总重量有所了解，力求迅速称量，重复称量时可先放好砝码。从炉内取出热坩埚时，坩埚钳应预热，且注意不要触及炉壁。

# 实 验 部 分

# 第 4 章　基本化学原理

## 实验1　安全教育（认领化学实验仪器）

### 一、实验目的

1. 大学化学实验的意义和任务，进行安全教育
2. 领取并熟悉大学化学实验常用仪器
3. 学会并练习常用仪器的洗涤和干燥方法

### 二、实验用品

常用仪器见表 4－1。

**表 4－1　常用仪器**

| 序号 | 仪器名称 | 数量 | 备注 | 序号 | 仪器名称 | 数量 | 备注 |
| --- | --- | --- | --- | --- | --- | --- | --- |
| 1 | 烧杯 | 6 个 | | 12 | 酸式滴定管 | 1 支 | 25.00 mL |
| 2 | 量筒 | 2 个 | | 13 | 碱式滴定管 | 1 支 | 25.00 mL |
| 3 | 容量瓶 | 3 个 | | 14 | 酒精灯 | 1 个 | |
| 4 | 锥形瓶 | 4 个 | | 15 | 石棉网 | 1 块 | |
| 5 | 试管架 | 1 个 | | 16 | 蒸发皿 | 1 个 | |
| 6 | 试管 | 10 支 | | 17 | 坩埚 | 1 个 | |
| 7 | 离心试管 | 4 支 | | 18 | 表面皿 | 1 个 | |
| 8 | 吸量管 | 1 支 | | 19 | 移液管 | 1 支 | 25.00 mL |
| 9 | 洗耳球 | 1 个 | | 20 | 试管夹 | 1 个 | |
| 10 | 洗瓶 | 1 个 | | 21 | 漏斗 | 1 个 | |
| 11 | 胶头滴管 | 1 支 | | 22 | 玻璃棒 | 2 个 | |

## 三、实验内容

1. 实验目的性、实验室规则和安全教育

2. 认领仪器

按照学生实验仪器单逐一对照认识和检查领到的仪器，熟悉仪器名称、规格、用途、性能及其使用方法和注意事项。

3. 仪器的洗涤

洗涤已领取的仪器。实验前预习第 3 章 3.1.1 节常用仪器的洗涤，熟悉洗涤方法，明确洗涤要求。

4. 仪器的干燥

取一支试管在酒精灯上烤干后，交教师检查。将洗净的其他玻璃仪器，按一定排列位置存放于实验柜内晾干。

## 四、思考题

1. 洗涤玻璃仪器的原则是什么？一般采用哪几种方法？怎样检查玻璃仪器已经洗涤干净了？
2. 烤干试管时，为什么管口略向下倾斜？

# 实验 2　溶液的配制

## 一、实验目的

1. 掌握溶液的配制方法
2. 熟悉有关浓度的计算
3. 练习使用量筒、容量瓶、移液管、吸量管、台秤和电子天平等

## 二、实验原理

溶液的浓度是指一定量溶液或溶剂中所含溶质的量。

在实验过程中常常因为化学反应性质和要求的不同，需要配制不同浓度的溶液，当对溶液浓度的准确度要求不高时，用台秤、量筒、带刻度的烧杯等准确度较低的仪器配制即可满足要求。定量测定试验，对溶液准确度要求较高，则需配制准确浓度的溶液（标准溶液），这时就必须使用比较准确的仪器，如电子天平、吸量管（或移液管）、容量瓶等。

无论是粗配还是准确配制一定体积、一定浓度的溶液，首先要计算所需试剂的用量，包括固体试剂的质量或液体试剂的体积，然后进行配制。

1. 一般浓度溶液的配制

对易溶于水而不发生水解的固体试剂（如 NaCl、NaOH 等），配制其溶液时，可用台

秤称取一定量的固体于烧杯中，加入少量蒸馏水，搅拌溶解后稀释至所需体积，再转入试剂瓶中。

对易水解的固体试剂（如 $SnCl_2$、$Na_2S$ 等）或在水中溶解度小的固体（如固体 $I_2$），配制其溶液时，称取一定量的固体，加入一定浓度的酸（或碱）或合适的溶剂使之溶解，再以蒸馏水稀释，搅拌均匀后转入试剂瓶中。

对于液态试剂（如 HCl、$H_2SO_4$ 等），配制其稀溶液时，先用量筒量取所需体积的浓溶液，然后用适量的蒸馏水稀释。配制 $H_2SO_4$ 溶液时，需特别注意，应在不断搅拌下将浓 $H_2SO_4$ 缓慢地倒入盛水的烧杯中，切不可将操作顺序倒过来。

2. 标准浓度溶液的配制

标准溶液是指已知准确浓度的溶液，配制方法通常有以下两种。

（1）直接法。

用电子天平准确称取一定质量的物质经溶解后定量转移到容量瓶中，并稀释至刻度，摇匀。根据称取物质的质量和容量瓶的体积即可算出该标准溶液的准确浓度。适用此方法配制标准溶液的物质必须是基准物质。

（2）标定法。

大多数物质的标准溶液不宜用直接法配制，可选用标定法。即先配成近似所需浓度的溶液，再用基准物质或已知准确浓度的标准溶液标定其准确浓度。

当需要通过稀释法配制标准溶液的稀溶液时，可用吸量管（或移液管）准确吸（移）取一定体积的浓溶液，在容量瓶中定容。

## 三、实验用品

仪器：台秤、电子天平、量筒、玻璃棒、烧杯、洗瓶、容量瓶、吸量管、洗耳球。

试剂：浓 HCl、浓 $H_2SO_4$、$CuSO_4 \cdot 5H_2O(s)$、NaCl(s)、$Na_2CO_3(s)$。

## 四、实验内容

1. 一般浓度溶液的配制

（1）质量分数溶液的配制。

配制 50 g 质量分数为 1% 的 NaCl 溶液。

计算配制 50 g 质量分数为 1% 的 NaCl 溶液需要的 NaCl 质量和水的用量。用台秤称取 NaCl 固体，置于合适的烧杯中，用量筒量取所需蒸馏水，先加入少量水，搅拌使药品溶解，再加入剩余蒸馏水，搅拌均匀，即得 50 g 质量分数为 1% 的 NaCl 溶液，倒入试剂瓶备用。

（2）体积比溶液的配制。

配制 20 mL1:1 的 HCl 溶液。

计算出需要 10 mL 浓 HCl，10 mL 蒸馏水。用量筒量取蒸馏水 10 mL，倒入合适的烧杯中，再量取 10 mL 浓 HCl，缓慢地加到水中，并不断搅拌，倒入试剂瓶中备用。

（3）摩尔浓度溶液的配制。

1）配制 50 mL 2 mol/L 的 $H_2SO_4$ 溶液。

计算配制 50 mL 2 mol/L $H_2SO_4$ 所需的浓 $H_2SO_4$ 的用量（相对密度 1.84，质量分数 98%）。

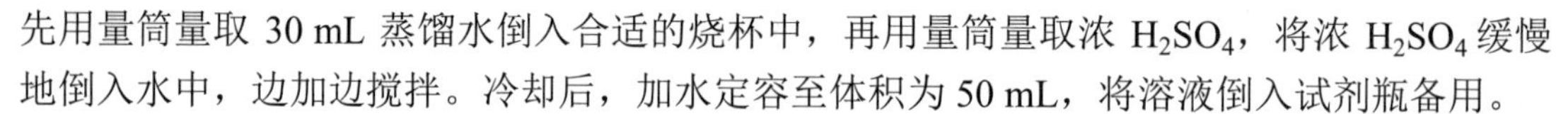


先用量筒量取 30 mL 蒸馏水倒入合适的烧杯中，再用量筒量取浓 $H_2SO_4$，将浓 $H_2SO_4$ 缓慢地倒入水中，边加边搅拌。冷却后，加水定容至体积为 50 mL，将溶液倒入试剂瓶备用。

2）配制 50 mL 0.1 mol/L 的 $CuSO_4$ 溶液。

计算所需溶质的质量（$CuSO_4 \cdot 5H_2O$）。用台秤称取固体药品，倒入合适的烧杯中，先用少量水将固体搅拌溶解，再加水定容至体积为 50 mL，搅拌均匀，即得 0.1 mol/L $CuSO_4$ 溶液，倒入试剂瓶备用。

2. 准确浓度溶液的配制

（1）配制 250 mL 0.05 mol/L $Na_2CO_3$ 标准溶液。

1）计算。配制 250 mL 0.05 mol/L $Na_2CO_3$ 标准溶液，需无水 $Na_2CO_3$ 约 1.3 g。

2）称量。用电子天平称取所需的无水 $Na_2CO_3$。

3）配制。加少量蒸馏水于小烧杯中，将 $Na_2CO_3$ 溶解完全，用玻璃棒引流入 250 mL 容量瓶中，再用少量水淋洗烧杯内壁及玻璃棒 2～3 次，洗涤液均引流入容量瓶中，最后定容至刻度处，盖上瓶塞，上下倒置数次，摇匀，打开瓶塞。

4）计算。计算 $Na_2CO_3$ 溶液的准确浓度（用四位有效数字表示），倒入试剂瓶备用。（为何要重新计算浓度？）

（2）配制 100 mL 0.005 000 mol/L $Na_2CO_3$ 标准溶液。

计算步骤（1）中所需 $Na_2CO_3$ 浓溶液的体积。用吸量管吸取溶液，直接置于 100 mL 容量瓶中，加蒸馏水至刻度处，盖上瓶塞，摇匀，打开瓶塞，即得 $Na_2CO_3$ 标准溶液，将溶液倒入试剂瓶备用。（需要重新计算浓度吗？）

## 五、数据记录与处理

将实验结果填在表 4－2 中。

**表 4－2　不同浓度溶液的配制**

| 溶液 | 固体称取或浓溶液量取量的计算 | 定容仪器 | 浓度 |
| --- | --- | --- | --- |
| 50 g 质量分数为 1% 的 NaCl 溶液 | | | |
| 20 mL1:1 的盐酸溶液 | | | |
| 50 mL 2 mol/L 的 $H_2SO_4$ 溶液 | | | |
| 50 mL 0.1 mol/L 的硫酸铜溶液 | | | |
| 250 mL 0.05 mol/L $Na_2CO_3$ 标准溶液 | | | |
| 100 mL 0.005 000 mol/L $Na_2CO_3$ 标准溶液 | | | |

## 六、思考题

1. 实验室有 200 mL 50% 酒精及足量的 95% 酒精，如何充分利用 50% 酒精来配制 1 000 mL 75% 消毒酒精？

2. 用容量瓶配制溶液时，要不要先把容量瓶干燥？用容量瓶稀释溶液时，能否用量筒取浓溶液？配制 100 mL 溶液时，为什么要先用少量水把固体溶解，而不能用 100 mL 水把固体溶解？

3. 用容量瓶配制溶液时，水没加至刻度以前为什么不能把容量瓶倒置振荡？

4. 如果使用了已经失去部分结晶水的草酸晶体配制草酸溶液，是否会影响该溶液的精确度？为什么？

# 实验 3　滴定分析基本操作练习

## 一、实验目的

1. 学习、掌握滴定分析常用仪器的洗涤和正确使用方法
2. 通过练习滴定操作，初步掌握甲基橙、酚酞指示剂终点的确定

## 二、实验原理

滴定分析法是将滴定剂（已知准确浓度的标准溶液）滴加到含有被测组分的试液中，直到化学反应完全时为止，然后根据滴定剂的浓度和消耗的体积计算被测组分的浓度的一种方法。因此，在滴定分析中，必须学会标准溶液的配制、标定、滴定管的正确使用和滴定终点的正确判断。

0.1 mol/L HCl 溶液（强酸）和 0.1 mol/L NaOH（强碱）相互滴定时，化学计量点时的 pH 为 7.0，滴定的 pH 突跃范围为 4.3～9.7，选用在突跃范围内变色的指示剂，可保证测定有足够的准确度。可选用甲基橙（简写为 MO）变色范围 pH 3.1（红）～4.4（黄）和酚酞（简写为 PP）变色范围 pH 8.0（无色）～9.6（红）作指示剂。这两种指示剂变色的可逆性好，当一定浓度的 HCl 溶液和 NaOH 溶液相互滴定时，所消耗的体积之比 $V_{HCl}/V_{NaOH}$ 应是固定的。在使用同一指示剂的情况下，改变被滴定溶液的体积，此体积之比应基本不变。借此，练习滴定基本操作技术和正确判断终点的能力。

## 三、实验用品

仪器：台秤、量筒、酸式滴定管、碱式滴定管、锥形瓶、烧杯。
试剂：HCl（6 mol/L）、NaOH（s）、甲基橙（1 g/L 水溶液）、酚酞（2 g/L 乙醇溶液）。

## 四、实验内容

*1. 溶液配制*

（1）0.1 mol/L HCl 溶液。

量取约 9.0 mL 6 mol/L HCl，倒入 500 mL 烧杯中，加水稀释至 500 mL，搅拌均匀，倒入试剂瓶中备用。

（2）0.1 mol/L NaOH 溶液。

称取 2.0 g NaOH（s）于 500 mL 烧杯中，立即加水溶解，稍冷后加水稀释至 500 mL，搅拌均匀，倒入试剂瓶中备用。

*2. 滴定操作练习——酸碱溶液的相互滴定*

（1）用 0.1 mol/L HCl 溶液润洗酸式滴定管 2～3 次，每次用 5～10 mL 溶液。然后将

HCl 溶液倒入滴定管中，调节液面至 0.00 刻度（静止 1 min 读数）。

（2）用 0.1 mol/L NaOH 溶液润洗碱式滴定管 2～3 次，每次用 5～10 mL 溶液。然后将 NaOH 溶液倒入滴定管中，调节液面至 0.00 刻度（静止 1 min 读数）。

（3）以甲基橙作指示剂用 0.1 mol/L HCl 溶液滴定 0.1 mol/L NaOH 溶液。

由碱管中放出约 10 mL NaOH 溶液于锥形瓶中（每秒滴入 3～4 滴），加 10 mL 去离子水（为什么？），加 2 滴甲基橙。右手不断摇动锥形瓶，左手控制酸式滴定管流出 HCl 溶液，滴定至终点（黄→橙）；再由碱式滴定管中放出少量的 NaOH 溶液（橙→黄），继续用 HCl 溶液滴定至终点（黄→橙）。如此反复进行多次，直至熟练掌握滴定基本操作，并能准确对甲基橙的变色点做出判断。

（4）以酚酞作指示剂用 0.1 mol/L NaOH 溶液滴定 0.1 mol/L HCl 溶液。

由酸式滴定管中放出约 10 mL HCl 溶液于锥形瓶中，加 10 mL 蒸馏水，加 1 滴酚酞。右手不断摇动锥形瓶，左手控制碱式滴定管流出 NaOH 溶液，滴定至终点（无色→微红色，且 30 s 内不褪色）；再由酸式滴定管中放出适量的 HCl 溶液（红色→无色），继续用 NaOH 溶液滴定至终点（无色→微红，且 30 s 内不褪色），反复练习数次。

3. HCl 和 NaOH 溶液体积比（$V_{HCl}/V_{NaOH}$）的测定

（1）由酸式滴定管中以 10 mL/min 流速放出约 20 mL HCl 溶液于锥形瓶中，加 1 滴酚酞，用碱式滴定管中 NaOH 溶液滴定至微红色（保持 30 s 内不褪色）。平行测定三份，数据按表 4－3 记录，计算体积比 $V_{HCl}/V_{NaOH}$，要求相对平均偏差＜0.3%。

（2）由碱式滴定管中以 10 mL/min 流速放出约 20 mL NaOH 溶液于锥形瓶中，加 2 滴甲基橙，不断摇动下，用 HCl 溶液滴定至橙色。平行测定三份，数据按表 4－4 记录，计算体积比 $V_{HCl}/V_{NaOH}$，要求相对平均偏差＜0.3%。

4. 注意事项

① 溶液在使用前必须充分摇匀，否则内部不均匀，以致每次取出的溶液浓度不同，影响分析结果。

② 固体 NaOH 极易吸收空气中的 $CO_2$ 和水分，因此称量时必须迅速。通常是把已知质量的容器和称量所需砝码分别先放在台秤盘上，然后将 NaOH 逐粒加入容器内，直到台秤平衡。

③ 装 NaOH 溶液的瓶中不可用玻璃塞，否则易被腐蚀而黏住。

④ 指示剂加入量要适当，否则会影响终点观察。

⑤ 配好溶液后，必须随手贴上标签纸，写上姓名、班级、试样名称、溶液浓度（很多时候是大致浓度）、配制日期。

## 五、数据记录与处理

实验内容中 HCl 和 NaOH 溶液体积比（$V_{HCl}/V_{NaOH}$）测定的实验数据记录与处理参考表 4－3，请根据所做实验完成表 4－3 和表 4－4 的填写。

$n$ 次结果的算术平均值： $\bar{x}=\dfrac{x_1+x_2\cdots x_n}{n}$

绝对偏差： $d_i=x_i-\bar{x}\,(i=1,2,\cdots,n)$

平均偏差：
$$\bar{d}=\frac{|d_1|+|d_2|\cdots|d_n|}{n}$$

相对平均偏差：
$$\bar{d}_r=\frac{\bar{d}}{\bar{x}}\times 100\%$$

**表 4－3　NaOH 滴定 HCl（酚酞）**

| 记录项目 \ 滴定序号 | 1 | 2 | 3 |
|---|---|---|---|
| $V_{HCl}$ 终读数/mL | 21.10 | 21.13 | 21.18 |
| $V_{HCl}$ 初读数/mL | 0.00 | 0.01 | 0.02 |
| $\Delta V_{HCl}$/mL | 21.10 | 21.12 | 21.16 |
| $V_{NaOH}$ 终读数/mL | 21.08 | 21.10 | 21.09 |
| $V_{NaOH}$ 初读数/mL | 0.00 | 0.04 | 0.02 |
| $\Delta V_{NaOH}$/mL | 21.08 | 21.06 | 21.07 |
| $V_{HCl}/V_{NaOH}$ | 1.001 | 1.003 | 1.004 |
| $V_{HCl}/V_{NaOH}$ 的平均值 | 1.003 | | |
| 偏差$\vert d_i\vert$ | 0.002 | 0.000 | 0.001 |
| 相对平均偏差 $d_r$/% | 0.1 | | |

**表 4－4　HCl 滴定 NaOH（甲基橙）**

| 记录项目 \ 滴定序号 | 1 | 2 | 3 |
|---|---|---|---|
| $V_{NaOH}$ 终读数/mL | | | |
| $V_{NaOH}$ 初读数/mL | | | |
| $\Delta V_{NaOH}$/mL | | | |
| $V_{HCl}$ 终读数/mL | | | |
| $V_{HCl}$ 初读数/mL | | | |
| $\Delta V_{HCl}$/mL | | | |
| $V_{HCl}/V_{NaOH}$ | | | |
| $V_{HCl}/V_{NaOH}$ 的平均值 | | | |
| 偏差$\vert d_i\vert$ | | | |
| 相对平均偏差 $d_r$/% | | | |

## 六、思考题

1. HCl 和 NaOH 标准溶液能否用直接法配制？为什么？

2. 标准溶液装入滴定管之前，为什么要用溶液润洗滴定管 2～3 次？而锥形瓶是否也需先用溶液润洗或烘干？为什么？

3. 滴定至临近终点时，怎样进行加半滴的操作？

# 实验 4　醋酸电离度和电离常数的测定

## 一、实验目的

1. 掌握测定醋酸的电离度和电离常数的方法
2. 进一步掌握滴定原理，滴定操作及正确判断滴定终点
3. 学习使用 pH 计

## 二、实验原理

醋酸（$CH_3COOH$ 或 HAc）是一种弱电解质，在水溶液中存在以下电离平衡：

$$HAc \rightleftharpoons H^+ + Ac^-$$

其平衡关系式：$K_i = \frac{[H^+][Ac^-]}{[HAc]}$

式中　$[H^+]$——$H^+$的平衡浓度；

$[Ac^-]$——$Ac^-$的平衡浓度；

[HAc]——HAc 的平衡浓度；

$K_i$——为电离平衡常数。

在纯的 HAc 溶液中，$c$ 为 HAc 溶液的起始浓度，$\alpha$为电离度，$[H^+]=[Ac^-]=c\alpha$；$[HAc]=c(1-\alpha)$，则

$$\alpha = \frac{[H^+]}{c} \times 100\% \qquad K_i = \frac{[H^+]^2}{c-[H^+]}$$

当$\alpha$＜5%时，$c-[H^+]\approx c$，故$K_i \approx \frac{[H^+]^2}{c}$。

在一定温度下，用 pH 计测定一系列已知浓度醋酸溶液的 pH，根据 $pH=-\lg[H^+]$，换算出［$H^+$］，从而可以计算 HAc 溶液的电离度和平衡常数。

## 三、实验用品

仪器：pHS－25 型 pH 计、碱式滴定管、移液管或吸量管、锥形瓶、烧杯、容量瓶。

试剂与材料：HAc（0.1 mol/L）、0.1 mol/L NaOH 标准溶液、酚酞指示剂、碎滤纸。

## 四、实验内容

### 1. HAc 溶液浓度的测定

以酚酞为指示剂，用已知浓度的 NaOH 标准溶液标定 HAc 的准确浓度，把结果填入表 4－5。

### 2. 配制不同浓度的 HAc 溶液

用移液管和吸量管分别取 2.50 mL、5.00 mL、25.00 mL 已测得准确浓度的 HAc 溶液，

把它们分别加入三个 50 mL 容量瓶中，再用蒸馏水稀释至刻度，摇匀，并计算出这三个容量瓶中 HAc 溶液的准确浓度。

3. 测定 HAc 溶液的 pH，计算 HAc 的电离度和电离平衡常数

分别用四个干燥的小烧杯（50 mL）盛装约 25 mL 上述三种 HAc 溶液和未经稀释的 HAc 溶液，再按由稀到浓的次序，用 pH 计分别测出 pH，记录测得数值和溶液温度。计算电离度和电离平衡常数，并将有关数据填入表 4－6 中。

## 五、数据记录与处理

**表 4－5　HAc 的浓度**

| 滴定序号 | | 1 | 2 | 3 |
|---|---|---|---|---|
| HAc 的溶液用量/mL | | 25.00 | | |
| 标准 NaOH 浓度/（$mol \cdot L^{-1}$） | | | | |
| 标准 NaOH 用量/mL | | | | |
| HAc 溶液 | 测定浓度/（$mol \cdot L^{-1}$） | | | |
| | 平均浓度/（$mol \cdot L^{-1}$） | | | |

**表 4－6　HAc 电离度和电离常数（温度：　　℃）**

| 溶液编号 | $c$/（$mol \cdot L^{-1}$） | pH | $[H^+]$/（$mol \cdot L^{-1}$） | $\alpha$ | 电离平衡常数 $K$ | |
|---|---|---|---|---|---|---|
| | | | | | 测定值 | 平均值 |
| 1 | | | | | | |
| 2 | | | | | | |
| 3 | | | | | | |
| 4 | | | | | | |
| 本实验测定的 $K$ 在 $1.0\times10^{-5}$～$2.0\times10^{-5}$ 合格（文献值 25 ℃为 $1.76\times10^{-5}$） | | | | | | |

## 六、思考题

1. 实验所用烧杯、移液管（或吸量管）各用哪种 HAc 溶液润洗？容量瓶是否要用 HAc 溶液润洗？为什么？

2. 用 pH 计测定溶液的 pH 时，需要用什么标准溶液标定？

3. 测定 HAc 溶液的 pH 时，为什么要按 HAc 浓度由稀到浓的顺序测定？

4. 改变所测 HAc 溶液的浓度或温度，则电离度和电离常数有无变化？若有变化，会有怎样的变化？

# 实验 5　酸碱反应与缓冲溶液

## 一、实验目的

1. 进一步理解和巩固酸碱反应的有关概念和原理（如同离子效应、盐类的水解及其影响因素）

2. 学习缓冲溶液的配制及 pH 的测定，了解缓冲溶液的缓冲性能

3. 进一步熟悉 pH 计的使用方法

## 二、实验原理

### 1. 同离子效应

强电解质在水中完全解离。弱电解质在水中部分解离。在一定温度下，弱酸、弱碱的解离平衡如下：

$$HA(aq) + H_2O(l) \rightleftharpoons H_3O^+(aq) + A^-(aq)$$

$$B(aq) + H_2O(l) \rightleftharpoons BH^+(aq) + OH^-(aq)$$

如果在弱电解质溶液中，加入与弱电解质含有相同离子的强电解质，解离平衡向生成弱电解质的方向移动，使弱电解质的解离度下降，这种现象称为同离子效应。

### 2. 盐类的水解

盐类的水解反应是酸碱中和反应的逆反应。水解后溶液的酸碱性决定盐的类型。强酸强碱盐在水中不水解，溶液呈中性；强酸弱碱盐（如 $NH_4Cl$）水解后溶液呈酸性，pH＜7；强碱弱酸盐（如 NaAc）水解后溶液呈碱性，pH＞7；弱酸弱碱盐（如 $NH_4Ac$）强烈水解，其溶液的酸碱性取决于生成的弱酸和弱碱的相对强弱，随其中较强者，溶液可分别呈中性、酸性或碱性。因水解反应是吸热反应，因此，升高温度有利于盐类的水解。

### 3. 缓冲溶液

由弱酸（或弱碱）与弱酸（或弱碱）盐（如 HAc－NaAc、$NH_3 \cdot H_2O$－$NH_4Cl$、$H_3PO_4$－$NaH_2PO_4$、$NaH_2PO_4$－$Na_2HPO_4$、$Na_2HPO_4$－$Na_3PO_4$ 等）组成的溶液，能在一定程度上对少量外来的酸或碱起缓冲作用，即当外加少量酸、碱或适当稀释时，溶液的 pH 基本上保持不变，这类溶液叫作缓冲溶液。

由弱酸－弱酸盐组成的缓冲溶液的 pH 可由下列公式计算：

$$pH = pK_a^{\ominus}(HA) - \lg\frac{c(HA)}{c(A^-)}$$

由弱碱－弱碱盐组成的缓冲溶液的 pH 可由下列公式计算：

$$pH = 14 - pK_b^{\ominus}(B) + \lg\frac{c(B)}{c(BH^+)}$$

缓冲溶液的 pH 可以用 pH 计来测定。

缓冲溶液的缓冲能力与组成缓冲溶液的弱酸（或弱碱）及其共轭碱（或共轭酸）的浓度有关，当弱酸（或弱碱）与它的共轭碱（或共轭酸）浓度较大时，其缓冲能力较强。此外，缓冲能力还与 $c(HA)/c(A^-)$或 $c(B)/c(BH^+)$的比值有关，当比值接近 1 时，其缓冲能力最强。此比值通常选在 0.1～10。

## 三、实验用品

仪器：pHS－25 型 pH 计、水浴锅、量筒、烧杯、点滴板、试管、试管架。

试剂与材料：HCl（0.1 mol/L，2 mol/L）、HAc（0.1 mol/L，1 mol/L）、NaOH（0.1 mol/L）、NaCl（0.1 mol/L）、$NH_3 \cdot H_2O$（0.1 mol/L，1 mol/L）、$Na_2CO_3$（0.1 mol/L）、$NH_4Cl$（0.1 mol/L，1 mol/L）、NaAc（0.1 mol/L，1 mol/L）、$NH_4Ac$（s）、$BiCl_3$（0.1 mol/L）、$CrCl_3$（0.1 mol/L）、$Fe(NO_3)_3$（0.5 mol/L）、酚酞、甲基橙、未知液 A、未知液 B、未知液 C、未知液 D、pH 试纸。

## 四、实验内容

### 1. 同离子效应

（1）用 pH 试纸、酚酞试剂测定和检查 0.1 mol/L $NH_3 \cdot H_2O$ 的 pH 及其酸碱性，再加入少量 $NH_4Ac$（s），观察现象，写出反应式，并简要解释之。

（2）用 0.1 mol/L HAc 代替 0.1 mol/L $NH_3 \cdot H_2O$，用甲基橙代替酚酞，重复实验步骤（1）。

### 2. 盐类的水解

（1）未知液 A、B、C、D 是四种失去标签的盐溶液，只知它们是 0.1 mol/L NaCl、NaAc、$NH_4Cl$、$Na_2CO_3$ 溶液，试通过测定 pH 并结合理论计算确定未知液各为何物质？

（2）在常温和加热情况下检验 5 滴 0.5 mol/L $Fe(NO_3)_3$ 的水解情况，观察现象。

（3）在 3 mL $H_2O$ 中加 1 滴 0.1 mol/L $BiCl_3$ 溶液，观察现象。再滴加 2 mol/L HCl 溶液，观察有何变化？写出离子方程式。

（4）在试管中加入 2 滴 0.1 mol/L $CrCl_3$ 溶液和 6 滴 0.1 mol/L $Na_2CO_3$ 溶液，观察现象，写出反应式。

### 3. 缓冲溶液

（1）按表 4－7 中试剂用量配制四种缓冲溶液，用 pH 计分别测定 pH，并与计算值进行比较。

**表 4－7　几种 HAc－NaAc 缓冲溶液的 pH**

| 编号 | 配制缓冲溶液（用量筒量取） | pH 计算值 | pH 测定值 |
|---|---|---|---|
| 1 | 10.0 mL1 mol/L HAc－10.0 mL1 mol/L NaAc | | |
| 2 | 10.0 mL0.1 mol/L HAc－10.0 mL1 mol/L NaAc | | |

续表

| 编号 | 配制缓冲溶液（用量筒量取） | pH 计算值 | pH 测定值 |
|---|---|---|---|
| 3 | 10.0 mL0.1 mol/L HAc 中加入 2 滴酚酞，滴加 0.1 mol/L NaOH 溶液至酚酞变红，半分钟不消失，再加入 10.0 mL0.1 mol/L HAc | | |
| 4 | 10.0 mL 1 mol/L $NH_3 \cdot H_2O$ – 10.0 mL 1 mol/L $NH_4Cl$ | | |

（2）在 1 号缓冲溶液中加入 0.5 mL（约 10 滴）0.1 mol/L HCl 溶液，摇匀，用 pH 计测定其 pH，再加入 1 mL（约 20 滴）0.1 mol/L NaOH 溶液，摇匀，测定 pH，并与计算值进行比较。

## 五、思考题

1. 如何配制 $SbCl_3$ 溶液、$SnCl_2$ 溶液和 $Bi(NO_3)_3$ 溶液？写出它们水解反应的反应式。
2. 影响盐类水解的因素有哪些？
3. 缓冲溶液的 pH 由哪些因素决定？其中主要的决定因素是什么？

# 实验 6　氧化还原反应和电化学

## 一、实验目的

1. 试验电极电势与氧化还原反应方向的关系
2. 掌握介质和反应物浓度对氧化还原反应的影响
3. 定性观察并了解化学电池的电动势、氧化态（或还原态）浓度对电极电势的影响
4. 通过实验对氧化还原反应的可逆性有进一步的理解

## 二、实验原理

参加反应的物质间有电子转移或偏移的化学反应称为氧化还原反应。在氧化还原反应中，还原剂失去电子被氧化，元素的氧化值增大；氧化剂得到电子被还原，元素的还原值减小。

1. 氧化还原反应的方向

物质氧化还原能力的大小可以根据相应电对电极电势的大小来判断。电极电势愈大，电对中氧化型的氧化能力愈强；电极电势愈小，电对中还原型的还原能力愈强。

根据电极电势的大小可以判断氧化还原反应的方向。当氧化剂电对的电极电势大于还原剂电对的电极电势时，即 $E_{MF}=E_{(氧化剂)}-E_{(还原剂)}>0$ 时，反应能正向自发进行。当氧化剂电对和还原剂电对的标准电极电势相差较大时（如 $|E_{MF}^{\ominus}|>0.2$ V），通常可以用标准电池电动势判断反应的方向。

2. 浓度和介质对氧化还原反应的影响

由电极反应的能斯特方程式可以看出浓度对电极电势的影响，当温度为 298.15 K 时：

$$E(\mathrm{Ox}/\mathrm{Red}) = E^{\ominus}(\mathrm{Ox}/\mathrm{Red}) + \frac{0.059\,2}{n}\lg\frac{[\mathrm{Ox}]}{[\mathrm{Red}]}$$

氧化型 Ox 浓度增大，氧化剂的氧化能力增强；还原型 Red 浓度增大，还原剂的还原能力增强。

溶液的 pH 会影响某些电对的电极电势或氧化还原反应的方向。介质的酸碱性也会影响某些氧化还原反应的产物。

3. 原电池与电极电势

原电池是利用氧化还原反应将化学能转变为电能的装置。电极电势小的电对构成的电极叫作负极，电极电势大的电对构成的电极叫作正极。组成的原电池的电动势 $E=E_{+}-E_{-}$，电极电势的大小不仅取决于电对的本性，还与反应温度、参与反应物浓度或压力等有关，电极电势可用能斯特方程计算。

当改变条件使电极反应中某组分的浓度变化时，如使氧化态或还原态生成配合物或沉淀或改变反应介质等，都可使电极电势发生改变，从而使原电池电动势发生变化。

## 三、实验用品

仪器：伏特计、导线两根、烧杯、盐桥、量筒、滴管、大表面皿、小表面皿、酒精灯、试管、试管架、水浴锅。

试剂与材料：锌粒、锌片、铅粒、$CCl_4$、浓氨水、溴水、碘水、$NH_4F$（10%）、NaOH（2 mol/L，6 mol/L，40%）、HAc（1 mol/L，6 mol/L）、$H_2SO_4$（1 mol/L，2 mol/L）、$HNO_3$（浓，2 mol/L）、$Pb(NO_3)_2$（0.5 mol/L，1 mol/L）、$ZnSO_4$（0.5 mol/L）、$CuSO_4$（0.5 mol/L）、KI（0.1 mol/L）、KBr（0.1 mol/L）、$FeCl_3$（0.1 mol/L）、$FeSO_4$（0.1 mol/L）、$Na_2SO_3$（0.1 mol/L）、$(NH_4)_2Fe(SO_4)_2$（0.1 mol/L）、$KMnO_4$（0.01 mol/L）、$KIO_3$（0.1 mol/L）、$Na_2SiO_3$（0.5 mol/L）、$H_2C_2O_4$（0.1 mol/L）、$H_2O_2$（3%）、火柴、砂纸、pH 试纸、红色石蕊试纸。

## 四、实验内容

1. 电极电势与氧化还原反应关系

（1）比较锌、铅、铜在电位序中位置。在两支小试管中分别注入 0.5 mol/L $Pb(NO_3)_2$ 溶液和 0.5 mol/L $CuSO_4$ 溶液，各放入一块表面擦净的锌片，放置片刻，观察锌片表面有何变化？

用表面擦净的铅粒代替锌片，分别与 0.5 mol/L $ZnSO_4$ 溶液和 0.5 mol/L $CuSO_4$ 溶液发生反应，观察铅粒表面有何变化？

写出反应式，确定锌、铜、铅在电位序中的相对位置。

（2）往试管中加入 0.5 mL 0.1 mol/L KI 溶液和 2 滴 0.1 mol/L $FeCl_3$ 溶液，摇匀后注入 0.5 mL $CCl_4$，充分振荡，观察 $CCl_4$ 层颜色有何变化？

用 0.1 mol/L KBr 溶液代替 KI 溶液进行相同的实验，反应能否发生？为什么？根据实验结果，定性地比较 $Br_2/Br^-$、$I_2/I^-$、$Fe^{3+}/Fe^{2+}$ 三个电对电极电势的相对高低，并指出它们中哪个物质是最强的氧化剂，哪个是最强的还原剂。

（3）分别用 1 滴碘水和溴水同 0.1 mol/L $FeSO_4$ 溶液反应，观察 $CCl_4$ 层有何变化？

根据上面三个实验的结果说明电极电势与氧化还原反应方向的关系。

2. 浓度和浓度对氧化还原的影响（选作）

（1）浓度的影响。

在两只 50 mL 小烧杯中，分别注入 30 mL 0.5 mol/L $ZnSO_4$ 溶液和 0.5 mol/L $CuSO_4$ 溶液。在 $ZnSO_4$ 溶液中插入锌片，$CuSO_4$ 溶液中插入铜片组成两个电极，中间以盐桥相通。用导线将锌片和铜片分别与伏特计的负极和正极相接。测量两个电极之间的电压，并用电池符号表示原电池。

在 $CuSO_4$ 溶液中注入浓氨水至生成的沉淀溶解为止，形成深蓝色的溶液，观察原电池的电压有何变化？

在 $ZnSO_4$ 溶液中加浓氨水至生成的沉淀完全溶解为止。观察电压有何变化？解释上面现象。

（2）浓度的影响。

在两个各盛 0.5 mL 0.1 mol/L KBr 溶液的试管中，分别加入 0.5 mL 3 mol/L $H_2SO_4$ 溶液和 6 mol/L HAc 溶液，然后往两个试管中各加入 2 滴 0.01 mol/L $KMnO_4$ 溶液。观察并比较两个试管中紫色溶液褪色的快慢。写出反应式，并解释所观察到的现象。

3. 浓度和浓度对氧化还原产物的影响

（1）往两个各盛有一颗锌粒的试管中，分别注入 0.5 mL 浓 $NHN_3$ 和 2 mol/L $HNO_3$ 溶液，观察所发生的现象。

它们的反应产物有无不同？浓 $HNO_3$ 被还原后的主要产物可通过观察气体产物的颜色来判断。稀 $HNO_3$ 的还原产物可通过检验溶液中是否有 $NH_4^+$ 离子生成的办法来确定。

（2）在三支试管中，各注入 0.5 mL 0.1 mol/L $Na_2SO_3$ 溶液，在第一支试管中注入 0.5 mL 2 mol/L $H_2SO_4$ 溶液，第二支试管中加 0.5 mL 水，第三支试管中注入 0.5 mL 6 mol/L NaOH 溶液，然后往三支试管中各加几滴 0.01 mol/L $KMnO_4$ 溶液，观察反应产物有何不同？写出各自的离子方程式。

4. 浓度和浓度对氧化还原反应方向的影响

（1）浓度的影响。

$Fe^{3+}$ 与 $I^-$ 发生如下反应：

$$2Fe^{3+} + 2I^- = 2Fe^{2+} + I_2$$

1）往盛有 0.5 mL 水和 1 mL $CCl_4$ 的试管中，注入 0.5 mL 0.1 mol/L $FeCl_3$ 溶液，即 $Fe^{3+}$ 溶液，再注入 0.5 mL 0.1 mol/L KI 溶液，振荡后观察 $CCl_4$ 层颜色，如在 $Fe^{3+}$ 溶液中先加 2 mL 10% $NH_4F$ 溶液，再做上述实验，结果如何？

2）往盛有 0.5 mL 0.1 mol/L $(NH_4)_2Fe(SO_4)_2$ 溶液和 1 mL $CCl_4$ 的试管中，注入 0.5 mL 0.1 mol/L $FeCl_3$ 溶液，再注入 0.5 mL 0.1 mol/L KI 溶液，振荡后观察 $CCl_4$ 层的颜色与上面实验中的 $CCl_4$ 层颜色。

用化学平衡移动的观点解释上面的实验现象。

（2）浓度的影响。

将 0.1 mol/L $KIO_3$ 与 0.1 mol/L KI 溶液混合，观察有何变化？然后滴入几滴 2 mol/L $H_2SO_4$ 溶液，观察有何变化？再加入 2 mol/L NaOH 溶液使溶液呈碱性，观察又有何变化？写出反应式并解释之。

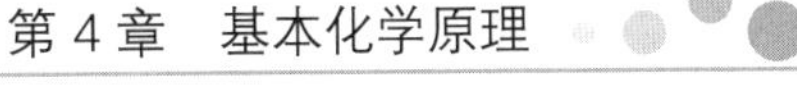

5. 浓度、温度对氧化还原反应速率的影响

（1）浓度的影响。

在两支试管中分别加入 3 滴 0.5 mol/L $Pb(NO_3)_2$ 溶液和 3 滴 1 mol/L $Pb(NO_3)_2$ 溶液，各加入 30 滴 1 mol/L HAc 溶液，混匀后，再逐滴加入 0.5 mol/L $Na_2SiO_3$ 溶液 26～28 滴，边滴边摇匀，用蓝色石蕊试纸检验溶液呈弱酸性。在 90 ℃水浴中加热至试管中出现乳白色透明凝胶，取出试管，冷却至室温，在两支试管中同时插入表面积相同的锌片，观察两支试管中“铅树”生长速率的快慢，并解释之。

（2）温度的影响。

在 A、B 两支试管中各加入 1 mL 0.01 mol/L $KMnO_4$ 溶液和 3 滴 2 mol/L $H_2SO_4$ 溶液；在 C、D 两支试管中各加入 1 mL 0.1 mol/L $H_2C_2O_4$ 溶液。将 A、C 两支试管放在水浴中加热几分钟后取出，同时将 A 试管中溶液倒入 C 试管中，将 B 试管中溶液倒入 D 试管中，观察 C、D 两支试管中溶液哪一个先褪色，并解释之。

6. 氧化数居中的物质的氧化还原性

（1）在试管中加入 0.5 mL 0.1 mol/L KI 和 2～3 滴 1 mol/L $H_2SO_4$，再加入 1～2 滴 3% $H_2O_2$，观察溶液颜色的变化。

（2）在试管中加入 2 滴 0.01 mol/L $KMnO_4$ 溶液，再加入 3 滴 1 mol/L $H_2SO_4$ 溶液，摇匀后滴加 2 滴 3% $H_2O_2$，观察溶液颜色的变化。

**注释**

气室法检验 $NH_4^+$。气室是两块小表面皿合在一起构成的。将 5 滴被检验液滴入表面皿中心，再加 3 滴 40% NaOH 溶液，混匀。在另一块较小表面皿中心黏附一小条湿润的红色石蕊试纸（或酚酞试纸），将小表面皿盖在大表面皿上做成气室。将此气室放在水浴上微热 2 min，若石蕊试纸为蓝色（或酚酞试纸变红色），则表示有 $NH_4^+$ 存在。

## 五、数据记录与处理

记录上述各步骤的实验现象，并写出反应式，加以解释。

## 六、思考题

1. 从实验结果讨论氧化还原反应和哪些因素有关？
2. 介质对 $KMnO_4$ 的氧化性有何影响？用本实验事实及电极电势予以说明。

# 实验 7　配位化合物与沉淀－溶解平衡

## 一、实验目的

1. 理解配合物的组成，比较并解释配离子的稳定性

2. 理解沉淀－溶解平衡和溶度积的概念，掌握溶度积规则及其应用
3. 学习离心机的使用和固－液分离操作

## 二、实验原理

### 1. 配位化合物与配位平衡

配合物是由中心离子或原子与一定数目的配位体以配位键结合而形成的一类复杂化合物，是路易斯（Lewis）酸和路易斯碱的加合物。配合物的内层与外层之间以离子键结合，在水溶液中完全解离。配离子在水溶液中分步解离，行为类似弱电解质。在一定条件下，中心离子、配位体和配离子之间达到配位平衡，例如

$$Cu^{2+} + 4NH_3 \rightleftharpoons [Cu(NH_3)_4]^{2+}$$

配位反应的标准平衡常数 $K^{\ominus}$ 称为配合物的稳定常数。对于相同类型的配合物，$K^{\ominus}$ 数值愈大，配合物就愈稳定。

在水溶液中，配合物的生成反应主要有配位体的取代反应和加合反应，例如

$$[Fe(SCN)_n]^{3-n} + 6F^- \rightleftharpoons [FeF_6]^{3-} + nSCN^-$$

$$HgI_2(s) + 2I^- \rightleftharpoons [HgI_4]^{2-}$$

配合物的形成时往往伴随溶液颜色、pH、难溶电解质溶解度、中心离子氧化还原性的改变等特征。

### 2. 沉淀－溶解平衡

在含有难溶强电解质晶体的饱和溶液中，难溶强电解质与溶液中相应离子间的多相离子平衡，称为沉淀－溶解平衡。用通式表示如下：

$$A_mB_n(s) \rightleftharpoons mA^{n+}(aq) + nB^{m-}(aq)$$

其溶度积常数为

$$K_{sp}^{\ominus}(A_mB_n) = [c(A^{n+})/c^{\ominus}]^m[c(B^{m-})/c]^n$$

沉淀的生成和溶解可以根据溶度积规则来判断：

$Q^{\ominus} > K_{sp}^{\ominus}$，有沉淀析出，平衡向左移动；

$Q^{\ominus} = K_{sp}^{\ominus}$，处于平衡状态，溶液为饱和溶液；

$Q^{\ominus} < K_{sp}^{\ominus}$，无沉淀析出，或平衡向右移动，原来的沉淀溶解。

溶液 pH 的改变、配合物的形成或发生氧化还原反应，往往会引起难溶电解质溶解度的改变。

对于相同类型的难溶电解质，可以根据 $K_{sp}^{\ominus}$ 的相对大小判断沉淀的先后顺序；对于不同类型的难溶电解质，则要根据溶解度的大小来判断沉淀的先后顺序。

两种沉淀共存时，沉淀转化的方向是由溶解度大的向溶解度小的，转化的难易程度由沉淀转化反应的标准平衡常数决定。

## 三、实验用品

仪器：离心机、酒精灯、点滴板、试管、试管架、石棉网等。

试剂与材料：HCl（6 mol/L，2 mol/L）、$H_2SO_4$（2 mol/L）、$HNO_3$（6 mol/L）、$H_2O_2$（3%）、NaOH（2 mol/L）、$NH_3 \cdot H_2O$（2 mol/L，6 mol/L）、KBr（0.1 mol/L）、KI（0.02 mol/L，0.1 mol/L，2 mol/L）、$K_2CrO_4$（0.1 mol/L）、KSCN（0.1 mol/L）、NaF（0.1 mol/L）、NaCl（0.1 mol/L）、$Na_2S$（0.1 mol/L）、$NaNO_3$（s）、$Na_2H_2Y$（0.1 mol/L）、$Na_2S_2O_3$（0.1 mol/L）、$NH_4Cl$（1 mol/L）、$MgCl_2$（0.1 mol/L）、$CaCl_2$（0.1 mol/L）、$Ba(NO_3)_2$（0.1 mol/L）、$Al(NO_3)_3$（0.1 mol/L）、丁二酮肟、$Pb(NO_3)_2$（0.1 mol/L）、$PbAc_2$（0.01 mol/L）、$CoCl_2$（0.1 mol/L）、$FeCl_3$（0.1 mol/L）、$CuSO_4$（0.1 mol/L）、$NH_4Fe(SO_4)_2$（0.1 mol/L）、$K_3[Fe(CN)_6]$（0.1 mol/L）、$BaCl_2$（0.1 mol/L）、$Fe(NO_3)_3$（0.1 mol/L）、$AgNO_3$（0.1 mol/L）、$Zn(NO_3)_2$（0.1 mol/L）、$NiSO_4$（0.1 mol/L）、pH 试纸。

## 四、实验内容

### 1. 配合物的形成与颜色变化

（1）在盛有 2 滴 0.1 mol/L $FeCl_3$ 溶液的试管中，加 1 滴 0.1 mol/L KSCN 溶液，观察现象，然后逐滴加入 0.1 mol/L NaF 溶液，观察有什么变化？写出反应式。

（2）分别往盛有 2 滴 0.1 mol/L $K_3[Fe(CN)_6]$溶液和 0.1 mol/L $NH_4Fe(SO_4)_2$ 溶液的试管中滴加数滴 0.1 mol/L KSCN 溶液，观察是否有变化？

（3）在盛有 1 mL 0.1 mol/L $CuSO_4$ 溶液的试管中逐滴加入 6 mol/L $NH_3 \cdot H_2O$ 至沉淀溶解，然后将溶液分为两份，分别滴加 2 mol/L NaOH 溶液和 0.1 mol/L $BaCl_2$ 溶液，观察现象，写出有关的反应式。

（4）往盛有 2 滴 0.1 mol/L$NiSO_4$ 溶液的试管中，逐滴加入 6 mol/L $NH_3 \cdot H_2O$，观察现象。然后加入 2 滴丁二酮肟试剂，观察生成物的颜色和状态。

### 2. 配合物形成时难溶物溶解度的改变

取 3 支试管，分别滴入 3 滴 0.1 mol/L NaCl 溶液、3 滴 0.1 mol/L KBr 溶液、3 滴 0.1 mol/L KI 溶液，再各加入 3 滴 0.1 mol/L $AgNO_3$ 溶液，振荡，观察沉淀的颜色。离心分离，弃去清液。在 3 份沉淀中分别逐滴加入 2 mol/L $NH_3 \cdot H_2O$、0.1 mol/L $Na_2S_2O_3$ 溶液、2 mol/L KI 溶液，振荡试管，观察沉淀的溶解，写出反应式。

### 3. 配合物形成时溶液 pH 的改变

取一条完整的 pH 试纸，在它的一端滴上半滴 0.1 mol/L $CaCl_2$ 溶液，记下被 $CaCl_2$ 溶液浸润处的 pH，待 $CaCl_2$ 溶液不再扩散时，在距离 $CaCl_2$ 溶液扩散边缘 0.5～1.0 cm 的干试纸处，滴上半滴 0.1 mol/L $Na_2H_2Y$ 溶液，待 $Na_2H_2Y$ 溶液扩散到 $CaCl_2$ 溶液区形成重叠时，分别记下重叠与未重叠处的 pH。说明 pH 变化的原因，写出反应式。

### 4. 配合物形成时中心离子氧化还原性的改变

（1）往盛有 3 滴 0.1 mol/L $CoCl_2$ 溶液的试管中逐滴加入 3% $H_2O_2$，振荡，观察有无变化？

（2）往盛有 3 滴 0.1 mol/L $CoCl_2$ 溶液的试管中加入几滴 1 mol/L $NH_4Cl$ 溶液，振荡，再滴

加 6 mol/L $NH_3 \cdot H_2O$，振荡试管，观察现象。然后逐滴加入 3% $H_2O_2$，摇动试管，观察溶液颜色的变化，写出有关的反应式。

由实验（1）和实验（2）可以得出什么结论？

5. 沉淀的生成与溶解

（1）在 3 支试管中均加入 2 滴 0.01 mol/L $Pb(Ac)_2$ 溶液和 2 滴 0.02 mol/L KI 溶液，振荡试管，观察现象。在第 1 支试管中加 5 mL 去离子水，摇荡，观察现象；在第 2 支试管中加少量 $NaNO_3(s)$，振荡，观察现象；第 3 支试管中滴加过量的 2 mol/L KI 溶液，振荡试管，观察现象，分别解释之。

（2）在 2 支试管中均加入 1 滴 0.1 mol/L $Na_2S$ 溶液和 1 滴 0.1 mol/L $Pb(NO_3)_2$ 溶液，振荡试管，观察现象。在 1 支试管中滴加 6 mol/L HCl 溶液，另 1 支试管中滴加 6 mol/L $HNO_3$ 溶液，振荡试管，观察现象，写出反应式。

（3）在 2 支试管中均加入 0.5 mL 0.1 mol/L $MgCl_2$ 溶液（10 滴）和数滴 6 mol/L $NH_3 \cdot H_2O$ 溶液至沉淀生成。往第 1 支试管中加入几滴 2 mol/L HCl 溶液，振荡，观察沉淀是否溶解；往另 1 支试管中加入数滴 1 mol/L $NH_4Cl$ 溶液，振荡，观察沉淀是否溶解。写出有关反应式，并解释每步实验现象。

6. 分步沉淀

（1）取一支试管，分别加入 1 滴 0.1 mol/L $Na_2S$ 溶液和 1 滴 0.1 mol/L $K_2CrO_4$ 溶液，用去离子水稀释至 5 mL，振荡摇匀。先加入 1 滴 0.1 mol/L $Pb(NO_3)_2$ 溶液，摇匀，观察沉淀的颜色，离心分离；然后向清液中继续逐滴加入 0.1 mol/L $Pb(NO_3)_2$ 溶液，观察此时生成沉淀的颜色。写出反应式，并说明两种沉淀先后析出的理由。

（2）取一支试管，加入 2 滴 0.1 mol/L $AgNO_3$ 溶液和 1 滴 0.1 mol/L $Pb(NO_3)_2$ 溶液，用去离子水稀释至 5 mL，振荡。向试管中逐滴加入 0.1 mol/L $K_2CrO_4$ 溶液（注意，每加 1 滴，都要充分摇荡），观察现象。写出反应式，并解释之。

7. 沉淀的转化

往试管中加入 6 滴 0.1 mol/L $AgNO_3$ 溶液、3 滴 0.1 mol/L $K_2CrO_4$ 溶液，振荡试管，观察现象。再逐滴加入 0.1 mol/L NaCl 溶液，充分摇荡，观察有何变化？写出反应式，并计算沉淀转化反应的标准平衡常数 $K^{\ominus}$。

## 五、数据记录与处理

记录上述各步骤的实验现象，并写出反应式，加以解释。

## 六、思考题

1. 比较$[FeCl_4]^-$、$[Fe(SCN)_6]^{3-}$和$[FeF_6]^{3-}$的稳定性。
2. 使用电动离心机，注意事项有哪些？

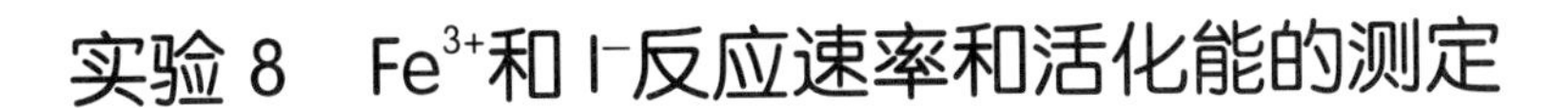

# 实验 8　$Fe^{3+}$和 $I^-$反应速率和活化能的测定

## 一、实验目的

1. 加深对反应速率、平均速率和瞬时速率的理解
2. 测定 $Fe^{3+}$和 $I^-$反应速率、反应级数和反应活化能

## 二、实验原理

$Fe(NO_3)_3$ 与 KI 溶液在水溶液中发生如下反应：

$$2Fe^{3+} + 3I^- = 2Fe^{2+} + I^{3-}$$

反应的平均反应速率：

$$\bar{\upsilon} = -\frac{\Delta c(Fe^{3+})}{2\Delta t} = kc^{\alpha}(Fe^{3+}) \cdot c^{\beta}(I^-)$$

式中　$\bar{\upsilon}$——反应的平均反应速率；

$\Delta c(Fe^{3+})$——$\Delta t$ 时间内 $Fe^{3+}$的浓度变化；

$c(Fe^{3+})$、$c(I^-)$——$Fe^{3+}$、$I^-$的起始浓度；

$k$——该反应的速率系数；

$\alpha, \beta$——反应物 $Fe^{3+}$、$I^-$的反应级数，$(\alpha+\beta)$为该反应的总级数。

为了测出在一定时间 $(\Delta t)$ 内 $Fe^{3+}$浓度的改变量，在混合 $Fe(NO_3)_3$ 与 KI 溶液的同时，加入一定体积的已知浓度的 $Na_2S_2O_3$ 溶液和淀粉溶液。这样在上述反应进行的同时，还有以下反应发生：

$$2S_2O_3^{2-} + I^{3-} = S_4O_6^{2-} + 3I^-$$

$Fe(NO_3)$与 KI 反应为慢反应，而上述反应进行得非常快。由反应中生成的 $I^{3-}$立即与 $S_2O_3^{2-}$作用，生成无色 $I^-$和 $S_4O_6^{2-}$。因此，在反应开始一段时间内，看不到碘与淀粉反应而显示的特有蓝色。但是，一旦 $Na_2S_2O_3$ 耗尽，继续生成的微量碘立即与淀粉作用，使溶液变蓝。

从两个反应的关系可以看出，消耗 $Fe^{3+}$浓度为消耗 $S_2O_3^{2-}$ 浓度。即

$$\Delta c(Fe^{3+}) = \Delta c(S_2O_3^{2-})$$

由于在 $\Delta t$ 时间内，$S_2O_3^{2-}$ 已全部耗尽，所以 $\Delta c(S_2O_3^{2-})$ 实际上就是反应开始时 $Na_2S_2O_3$ 的浓度，即

$$-\Delta c(S_2O_3^{2-}) = (S_2O_3^{2-})_{初始}$$

在本实验中，每份混合溶液中 $Na_2S_2O_3$ 的起始浓度都是相同的，因而 $\Delta c(S_2O_3^{2-})$ 也是相同的，这样，只要记下反应开始到溶液出现蓝色所需要的时间 $\Delta t$，就可以算出一定温度下该反应的平均反应速率：

$$\bar{\upsilon} = -\frac{\Delta c(Fe^{3+})}{2\Delta t} = -\frac{\Delta c(S_2O_3^{2-})}{2\Delta t} = \frac{(S_2O_3^{2-})_{初始}}{2\Delta t}$$

按照初始速率法，从不同浓度下测得反应速率，即可求出该反应的反应级数$\alpha$和$\beta$，进

而求得反应的总级数$(\alpha+\beta)$，再由$k=\dfrac{v}{c^{\alpha}(S_2O_3^{2-})\cdot c^{\beta}(I^-)}$，可求出反应的速率常数$k$。

由阿伦尼乌斯方程得：

$$\lg k = A - \frac{E_a}{2.303RT}$$

式中 $E_a$——反应的活化能；

$R$——摩尔气体常数；

$T$——绝对温度。

求出不同温度下的$k$值，以$\lg k$对$1/T$作图可得一直线，由直线的斜率可求出反应的活化能$E_a$。

## 三、实验用品

仪器：恒温水浴锅、吸量管、烧杯、锥形瓶、玻璃棒、秒表。

试剂与材料：$Fe(NO_3)_3$（0.04 mol/L）、$HNO_3$（0.15 mol/L）、KI（0.04 mol/L）、$Na_2S_2O_3$（0.004 mol/L）、0.2% 淀粉、坐标纸。

## 四、实验内容

### 1. 测定$Fe^{3+}$的反应级数$\alpha$

按表4－8准备实验（1）～（5）的溶液，恒温浴中室温恒温10～15 min。测量实验（1）溶液的温度，记录。快速将100 mL锥形瓶里的溶液倒入250 mL锥形瓶中，同时按下停表（混合时，可临时将锥形瓶从恒温浴中取出）。当溶液中出现蓝色，立即停止计时，再测量溶液温度，计算反应过程中的平均温度，记录反应时间$\Delta t$和平均温度$T$。同时测定实验（2）、（3）、（4）、（5）的反应时间和反应的平均温度。

**表4－8 反应液的准备与测定**

| 序号 | 250 mL 锥形瓶（单位均为 mL） | | | 100 mL 锥形瓶（单位均为 mL） | | | | $\Delta t$/s | $T$/K |
|---|---|---|---|---|---|---|---|---|---|
| | 0.04 mol/L $Fe(NO_3)_3$ | 0.15 mol/L $HNO_3$ | $H_2O$ | 0.04 mol/L KI | 0.004 mol/L $Na_2S_2O_3$ | 0.2% 淀粉 | $H_2O$ | | |
| （1） | 10.00 | 20.00 | 20.00 | 10.00 | 10.00 | 5.00 | 25.00 | | |
| （2） | 15.00 | 15.00 | 20.00 | 10.00 | 10.00 | 5.00 | 25.00 | | |
| （3） | 20.00 | 10.00 | 20.00 | 10.00 | 10.00 | 5.00 | 25.00 | | |
| （4） | 25.00 | 5.00 | 20.00 | 10.00 | 10.00 | 5.00 | 25.00 | | |
| （5） | 30.00 | 0.00 | 20.00 | 10.00 | 10.00 | 5.00 | 25.00 | | |
| （6） | 10.00 | 20.00 | 20.00 | 5.00 | 10.00 | 5.00 | 30.00 | | |
| （7） | 10.00 | 20.00 | 20.00 | 15.00 | 10.00 | 5.00 | 20.00 | | |
| （8） | 10.00 | 20.00 | 20.00 | 20.00 | 10.00 | 5.00 | 15.00 | | |
| （9） | 10.00 | 20.00 | 20.00 | 10.00 | 10.00 | 5.00 | 25.00 | | |
| （10） | 10.00 | 20.00 | 20.00 | 10.00 | 10.00 | 5.00 | 25.00 | | |

2. 测定 $I^-$的反应级数$\beta$

按表 4－8 准备实验（6）、（7）、（8）的溶液，重复上述操作，测出反应时间 $\Delta t$ 和反应的平均温度 $T$。

3. 温度对反应速率的影响

按表 4－8 准备实验（9）、（10）的溶液，把它们分别放在高于室温 10 K、20 K 的恒温浴中恒温 10～15 min，然后把 100 mL 锥形瓶中的溶液倒入 250 mL 锥形瓶中，测出蓝色出现的时间和反应的平均温度。

## 五、数据记录与处理

（1）计算实验的初始速率：

$$\upsilon_{初始} = \frac{[S_2O_3^{2-}]}{2\Delta t}$$

式中 $[S_2O_3^{2-}]$——混合液中 $Na_2S_2O_3$ 的初始浓度（$4\times10^{-4}$ mol/L）；

$\Delta t$——溶液从开始混合到蓝色出现的时间间隔。

（2）计算每个实验中 $Fe^{3+}$的初始浓度，$I^-$的初始浓度及 $Fe^{3+}$的平均浓度：

$$[Fe^{3+}]_{平均} = [Fe^{3+}]_{初始} - \frac{1}{2}[S_2O_3^{2-}]_{初始} = [Fe^{3+}]_{初始} - 2\times10^{-4}\ \text{mol/L}$$

（3）根据实验（1）～（5）的数据，将 $\lg[S_2O_3^{2-}]/2\Delta t$ 对 $\lg[Fe^{3+}]_{平均}$ 作图，求相对于 $Fe^{3+}$的反应级数$\alpha$。

（4）根据实验（1）、（6）、（7）、（8）的数据，求相对于 $I^-$的反应级数$\beta$。

（5）把$\alpha$和$\beta$化成整数，写出速率方程式。

（6）根据实验（1）、（9）、（10）的数据，代入上面的速率方程式中，计算在 3 个不同温度下的 $k$。进一步求出反应的活化能 $E_a$。

将以上计算数据汇制成表格。

## 六、思考题

1. 测定时，加入硫代硫酸钠和淀粉溶液有何作用？
2. 实验中当蓝色出现后，反应是否就终止了？
3. 在水溶液中的反应，要测定对水反应的反应级数是难还是易？为什么？

# 第5章　无机化合物的制备

## 实验9　粗食盐的提纯

### 一、实验目的

1. 了解粗食盐提纯的原理和方法
2. 学习溶解、沉淀、蒸发、浓缩及过滤等基本操作
3. 了解食盐中主要杂质 $Ca^{2+}$、$Mg^{2+}$和 $SO_4^{2-}$的检验方法

### 二、实验原理

氯化钠试剂、氯碱工业使用的食盐水，都是由粗食盐提纯制得的。粗食盐中所含的不溶性杂质，如泥沙等，可用溶解过滤的方法除去。此外还含有可溶性杂质，主要是 $Ca^{2+}$、$Mg^{2+}$、$K^+$和 $SO_4^{2-}$，可用下面的方法除去。

先向粗食盐溶液中加入稍过量的 $BaCl_2$ 溶液，将 $SO_4^{2-}$转化为难溶解的 $BaSO_4$ 沉淀，过滤除去 $BaSO_4$，反应式为

$$Ba^{2+} + SO_4^{2-} = BaSO_4(s)$$

再向滤液中加入 $Na_2CO_3$ 溶液，除去 $Ca^{2+}$、$Mg^{2+}$和过量的 $Ba^{2+}$，反应式为

$$Ca^{2+} + CO_3^{2-} = CaCO_3(s)$$

$$2Mg^{2+} + 2CO_3^{2-} + H_2O = Mg_2(OH)_2CO_3(s) + CO_2(g)$$

$$Ba^{2+} + CO_3^{2-} = BaCO_3(s)$$

过滤除去上述沉淀。溶液中过量的 $Na_2CO_3$ 可加入盐酸中和。粗食盐中的 $K^+$与这些沉淀剂不起作用，仍留在溶液中。由于 KCl 的溶解度比 NaCl 的溶解度大，而且在粗食盐中的浓度较少，所以在蒸发浓缩食盐溶液时，NaCl 结晶出来，KCl 仍留在母液中。最后过滤、烘干，即可得到纯净的 NaCl 晶体。

### 三、实验用品

仪器：性质实验常用仪器（台秤、烧杯、量筒、漏斗、蒸发皿、离心管、试管、洗瓶、滴管、玻璃棒、点滴板等）。

试剂与材料：粗食盐(s)、HCl（6 mol/L）、$BaCl_2$（1 mol/L）、HAc（2 mol/L）、NaOH（6 mol/L）、$Na_2C_2O_4$（饱和）、$Na_3[Co(NO_2)_6]$、$Na_2CO_3$（饱和）、镁试剂、pH 试纸、滤纸。

## 四、实验内容

1. 粗食盐的溶解

称取粗食盐 5 g 置于 100 mL 烧杯中，加入 20 mL 去离子水，加热搅拌使粗食盐溶解（不溶性杂质沉于底部）。

2. 除去 $SO_4^{2-}$

加热溶液至近沸，边搅拌边逐滴加入 1 mol/L $BaCl_2$ 溶液（约 1 mL），至白色沉淀不再增加为止。继续小火加热 5 min，使沉淀颗粒长大而易于沉降。

3. 检查 $SO_4^{2-}$是否除尽

将烧杯从石棉网上取下，待沉淀沉降后，在上层清液中加 1～2 滴 1 mol/L $BaCl_2$ 溶液，如果出现混浊，表示 $SO_4^{2-}$尚未除尽，需继续滴加 $BaCl_2$ 溶液以除去剩余的 $SO_4^{2-}$。如果不混浊，表示 $SO_4^{2-}$已除尽。过滤，弃去沉淀。

4. 除去 $Mg^{2+}$、$Ca^{2+}$、$Ba^{2+}$

将滤液加热至近沸。边搅拌边逐滴加入饱和的 $Na_2CO_3$ 溶液，直至不再产生沉淀为止。再多加 0.2 mL $Na_2CO_3$ 溶液，静置。

5. 检查 $Mg^{2+}$、$Ca^{2+}$、$Ba^{2+}$是否除尽

在上层清液中，加几滴饱和的 $Na_2CO_3$ 溶液，如果出现混浊，表示没除尽，需在原溶液中再加 $Na_2CO_3$ 溶液直至除尽为止。过滤，弃去沉淀。

6. 除去过量的 $CO_3^{2-}$

向上述滤液中慢慢滴加 6 mol/L HCl，加热搅拌，使溶液的 pH 为 2～3（pH 试纸检验）。

7. 浓缩和结晶

将溶液倒入蒸发皿中蒸发浓缩，当液面出现晶膜时，改用小火加热并不断搅拌，以免溶液溅出。当浓缩到出现大量 NaCl 晶体（约为原体积的 1/4，切不可蒸干）时，停止加热。冷却至室温，吸滤（$K^+$留存在溶液中）。将 NaCl 晶体转移至蒸发皿中，放在石棉网上小火烘干。烘干时应不断用玻璃棒搅动，以免结块，一直烘干至 NaCl 晶体不黏玻璃棒为止。冷却后称重，计算产率。

8. 产品纯度的检验（选作）

取产品和原料各 1 g，分别溶于 5 mL 蒸馏水中，然后进行下列离子的定性检验:

（1）$SO_4^{2-}$。各取 0.5 mL 溶液于试管中，分别加入 2 滴 6 mol/L HCl 溶液和 2 滴 1 mol/L $BaCl_2$ 溶液。比较两种溶液中沉淀产生的情况。

（2）$Ca^{2+}$。各取 0.5 mL 溶液于试管中，加 2 mol/L HAc 使呈酸性，再分别加入 3～4 滴饱和 $Na_2C_2O_4$ 溶液，若有白色沉淀（$CaC_2O_4$）产生，表示有 $Ca^{2+}$存在。比较两溶液中沉淀

产生的情况。

（3）$Mg^{2+}$。各取 0.5 mL 溶液于试管中，分别加入 5 滴 6 mol/L NaOH 溶液和 2 滴 Mg 试剂，若有天蓝色沉淀生成表示有 $Mg^{2+}$存在。比较两种溶液中沉淀产生的情况。

（4）$K^{+}$。各取 0.5 mL 溶液于试管中，分别加 $Na_3[Co(NO_2)_6]$溶液，有黄色沉淀生成表示有 $K^{+}$存在。比较两溶液中沉淀产生的情况。

## 五、思考题

1. 在除 $Ca^{2+}$、$Mg^{2+}$、$SO_4^{2-}$时为何要先加入 $BaCl_2$ 溶液，然后加入 $Na_2CO_3$ 溶液？
2. 能否用 $CaCl_2$ 代替毒性大的 $BaCl_2$ 除去食盐中的 $SO_4^{2-}$？
3. 除去食盐溶液中 $Ca^{2+}$、$Mg^{2+}$等杂质为什么用 $Na_2CO_3$ 溶液而不用其他可溶性碳酸盐？除去 $CO_3^{2-}$为什么用盐酸而不用别的强酸？

# 实验 10　由二氧化锰制备碳酸锰

## 一、实验目的

1. 了解由二氧化锰制备碳酸锰的不同方法
2. 掌握无机制备的一些基本操作
3. 了解二氧化锰和碳酸锰的性质和重要用途
4. 了解实验室制备与工业生产的不同之处

## 二、实验原理

碳酸锰为玫瑰色三角晶系菱形晶体或无定形亮白棕色粉末。它是制造电信器材软磁铁氧体、合成二氧化锰和制造其他锰盐的原料，用作脱硫的氧化剂、瓷釉、涂料和清漆的颜料，也用作肥料和饲料添加剂。它同时用于医药、电焊条辅料等，且可用作生产电解金属锰的原料。

实验室制备碳酸锰，一般用二氧化锰作原料。二氧化锰是一种重要的氧化物，呈酸性，为黑色粉末，在中性介质中很稳定，在碱性介质中可制备高锰酸钾，在酸性介质中有强氧化性。二价锰离子可在溶液中稳定存在，与碳酸氢铵或碳酸钠等反应生成碳酸锰。实验室由二氧化锰制碳酸锰，首先要用还原剂把二氧化锰还原成二价锰并转移到溶液中，再与碳酸氢盐或碳酸盐反应，生成碳酸锰沉淀，最后漂洗、除杂、蒸发、浓缩、结晶，可得产品。可使用的还原剂有多种，如炭粉、浓盐酸、亚硫酸钠、过氧化氢、草酸等。

还原二氧化锰时应注意以下细则：

（1）用炭粉作还原剂时，需要将二氧化锰与一定比例的炭粉研细混匀，高温灼烧后生成氧化锰，加热温度要高，最好能用酒精喷灯灼热，加热时间也要长，否则产量很低。再用浓硫酸分解成硫酸锰。

（2）用浓盐酸作还原剂时，反应很快也很安全，但产生大量氯气，要做适当处理。反应时，部分氯气溶在溶液中，要经较长时间的水浴加热才能赶去。

（3）用过氧化氢作还原剂时，反应较完全，但过氧化氢要分批缓慢加入，否则反应太激烈，过氧化氢分解也较多。过量的过氧化氢一定要使其分解完全，否则会影响后面的反应。

（4）用草酸作还原剂时，在原料中含铁较少时，反应较完全。若含铁较多时，则会形成草酸亚铁沉淀。

用过氧化氢或草酸作还原剂时需同时使用稀硫酸，最后生成硫酸锰。比较之下，草酸是比较理想的还原剂，条件也比较容易控制。实际操作中多用草酸做还原剂。不论选用何种还原剂，在与碳酸盐进行复分解反应时，加入试剂的速度不能快，且要边搅拌边滴加，避免局部碱性过大而使 $Mn^{2+}$氧化。故在制备过程中要控制反应的 pH 为 3～7，但 pH 又不能太小，否则会使碳酸盐分解。反应式为

$$MnO_2 + H_2SO_4 + H_2C_2O_4 \longrightarrow 2CO_2 + 2H_2O + MnSO_4$$

$$MnSO_4 + 2NH_4HCO_3 \longrightarrow MnCO_3 + (NH_4)_2SO_4 + CO_2 + H_2O$$

## 三、实验用品

仪器：烧杯、漏斗、洗瓶、布氏漏斗、干燥箱。

试剂：$MnO_2$（s，A.R）、$H_2SO_4$（6 mol/L）、$H_2C_2O_4 \cdot 2H_2O$（s，A.R）、$NH_4HCO_3$（s，A.R）、EDTA（0.020 mol/L）、pH = 10 的氨 – 氯化铵缓冲溶液、铬黑 T 指示剂、HCl（6 mol/L）。

## 四、实验内容

1. 制备 $MnCO_3$

称取 5.0 g $MnO_2$ 于小烧杯中，加入 6 mL 水，再加入 12 mL 6 mol/L $H_2SO_4$，微热，全部溶解后，边搅拌边分批加入 8.0 g 草酸，加热煮沸，趁热过滤得到 $MnSO_4$ 溶液。在 $MnSO_4$ 溶液中加入 $NH_4HCO_3$ 至溶液 pH 为 7，过滤，洗涤，脱水后，在 353～363 K 温度下进行热风干燥，即得 $MnCO_3$ 成品，称重，计算产率。

2. $MnCO_3$ 的纯度分析

精确称取 0.6 g $MnCO_3$ 样品于小烧杯中，滴加 6 mol/L HCl 至全部溶解，加水，转入 100 mL 容量瓶中。

移取 10.0 mL EDTA 标准溶液于锥形瓶中，加入 10 mL 氨 – 氯化铵缓冲溶液，加入 3～4 滴铬黑 T 指示剂，用上述配制的 $MnCO_3$ 样品溶液滴定溶液至溶液由纯蓝色转变为紫红色，记下所用样品的体积，平行测定 3 次，计算样品中碳酸锰的浓度。

**注释**

（1）$MnO_2$ 在酸性条件下，温度较高时与草酸反应剧烈，注意不要溢出烧杯。草酸不可过量，应加入计算量的 40%，因过量后难以除去，导致产品浓度偏低。

（2）在与碳酸盐进行复分解反应时，加入试剂的速度不能快，且要边加边搅拌，避免局部碱性过大而使 $Mn^{2+}$氧化。故在制备过程中要控制反应的 pH，但 pH 又不能太小，否则碳酸盐易分解。

## 五、思考题

1. $Mn^{2+}$在酸或碱介质中稳定性有何不同？

2. $MnO_2$ 在酸性或碱介质中的氧化还原性质是否相同？
3. $MnCO_3$ 的主要化学性质有哪些？

# 实验 11　重铬酸钾的制备——固体碱熔氧化法

## 一、实验目的

1. 学习使用固体碱熔氧化法从铬铁矿粉制备重铬酸钾的基本原理和操作方法
2. 学习熔融、浸取
3. 巩固过滤、结晶和重结晶等基本操作
4. 运用容量分析方法测定产品浓度

## 二、实验原理

精选后的铬铁矿主要成分是亚铬酸铁 $Fe(CrO_2)_2$ 或 $FeO \cdot Cr_2O_3$，其中 $Cr_2O_3$ 浓度为 35%～45%。除铁外，还有硅、铝等杂质。由铬铁矿精粉制备重铬酸钾的第一步是将有效成分 $Cr_2O_3$ 由矿石中提取出来。根据 Cr(Ⅲ)的还原性质通常选择在强碱性条件下，用强氧化剂将 Cr(Ⅲ)氧化成 Cr(Ⅵ)，从而将难溶于水的 $Cr_2O_3$ 氧化成易溶于水的铬酸盐。具体反应过程是将铬铁矿粉与碱混合，在空气中用氧气或其他强氧化剂，例如氯酸钾加热熔融，能生成可溶性的六价铬酸盐，反应式为

$$4FeO \cdot Cr_2O_3 + 8Na_2CO_3 + 7O_2 = 8Na_2CrO_4 + 2Fe_2O_3 + 8CO_2(g)$$

在实验室中，为降低熔点，使上述反应能在较低温度下进行，可加入固体氢氧化钠做助熔剂，并以氯酸钾代替氧气加速氧化，反应式为

$$6FeO \cdot Cr_2O_3 + 12Na_2C_2O_3 + 7KClO_3 = 12Na_2CrO_4 + 3Fe_2O_3 + 7KCl + 12CO_2(g)$$

$$6FeO \cdot Cr_2O_3 + 24NaOH + 7KClO_3 = 12Na_2CrO_4 + 3Fe_2O_3 + 7KCl + 12H_2O(g)$$

同时，三氧化二铝、三氧化二铁和二氧化硅转变为相应的可溶性盐，反应式为

$$Al_2O_3 + Na_2CO_3 = 2NaAlO_2 + CO_2(g)$$

$$Fe_2O_3 + Na_2CO_3 = 2NaFeO_2 + CO_2(g)$$

$$SiO_2 + Na_2CO_3 = Na_2SiO_3 + CO_2(g)$$

用水浸取熔体，铁(Ⅲ)酸钠强烈水解，氢氧化铁沉淀与其他不溶性杂质（如三氧化二铁、未反应的铬铁矿等）一起成为残渣；而铬酸钠、偏铝酸钠、硅酸钠则进入溶液。吸滤后，弃去残渣，将滤液 pH 调至 7～8，促使偏铝酸钠、硅酸钠水解生成沉淀，与铬酸钠分开，反应式为

$$NaAlO_2 + 2H_2O = Al(OH)_3(s) + NaOH$$

$$Na_2SiO_3 + 2H_2O = H_2SiO_3(s) + 2NaOH$$

过滤后，将含有铬酸钠的滤液酸化，转变为重铬酸钠，反应式为

$$2CrO_4^{2-} + 2H^+ = Cr_2O_7^{2-} + H_2O$$

重铬酸钾则由重铬酸钠与氯化钾进行复分解反应制得，反应式为

$$Na_2Cr_2O_7+2KCl = K_2Cr_2O_7+2NaCl$$

## 三、实验用品

仪器：铁坩埚、水浴锅、蒸发皿、抽滤装置（布氏漏斗）、烧杯（100 mL，250 mL）、坩埚钳、泥三角、碘量瓶、移液管（25 mL）、容量瓶（250 mL）、碱式滴定管（25 mL）、研钵。

试剂：铬铁矿粉(s)、无水 $Na_2CO_3$(s)、NaOH(s)、$KClO_3$(s)、KCl(s)、KI(s)、$H_2SO_4$（2 mol/L，3 mol/L，6 mol/L）、$Na_2S_2O_3$（0.1 mol/L）、淀粉指示剂。

## 四、实验内容

1. 氧化焙烧

称取 2.5 g $Cr_2O_3$（或铬铁矿粉 6 g）和 4 g $KClO_3$ 在研钵中混合均匀，取 $Na_2CO_3$ 和 NaOH 各 4.5g 于铁坩埚中混匀后，先用小火熔融，再将矿粉分 3～4 次加入铁坩埚中并不断搅拌。加完矿粉后，用酒精灯强热，灼烧 30～35 min，稍冷几分钟，将坩埚置于冷水中骤冷一下，以便浸取。

2. 熔块提取

用少量去离子水于坩埚中加热至沸，将溶液倾入 100 mL 烧杯中，再往坩埚中加水，加热至沸，如此 3～4 次，即可取出熔块，将全部熔块与溶液一起在烧杯中煮沸 15 min，不断搅拌，稍冷后抽滤，残渣用 10 mL 去离子水洗涤，控制溶液与洗涤液总体积为 40 mL 左右，吸滤，弃去残渣。

3. 中和除铝、硅

将滤液用 3 mol/L $H_2SO_4$ 调节 pH 为 7～8，加热煮沸 3 min 后，趁热过滤，残渣用少量去离子水洗涤后弃去。

4. 酸化和复分解结晶

将滤液转移至 100 mL 蒸发皿中，用 6 mol/L $H_2SO_4$ 调 pH 至强酸性（注意溶液颜色的变化）。再加 1 g KC1，在水浴上浓缩至表面有晶膜为止。冷却结晶，抽滤，得重铬酸钾晶体（若需提纯，可按 $K_2Cr_2O_7$:$H_2O$ = 1:1.5 质量比加水，加热使晶体溶解，浓缩，冷却结晶，得纯 $K_2Cr_2O_7$ 晶体），最后在 40～50 ℃下烘干，称重。

5. 产品质量的测定

准确称取 2.5 g 试样溶于 250 mL 容量瓶中，用移液管移取 25.00 mL 溶液于 250 mL 碘量瓶中，加入 10 mL 2 mol/L $H_2SO_4$ 和 2 g KI，放于暗处 5 min，然后加入 100 mL 水，用 0.1 mol/L $Na_2S_2O_3$ 标准溶液滴定溶液呈黄色，然后加入 3 mL 淀粉指示剂，再继续滴定溶液至蓝色褪去呈亮绿色为止。由 $Na_2S_2O_3$ 标准溶液的浓度和用量计算出产品质量。

**注释**

本实验可用三氧化二铬代替铬铁矿制备重铬酸钾。

## 五、思考题

1. 为什么制备重铬酸钾时要用铁坩埚而不用瓷坩埚？
2. 实验时，为什么使用铁棒而不用玻璃棒搅拌？

# 第 6 章　定量分析化学

## 实验 12　HCl 标准溶液的配制

### 一、实验目的

1. 掌握标准溶液的配制方法
2. 学会用基准物质标定 HCl 浓度的方法
3. 进一步掌握滴定操作

### 二、实验原理

由于浓 HCl 容易挥发，不能用它直接配制具有准确浓度的标准溶液。当配制 HCl 标准溶液时，只能先配制成近似浓度的溶液，然后用基准物质标定溶液的准确浓度，或者用另一已知浓度的标准溶液滴定溶液，再根据消耗的 HCl 体积计算溶液的准确浓度，这一过程称为标定。

标定 HCl 溶液的基准物质常用无水 $Na_2CO_3$，反应式为

$$Na_2CO_3 + 2HCl = 2NaCl + CO_2\uparrow + H_2O$$

当滴定至反应完全时，化学计量点的 pH 为 3.89，可选用溴甲酚绿－二甲基黄混合指示剂指示终点，其终点颜色变化为绿色（或蓝绿色）至亮黄色（pH＝3.9）。根据 $Na_2CO_3$ 的质量和所消耗的 HCl 体积，可以计算出 HCl 的浓度 $c$。

标定 HCl 溶液的基准物质还可以用硼砂($Na_2B_4O_7 \cdot 10H_2O$)，反应式为

$$Na_2B_4O_7 + 2HCl + 5H_2O = 2NaCl + 4H_3BO_3$$

化学计量点的 pH 为 5.1，可选用甲基红指示剂指示终点，其终点颜色变化为黄色至浅红色。

由于测定或测量总是存在一定的误差，因此，所测得的 HCl 浓度与其真实浓度存在一定的差别。根据数理统计原理可知，只有当不存在系统测量误差时，无限多次测量的平均结果才接近真实值。在实际工作中，我们不可能对 HCl 溶液进行无限多次标定，只能进行有限次数的测量，进行 3 次以上测量，通过计算平均值、相对平标偏差、标准偏差，判断测定结果与真实值的接近程度，评价分析质量的好坏。

### 三、实验用品

仪器：酸式滴定管、电子天平等。

试剂：HCl（6 mol/L）、无水 $Na_2CO_3(s)$、$Na_2B_4O_7 \cdot 10H_2O(s)$、溴甲酚绿－二甲基黄混合指示剂、甲基红指示剂。

## 四、实验内容

1. 配制 0.1 mol/L HCl 溶液

量取一定量 6 mol/L HCl 溶液，倒入烧杯中，加水稀释至 500 mL，搅拌均匀，倒入试剂瓶中备用。

2. 0.1 mol/L HCl 溶液的标定

（1）用无水 $Na_2CO_3$ 基准物质标定。

称取 0.11～0.13 g 无水 $Na_2CO_3$，倒入 250 mL 锥形瓶中，加入 20～30 mL 蒸馏水使之溶解，加入 9 滴溴甲酚绿－二甲基黄混合指示剂，用待标定的 HCl 溶液滴定。快到终点时，用洗瓶中蒸馏水冲洗锥形瓶内壁，继续滴定至溶液由绿色变为亮黄色即为终点。平行测定 3 次，计算 HCl 溶液的浓度。

（2）用 $Na_2B_4O_7 \cdot 10H_2O$ 标定（选作）。

称取 0.4～0.5 g $Na_2B_4O_7 \cdot 10H_2O$，倒入 250 mL 锥形瓶中，加入 50 mL 蒸馏水使之溶解，加入 2 滴甲基红指示剂，用待标定的 HCl 溶液滴定至溶液由黄色恰变为浅红色即为终点。平行测定 3 次，根据 $Na_2B_4O_7 \cdot 10H_2O$ 的质量和滴定时所消耗 HCl 的体积，计算 HCl 溶液的浓度。

## 五、数据记录与处理

将实验结果填在表 6－1 中。

**表 6－1　HCl 溶液的标定（无水 $Na_2CO_3$ 为基准物质）**

| 记录项目 | 序号 | | |
|---|---|---|---|
| | 1 | 2 | 3 |
| $m_{无水 Na_2CO_3}$/g | | | |
| $V_{HCl}$ 终读数/mL | | | |
| $V_{HCl}$ 初读数/mL | | | |
| $\Delta V_{HCl}$/mL | | | |
| $c_{HCl}$/（$mol \cdot L^{-1}$） | | | |
| $\bar{c}_{HCl}$ / ($mol \cdot L^{-1}$) | | | |
| 相对平均偏差 $d_r$/% | | | |
| 标准偏差 $s$ | | | |

## 六、思考题

1. 标定 HCl 溶液浓度的方法可以选择哪些基准物质？各有哪些优缺点？为什么配制

HCl 和 NaOH 标准溶液时，一般要经过标定？

2. 用无水 $Na_2CO_3$ 标定 HCl 溶液时，为什么可用溴甲酚绿－二甲基黄做指示剂？能否改用甲基橙或酚酞做指示剂？

3. 如果基准物质未烘干，将使标准溶液浓度的标定结果偏高还是偏低？

4. 如何计算无水 $Na_2CO_3$ 基准物质的质量范围？称得太多或太少对标定结果有何影响？

# 实验 13　混合碱中 $Na_2CO_3$ 和 $NaHCO_3$ 质量分数的测定

## 一、实验目的

1. 了解强碱弱酸盐滴定过程中 pH 的变化
2. 掌握用双指示剂法测定混合碱中 $Na_2CO_3$、$NaHCO_3$ 的质量分数，以及总碱度的方法
3. 掌握强酸滴定二元弱碱的滴定过程、突跃范围及指示剂的选择

## 二、实验原理

混合碱指 NaOH 和 $Na_2CO_3$，或者 $Na_2CO_3$ 和 $NaHCO_3$ 等类似的混合物，其中可能还含有少量的 NaCl、$Na_2SO_4$ 等。一般可用双指示剂法测定主要组分和总碱度。以 HCl 标准溶液为滴定剂，先加酚酞指示剂，滴定至无色，记录用掉 HCl 标准溶液的体积为 $V_1$，此时溶液中 $Na_2CO_3$ 仅被滴定成 $NaHCO_3$，反应式为

$$Na_2CO_3 + HCl = NaHCO_3 + NaCl$$

然后加溴甲酚绿－二甲基黄指示剂，继续滴定至溶液由绿色变为亮黄色，记录用掉 HCl 标准溶液的体积为 $V_2$，此时溶液中 $NaHCO_3$ 才完全被中和，反应式为

$$NaHCO_3 + HCl = NaCl + CO_2\uparrow + H_2O$$

根据 $V_1$、$V_2$，可计算出混合碱中各组分的质量分数，以及总碱度（以 $Na_2O$ 质量分数表示）。计算如下：

$$w_{Na_2CO_3} = \frac{c_{HCl} \times V_1 \times \dfrac{M_{Na_2CO_3}}{1\,000}}{m_s} \times 100\%$$

$$w_{NaHCO_3} = \frac{c_{HCl} \times (V_2 - V_1) \times \dfrac{M_{NaHCO_3}}{1\,000}}{m_s} \times 100\%$$

$$w_{Na_2O} = \frac{\dfrac{1}{2} c_{HCl} \times (V_1 + V_2) \times \dfrac{M_{Na_2O}}{1\,000}}{m_s} \times 100\%$$

式中　$m_s$——碱灰样品的质量（单位为 g）。

## 三、实验用品

仪器：电子天平、量筒、酸式滴定管、锥形瓶。

试剂：碱灰样品，HCl 标准溶液（0.1 mol/L）、酚酞指示剂、溴甲酚绿－二甲基黄指示剂。

## 四、实验内容

称取 0.12～0.15 g 碱灰样品，置于 250 mL 锥形瓶中，加 20～30 mL 蒸馏水、1 滴酚酞指示剂后溶液呈红色。用 0.1 mol/L HCl 标准溶液滴定至无色，记下用掉 HCl 标准溶液体积（$V_1$）。必须注意，在滴定时，酸要逐滴加入并不断地振荡溶液以避免溶液局部浓度过大。否则，$Na_2CO_3$ 不是被中和成 $NaHCO_3$，而是直接转变为 $CO_2$。第 1 终点到达后，加入 9 滴溴甲酚绿－二甲基黄指示剂，继续用 HCl 标准溶液滴定至溶液由绿色突变为亮黄色。记下第 2 次用掉 HCl 标准溶液体积（$V_2$）。做 3 次平行实验，计算 $Na_2CO_3$、$NaHCO_3$、$Na_2O$ 的质量分数和相对平均偏差。

**注释**

（1）碱灰样品易吸湿，称量时必须迅速以免样品吸潮。

（2）测定混合碱中各组分的质量分数时，第 1 滴定终点是用酚酞作指示剂，由于突变不大，终点时指示剂变色不敏锐，由于酚酞是由红色变为无色，不易观察，故终点误差较大。若采用甲酚红－百里酚蓝混合指示剂，终点时溶液由紫色变为玫瑰红色，效果较好。

## 五、数据记录与处理

将实验结果填在表 6－2 中。

**表 6－2　混合碱中 $Na_2CO_3$ 和 $NaHCO_3$ 质量分数的测定**

| 项目 \ 编号 | 1 | 2 | 3 |
| --- | --- | --- | --- |
| $m_s$/g | | | |
| $V_{HCl}$ 第 1 终点读数/mL | | | |
| $V_{HCl}$ 初读数/mL | | | |
| $V_1$/mL | | | |
| $V_{HCl}$ 第 2 终点终读数/mL | | | |
| $V_2$/mL | | | |
| $w_{Na_2O}$ | | | |
| $\bar{w}_{Na_2O}$ | | | |
| 相对平均偏差 $d_r$/% | | | |
| $w_{Na_2CO_3}$ | | | |

续表

| 编号<br>项目 | 1 | 2 | 3 |
|---|---|---|---|
| $\overline{w}_{Na_2CO_3}$ | | | |
| 相对平均偏差 $d_r$/% | | | |
| $w_{NaHCO_3}$ | | | |
| $w_{NaHCO_3}$ | | | |
| 相对平均偏差 $d_r$/% | | | |

## 六、思考题

1. 本实验用酚酞做指示剂时，所消耗 HCl 溶液的体积较用溴甲酚绿－二甲基黄作指示剂的少，为什么？

2. 在计算总碱度时，如果只要求测定总碱度，实验应怎样做？

3. 测定某一批烧碱或碱灰样品时，若分别出现 $V_1<V_2$、$V_1=V_2$、$V_1>V_2$、$V_1=0$、$V_2=0$ 等五种情况，说明各样品的组分有什么差别？

# 实验 14　生理盐水中 $Cl^-$浓度的测定（银量法）

## 一、实验目的

1. 学习银量法测定 $Cl^-$浓度的原理和方法

2. 掌握莫尔法的实际应用

## 二、实验原理

银量法需借助指示剂来确定终点。根据所用指示剂的不同，银量法分为莫尔法、佛尔哈德法、法扬司法。

本实验是在中性溶液中以 $K_2CrO_4$ 为指示剂，用 $AgNO_3$ 标准溶液来测定 $Cl^-$浓度，反应式为

$$Ag^+ + Cl^- = AgCl\downarrow \text{（白）}$$

$$2Ag^+ + CrO_4^{2-} = Ag_2CrO_4\downarrow \text{（砖红色）}$$

由于 AgCl 的溶解度小于 $Ag_2CrO_4$ 的溶解度，所以在滴定过程中 AgCl 先沉淀出来，当 AgCl 定量沉淀后，微过量的 $AgNO_3$ 溶液便与 $CrO_4^{2-}$生成 $Ag_2CrO_4$ 砖红色沉淀，指示滴定终点。

本法可用于测定有机物中 $Cl^-$浓度。

## 三、实验用品

仪器：滴定管、锥形瓶、烧杯、电子天平、移液管。

试剂：$AgNO_3$（s, A.R.）、AgCl（s, A.R.）、$K_2CrO_4$（$w$ 为 0.5）溶液、生理盐水样品。

## 四、实验步骤

1. 0.1 mol/L $AgNO_3$ 标准溶液的配制

$AgNO_3$ 标准溶液可用分析纯的 $AgNO_3$ 晶体配制，由于 $AgNO_3$ 不稳定，见光易分解，故若要精确测定，则需用基准物质（NaCl）来标定。

（1）直接配制。

准确称量用于配制 100 mL 0.01 mol/L $AgNO_3$ 标准溶液的 $AgNO_3$ 晶体置于小烧杯中，加适量水溶解后，转移至 100 mL 容量瓶中，用水稀释至标线，计算其准确浓度。

（2）间接配制。

1）将 NaCl 置于坩埚中，用马弗炉加热至 500～600 ℃干燥后，冷却至室温后取出，放置在干燥器中冷却、备用。

2）称取 1.7 g $AgNO_3$，溶解后稀释至 100 mL。

3）标定：称取 3 份 0.15～0.2 g NaCl，分别置于 3 个锥形瓶中，各加 25 mL 水使之溶解。加入 1 mL $K_2CrO_4$ 溶液，在充分振荡下，用 $AgNO_3$ 溶液滴定至溶液刚出现稳定的砖红色。记录 $AgNO_3$ 溶液的用量，重复测定 3 次。计算 $AgNO_3$ 溶液的准确浓度。

2. 测定生理盐水中 $Cl^-$ 浓度

将生理盐水稀释 1 倍后，用移液管精确移取 25.00 mL 生理盐水置于 250 mL 锥形瓶中，加入 1 mL $K_2CrO_4$ 指示剂，用 $AgNO_3$ 标准溶液滴定至溶液刚出现稳定的砖红色（边振荡边滴）。重复测定 3 次，计算 $Cl^-$ 浓度。

## 五、数据记录及处理

将实验结果记录在表 6－3 中。

**表 6－3　生理盐水中 $Cl^-$ 浓度的测定**

| 记录项目 \ 滴定序号 | 1 | 2 | 3 |
|---|---|---|---|
| $m_{AgNO_3}$/g | | | |
| $V_{生理盐水}$/mL | 25.00 | 25.00 | 25.00 |
| $V_{AgNO_3}$ 终读数/mL | | | |
| $V_{AgNO_3}$ 初读数/mL | | | |
| $\Delta V_{AgNO_3}$/mL | | | |
| $c_{生理盐水}$/（$mol \cdot L^{-1}$） | | | |
| $\bar{c}_{生理盐水}$/（$mol \cdot L^{-1}$） | | | |
| $\lvert d_i \rvert$ | | | |
| $d_r$/% | | | |

## 六、思考题

1. $K_2CrO_4$ 指示剂浓度对 $Cl^-$ 浓度的测定有何影响？

2. 滴定液的 pH 应控制在什么范围为宜？为什么？若有 $NH_4^+$存在时，对溶液的 pH 范围的要求有何不同？

3. 如果要用莫尔法测定酸性氯化物溶液中 $Cl^-$浓度，事先应采取什么措施？

4. 本实验可不可以用荧光黄指示剂代替 $K_2CrO_4$ 作指示剂？为什么？

# 实验 15　钡盐中钡质量分数的测定（沉淀重量法）

## 一、实验目的

1. 掌握沉淀重量法测定物质浓度的基本原理
2. 掌握沉淀重量法中常用仪器的使用方法

## 二、实验原理

沉淀重量法：加入适量的沉淀剂使被测组分沉淀出来，再转化为称量形式，求得被测组分的浓度。

$Ba^{2+}$能生成 $BaCO_3$、$BaCrO_4$、$BaSO_4$、$BaC_2O_4$ 等一系列难溶化合物，其中 $BaSO_4$ 的溶解度最小（$K_{sp}=1.1\times10^{-10}$），其组成与化学式相符合，摩尔质量较大，性质稳定，符合沉淀重量法对沉淀的要求。因此通常以 $BaSO_4$ 的沉淀形式和称量形式测定 $Ba^{2+}$，以稀 $H_2SO_4$ 为沉淀剂，用沉淀重量法测定钡盐中的 $Ba^{2+}$浓度。

$$Ba^{2+}+SO_4^{2-} \Longrightarrow BaSO_4(S)$$

为了获得颗粒较大和纯净的 $BaSO_4$ 晶形沉淀，试样溶于水后，加 HCl 酸化，使部分 $SO_4^{2-}$成为 $HSO_4^-$，以降低溶液的相对过饱和度，同时可防止其他的弱酸盐，如 $BaCO_3$ 沉淀产生。加热溶液至近沸，在不断搅拌下缓慢滴加过量的沉淀剂——稀 $H_2SO_4$，形成的沉淀经陈化、过滤、洗涤、灼烧后，以 $BaSO_4$ 形式称量，即可求得试样中钡质量分数。

沉淀重量法主要误差的来源是沉淀的溶解损失、转移损失、黏污损失和称量损失等。

## 三、实验用品

仪器：瓷坩埚、烧杯、玻璃棒、漏斗、水浴锅、马弗炉。

试剂与材料：$BaCl_2\cdot2H_2O(S)$、HCl（2 mol/L）、$H_2SO_4$（1 mol/L）、$AgNO_3$（0.1 mol/L）、定量滤纸。

## 四、实验内容

1. 称取 0.4～0.5 g $BaCl_2\cdot2H_2O$ 试样，置于 250 mL 烧杯中，加蒸馏水 100 mL，搅拌溶解，加入 4 mL 2 mol/L HCl 溶液，加热至近沸。

2. 取 4 mL 1 mol/L $H_2SO_4$ 置于小烧杯中，加水 30 mL，加热至近沸。趁热将稀 $H_2SO_4$ 逐滴加入 $BaCl_2$ 溶液中，并不断搅拌。

3. 沉淀完毕，待 $BaSO_4$ 沉淀沉降分层后，于上层清液中加入 1～2 滴稀 $H_2SO_4$，观察是否有白色沉淀以检验沉淀是否完全。盖上表面皿，在 100 ℃水浴锅里陈化半小时，其间搅拌几次，放置冷却后过滤。

4. 取慢速定量滤纸，根据漏斗角度折叠好，使滤纸与漏斗很好地贴合。过滤前用蒸馏水润湿滤纸，并使漏斗颈内保持一连续水柱。玻璃棒引流，用倾泻法过滤溶液，并洗涤烧杯底部沉淀 3～4 次，每次用 15～20 mL 洗涤液（3 mL1 mol/L $H_2SO_4$，用蒸馏水稀释至 200 mL 即成）。最后将所有沉淀转移至滤纸上，用洗涤液洗涤沉淀至无 $Cl^-$（$AgNO_3$ 溶液检查）。

5. 将坩埚在 800～850 ℃下灼烧至恒重后，记下坩埚的质量。将洗净的沉淀和滤纸包好后，移入已恒重的坩埚中。将坩埚在电炉上烘干、炭化后，置于马弗炉中，于 800～850 ℃下灼烧至恒重。

6. 根据试样和沉淀的质量计算试样中钡的质量分数。

**注释**

（1）玻璃棒应直至过滤、洗涤完毕才从烧杯中取出，减少沉淀的损失量。

（2）加热时不要使溶液沸腾，以免造成溶质的损失。

（3）加入稀 HCl 酸化，可使部分 $SO_4^{2-}$成为 $HSO_4^-$，沉淀的溶解度增大，溶液过饱和度降低，同时可防止胶溶作用。

（4）搅拌可降低 $BaSO_4$ 的过饱和度，避免溶液中局部浓度过大，亦可减少杂质的吸附作用。搅拌时，玻璃棒尽量不要触及杯壁，以免划伤烧杯，使沉淀黏附在烧杯划痕内难以洗下。

（5）盛滤液的烧杯应洁净，因 $BaSO_4$ 沉淀易穿透滤纸，若遇此情况需重新过滤。

（6）检验 $Cl^-$时，用表面皿收集数滴滤液，用 $AgNO_3$ 溶液检验。

## 五、数据记录与处理

记录各试样和沉淀的质量，计算试样中钡的质量分数，并对结果进行讨论。

## 六、思考题

1. 沉淀 $BaSO_4$ 时为什么要在稀溶液中进行？不断搅拌的目的是什么？

2. 为什么沉淀 $BaSO_4$ 时要在热溶液中进行？为什么在沉淀自然冷却后进行过滤？趁热过滤或强制冷却好不好？

# 实验 16　$BaCl_2\cdot 2H_2O$ 中结晶水的测定（重量法）

## 一、实验目的

1. 掌握重量法测定结晶水的基本原理

2. 掌握重量分析法中常用仪器的使用方法

## 二、实验原理

结晶水是水合结晶物质中结构内部的水，加热至一定温度，即可以失去，失去结晶水的温度往往随物质的不同而异。

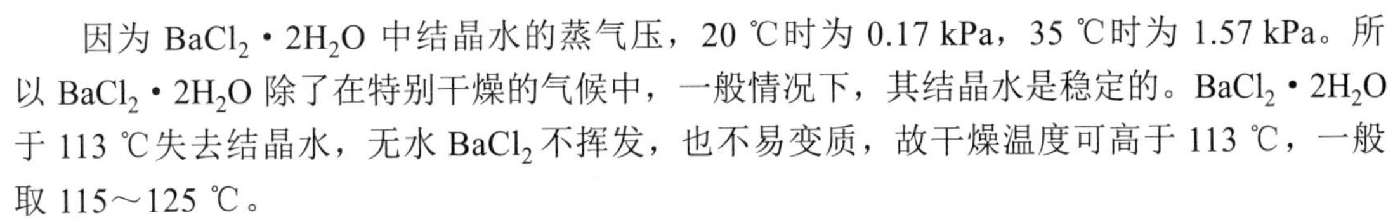

因为 $BaCl_2 \cdot 2H_2O$ 中结晶水的蒸气压，20 ℃时为 0.17 kPa，35 ℃时为 1.57 kPa。所以 $BaCl_2 \cdot 2H_2O$ 除了在特别干燥的气候中，一般情况下，其结晶水是稳定的。$BaCl_2 \cdot 2H_2O$ 于 113 ℃失去结晶水，无水 $BaCl_2$ 不挥发，也不易变质，故干燥温度可高于 113 ℃，一般取 115～125 ℃。

称取一定质量的 $BaCl_2 \cdot 2H_2O$ 试样，在上述温度下加热至质量不再改变为止。试样减轻的质量就等于结晶水的质量。

## 三、实验用品

仪器：称量瓶、分析天平、干燥器、烘箱。

试剂：$BaCl_2 \cdot 2H_2O$ 试样。

## 四、实验内容

### 1. 试样的称取

取两个称量瓶，洗净后置于烘箱中（烘干时应将瓶盖取下横搁于瓶口上），在 120 ℃下烘干，1.5～2 h 后把称量瓶及瓶盖一起放在干燥器中。待冷却至室温，在分析天平上准确称量。再将称量瓶放入烘箱中烘干，冷却，称量，反复进行，直至恒重（两次质量之差小于 0.2 mg）。

称取 1.4～1.5 g $BaCl_2 \cdot 2H_2O$，置于已恒重的称量瓶中，盖好盖子，再准确称量，将所得质量减去称量瓶的质量，即得 $BaCl_2 \cdot 2H_2O$ 试样的质量。

### 2. 烘去结晶水

将盛有试样的称量瓶置于 120 ℃的烘箱中（瓶盖横搁于瓶口上），保持约 2 h，然后用坩埚钳将称量瓶移入干燥器内，冷却至室温后把称量瓶盖好，准确称量。再在 120 ℃下烘干半小时，取出放入干燥器中冷却，准确称量，如此反复操作，直至恒重。

由烘干前后称量瓶和试样质量的差，即得 $BaCl_2 \cdot 2H_2O$ 中结晶水的质量。

## 五、数据记录与处理

### 1. 结晶水的质量分数

按下式计算结晶水的质量分数：

$$w_{H_2O} = \frac{G}{W} \times 100\%$$

式中　$G$——失去水分的质量；

　　　$W$——试样的质量。

### 2. 计算 $BaCl_2 \cdot 2H_2O$ 中结晶水的分子数 $n$

由 $w_{H_2O}$ 可计算 $BaCl_2 \cdot 2H_2O$ 中结晶水的分子数 $n$：

$$1:n = \frac{1 - w_{H_2O}}{M_{BaCl_2}} : \frac{w_{H_2O}}{M_{H_2O}}$$

即
$$n=\frac{208.2\times w_{H_2O}}{18.02\times[1-w_{H_2O}]}$$

式中　$M_{BaCl_2}$——$BaCl_2$ 的摩尔质量，208.2 g/mol；

$M_{H_2O}$——$H_2O$ 的摩尔质量，18.02 g/mol。

**注释**

（1）在烘干的情况下，称量瓶盖子不要盖严，以免冷却后盖子不易打开。

（2）烘干时间不少于 1 h。

（3）烘干后的称量瓶必须冷却至室温再称量。

（4）可溶性钡盐有毒。

### 六、思考题

1. 什么叫恒重？如何才能达到恒重？
2. 空称量瓶为什么要干燥至恒重？

# 实验 17　EDTA 标准溶液的配制

### 一、实验目的

1. 掌握 EDTA 标准溶液的配制和标定原理
2. 掌握常用标定 EDTA 的方法
3. 了解缓冲溶液的应用

### 二、实验原理

乙二胺四乙酸二钠（EDTA）是一种有机化合物，化学式为 $C_{10}H_{16}N_2O_8$，常温常压下为白色粉末，结构式如下：

```
HOOCH2C                    CH2COOH
       \                  /
        N—CH2CH2—N
       /                  \
HOOCH2C                    CH2COOH
```

由于溶解度较小，在配位滴定中通常使用的是其二钠盐（乙二胺四乙酸二钠，EDTA），其水溶液的 pH 为 4.4 左右。EDTA 常因吸附约 0.3% 的水分和含有少量杂质而不能直接配制成标准溶液，所以通常先把 EDTA 配制成所需要的大概浓度，然后用基准物质标定。

EDTA 能与大多数金属离子形成 1:1 的稳定配合物，因此可以用含有这些金属离子的基准物质，在一定浓度下，选择适当的指示剂来标定 EDTA 的浓度。用于标定 EDTA 的基准物质有很多：浓度＞99.95% 的某些金属，如 Cu、Zn、Ni、Pb 等，及其金属氧化物或某些盐类，如 $ZnSO_4\cdot7H_2O$、$MgSO_4\cdot7H_2O$、$CaCO_3$ 等。

用 Zn 做基准物质标定 EDTA 溶液时，可在 pH＝10 的氨性溶液中，以铬黑 T 为指示剂进行标定；也可以用六亚甲基四胺控制溶液 pH 为 5～6，以二甲酚橙（XO）作指示剂进行标定。两种标定方法所得结果稍有差异。通常，选用的标定条件应尽可能与被测物的测定条件相似，以减小误差。

EDTA 溶液应存储在聚乙烯瓶或硬质玻璃瓶中，若存储在软质玻璃瓶中，会不断溶解玻璃瓶中的 $Ca^{2+}$形成 $CaY^{2-}$，使 EDTA 的浓度不断降低。

## 三、实验用品

仪器：电子天平、移液管、酸式滴定管、锥形瓶、烧杯、容量瓶、量筒。

试剂：乙二胺四乙酸二钠（EDTA）、纯 Zn、铬黑 T 指示剂（0.5 g 铬黑 T 溶于含有 25 mL 三乙醇胺、5 mL 无水乙醇的溶液中即得，低温保存，有效期约 100 天），$NH_3-NH_4Cl$ 缓冲溶液（20 g $NH_4Cl$ 溶于水后，加 100 mL 原装氨水，用蒸馏水稀释至 1 L，pH≈10）、$NH_3 \cdot H_2O$（1:1）、HCl 溶液（1:1）。

## 四、实验内容

1. 0.01 mol/L EDTA 溶液的配制

称取 2 g 左右 EDTA，溶于 500 mL 水中，必要时可稍微加热以加速溶解（若有残渣可过滤除去）。

2. 0.01 mol/L $Zn^{2+}$标准溶液的配制

称取 0.15 g 左右纯锌，置于 100 mL 小烧杯中，加 5 mL 1:1 HCl 溶液，盖上表面皿，必要时可稍微加热，使锌完全溶解。冲洗表面皿及杯壁，将溶液转移至 250 mL 容量瓶中，定容，摇匀。计算 $Zn^{2+}$标准溶液的浓度。

3. EDTA 标准溶液的配制

移取 25.00 mL $Zn^{2+}$标准溶液于 250 mL 锥形瓶中，逐滴加入 1:1 $NH_3 \cdot H_2O$，同时不断摇匀溶液，至出现白色沉淀 $Zn(OH)_2$ 为止。再加入 5 mL $NH_3-NH_4Cl$ 缓冲溶液和 3 滴铬黑 T 指示剂，用 EDTA 滴定至溶液由酒红色变为纯蓝色即为终点。平行测定 3 次，计算 EDTA 的浓度。

## 五、数据记录与处理

将实验结果填在表 6－4 中。

**表 6－4　EDTA 溶液浓度的计算**

| 滴定序号 / 记录项目 | 1 | 2 | 3 |
|---|---|---|---|
| $m_{Zn}$/g | | | |
| $V_{Zn^{2+}}$标准溶液/mL | 25.00 | 25.00 | 25.00 |
| $V_{EDTA}$ 终读数/mL | | | |
| $V_{EDTA}$ 初读数/mL | | | |
| $\Delta V_{EDTA}$/mL | | | |

续表

| 记录项目 \ 滴定序号 | 1 | 2 | 3 |
| --- | --- | --- | --- |
| $c_{EDTA}$/（mol·$L^{-1}$） | | | |
| $\bar{c}_{EDTA}$/（mol·$L^{-1}$） | | | |
| $\|d_i\|$ | | | |
| 相对平均偏差 $\bar{d}r$/% | | | |

## 六、思考题

1. 在配位滴定中，指示剂应具备什么条件？

2. 本实验用什么方法调节 pH？

3. 若在调节溶液 pH＝10 的操作中，加入很多 $NH_3·H_2O$ 后仍不见有白色沉淀出现是什么原因？应如何避免？

# 实验 18　水中 $Ca^{2+}$、$Mg^{2+}$浓度的测定

## 一、实验目的

1. 掌握配位滴定的基本原理、方法和计算

2. 掌握铬黑 T、钙指示剂的使用条件和终点变化

## 二、实验原理

用 EDTA 测定 $Ca^{2+}$、$Mg^{2+}$时，通常在两个等分溶液中分别测定 $Ca^{2+}$浓度以及 $Ca^{2+}$和 $Mg^{2+}$的浓度，$Mg^{2+}$浓度则从两者所用 EDTA 量的差值求出。

测定 $Ca^{2+}$时，先用 NaOH 调节溶液 pH＝12～13，使 $Mg^{2+}$生成难溶的 $Mg(OH)_2$ 沉淀，再加入钙指示剂与 $Ca^{2+}$配位使溶液呈红色。滴定时，EDTA 先与游离的 $Ca^{2+}$配位，然后夺取已和指示剂配位的 $Ca^{2+}$，使溶液由红色变为蓝色即为终点。从 EDTA 标准溶液用量可计算出 $Ca^{2+}$的浓度。

测定 $Ca^{2+}$和 $Mg^{2+}$浓度时，在 pH＝10 的缓冲溶液中，以铬黑 T 为指示剂，用 EDTA 标准溶液滴定。因稳定性 CaY＞MgY＞MgIn＞CaIn，所以铬黑 T 先与部分 $Mg^{2+}$配位为 MgIn（酒红色）。当标准溶液滴入 EDTA 时，EDTA 首先与 $Ca^{2+}$和 $Mg^{2+}$配位，然后夺取 CaIn、MgIn 中的 $Ca^{2+}$、$Mg^{2+}$，使铬黑 T 游离，当到达终点时，溶液由酒红色变为纯蓝色。从 EDTA 标准溶液的用量，即可算得水中 $Ca^{2+}$和 $Mg^{2+}$的浓度，最后换算为相应的硬度单位。

各国对水的硬度的表示方法各有不同。其中德国硬度是较早的一种表示方式，也是被我国采用较普遍的硬度之一，它以度数计，1° 相当于 1 L 水中含 10 mg CaO 所引起的硬度。我国《生活饮用水卫生标准》GB 5749—85 规定，城乡生活饮用水总硬度（以碳酸钙计）不

得超过 450 mg/L。

## 三、实验用品

仪器：酸式滴定管、移液管、吸量管、锥形瓶、烧杯。

试剂：6 mol/L NaOH 溶液、$NH_3-NH_4Cl$ 缓冲溶液（pH＝10）、铬黑 T 指示剂、钙指示剂。

## 四、实验步骤

1. $Ca^{2+}$浓度的测定

用移液管准确吸取 100 mL 水样于 250 mL 锥形瓶中，加 2 mL 6 mol/L NaOH 溶液（调节 pH＝12～13）、4～5 滴钙指示剂。用 EDTA 标准溶液滴定，不断振荡锥形瓶，当溶液由酒红色变为纯蓝色时，即为终点。记下所用 EDTA 标准溶液的体积 $V_1$。用同样方法平行测定 3 次。

2. $Ca^{2+}$、$Mg^{2+}$浓度的测定

用移液管准确吸取 100 mL 水样于 250 mL 锥形瓶中，加入 5 ml $NH_3-NH_4Cl$ 缓冲溶液、3 滴铬黑 T 指示剂。用 EDTA 标准溶液滴定，当溶液由酒红色变为纯蓝色时，即为终点。记下所用 EDTA 标准溶液的体积 $V_2$。用同样方法平行测定 3 次。

3. 分别计算水样中 $Ca^{2+}$、$Mg^{2+}$的浓度（单位为 mg/L），以及 $Ca^{2+}$和 $Mg^{2+}$的浓度（以 $CaCO_3$ 表示，单位为 mg/L）

## 五、数据记录与处理

将实验结果填入表 6－5 中。

**表 6－5　水中 $Ca^{2+}$、$Mg^{2+}$浓度的测定**

| 记录项目 \ 序号 | 1 | 2 | 3 |
|---|---|---|---|
| 自来水样 | 100.00 | 100.00 | 100.00 |
| $V_1$/mL | | | |
| $V_2$/mL | | | |
| $c_{Ca^{2+}}$/（mg・L$^{-1}$） | | | |
| $c_{Mg^{2+}}$/（mg・L$^{-1}$） | | | |
| $c_{Ca^{2+}}$和 $c_{Mg^{2+}}$/（mg・L$^{-1}$） | | | |
| 相对平均偏差（$dr$）/% | | | |

## 六、思考题

1. 如果只有铬黑 T 指示剂，能否测定 $Ca^{2+}$浓度？如何测定？

2. $Ca^{2+}$、$Mg^{2+}$与 EDTA 的配合物，哪个稳定？为什么测定 $Mg^{2+}$浓度时要控制 pH＝10，而测定 $Ca^{2+}$浓度则需控制 pH＝12～13？

3. 测定的水样中若含有少量 $Fe^{3+}$、$Cu^{2+}$时，对滴定终点会有什么影响？如何消除其影响？

# 实验 19　$I_2$ 和 $Na_2S_2O_3$ 标准溶液的配制

## 一、实验目的

1. 了解 $I_2$ 和 $Na_2S_2O_3$ 的性质，掌握 $I_2$ 和 $Na_2S_2O_3$ 溶液的配制方法与保存条件
2. 掌握 $I_2$ 和 $Na_2S_2O_3$ 溶液浓度标定的原理和方法
3. 掌握直接碘量法和间接碘量法滴定的条件

## 二、实验原理

碘量法所使用的溶液主要是 $I_2$ 和 $Na_2S_2O_3$。

1. *$I_2$ 溶液的配制*

固体 $I_2$ 微溶于水。为了增大 $I_2$ 的溶解度，常将其溶于 KI 溶液。但在稀 KI 溶液中，$I_2$ 溶解比较缓慢，故配制 $I_2$ 溶液时不能过早加水稀释，应先将 $I_2$ 与 KI 混合，加少量水充分研磨，溶解完全后再稀释。$I_2$ 与 $I^-$间存在如下平衡：

$$I_2 + I^- \rightleftharpoons I_3^-$$

单质 $I_2$ 容易挥发。故溶液中应维持适当过量的 $I^-$，以减少 $I_2$ 的挥发。

空气中的氧气能氧化 $I^-$，从而会使 $I_2$ 浓度增加，反应式为

$$4\,I^- + O_2 + 4H^+ = 2I_2 + 2H_2O$$

这种氧化作用虽然比较缓慢，但亦会因光照、加热及浓度增加而加速。此外，$I_2$ 能缓慢腐蚀橡胶和其他有机物。因此，配制的 $I_2$ 溶液应贮于棕色瓶中并置于冷暗处保存。

标定 $I_2$ 溶液最好的方法是用 $As_2O_3$（砒霜）作基准物质，但 $As_2O_3$ 是剧毒物质（致死量为 0.1 g）。实验室中，常用已知浓度的 $Na_2S_2O_3$ 溶液来标定 $I_2$ 溶液。

2. *$Na_2S_2O_3$ 溶液的配制*

配制 $Na_2S_2O_3$ 标准溶液常用固体试剂 $Na_2S_2O_3 \cdot 5H_2O$，$Na_2S_2O_3 \cdot 5H_2O$ 亦称大苏打。工业制备的大苏打一般都含有少量杂质，如 S、$Na_2SO_3$、$Na_2SO_4$、$Na_2CO_3$ 及 NaCl 等。此外，大苏打在空气中容易风化和潮解。因此，$Na_2S_2O_3 \cdot 5H_2O$ 不能作为基准物质。

配制的 $Na_2S_2O_3$ 溶液也易受空气、微生物等作用而分解。溶于水的 $O_2$ 能将 $Na_2S_2O_3$ 氧化，反应式为

$$2Na_2S_2O_3 + O_2 = 2Na_2SO_4 + 2S$$

水中的 $CO_2$ 也会促进 $Na_2S_2O_3$ 分解，反应式为

$$Na_2S_2O_3 + CO_2 + H_2O = NaHSO_3 + NaHCO_3 + S$$

此分解作用一般在溶液配制成的最初十天内发生。

$Na_2S_2O_3$ 在中性和碱性介质中存在较稳定。在酸性介质中，$S_2O_3^{2-}$会反应生成 $SO_2$ 和 S，反应式为

$$S_2O_3^{2-} + 2H^+ = SO_2 + S + H_2O$$

为了减少水中的 $CO_2$ 和 $O_2$ 并杀死水中微生物，应用新煮沸冷却后的蒸馏水来配制 $Na_2S_2O_3$ 溶液，另加入少量 $Na_2CO_3$（0.02%）使溶液呈碱性，以抑制 $Na_2S_2O_3$ 的分解和微生物的生长。$Na_2S_2O_3$ 溶液应贮于棕色瓶中，放置暗处，经 8～14 天后再标定。长期使用的溶液应定期标定。

实验室常用 $K_2Cr_2O_7$ 作基准物质标定 $Na_2S_2O_3$ 溶液。在酸性介质中，$K_2Cr_2O_7$ 先与过量的 KI 反应析出 $I_2$，反应式为

$$Cr_2O_7^{2-} + 6I^- + 14H^+ = 2Cr^{3+} + 3I_2 + 7H_2O$$

析出的 $I_2$ 再用 $Na_2S_2O_3$ 溶液进行标定，反应式为

$$I_2 + 2S_2O_3^{2-} = S_4O_6^{2-} + 2I^-$$

依据 $K_2Cr_2O_7$ 的用量即可准确测出 $Na_2S_2O_3$ 溶液的浓度。

## 三、实验用品

仪器：酸式滴定管、碱式滴定管、锥形瓶、试剂瓶、烧杯、容量瓶、移液管、量筒、电子天平。

试剂：$Na_2S_2O_3 \cdot 5H_2O$(s)、$Na_2CO_3$(s)、KI(s)、$I_2$(s)、$K_2Cr_2O_7$（A.R.或基准物质，s）、HC1（6 mol/L）、淀粉指示剂（5 g/L）。

## 四、实验内容

### 1. 0.1 mol/L $Na_2S_2O_3$ 溶液的配制与标定

（1）$Na_2S_2O_3$ 溶液的配制。

称取 12.5 g $Na_2S_2O_3 \cdot 5H_2O$ 于 500 mL 烧杯中，加入 200 mL 新煮沸已冷却的蒸馏水，待完全溶解后，加入约 0.1 g $Na_2CO_3$，然后用新煮沸已冷却的蒸馏水稀释至 500 mL，贮于棕色瓶中，在暗处放置一周后标定。

（2）$Na_2S_2O_3$ 溶液的标定。

在电子天平上称取 0.12～0.13 g $K_2Cr_2O_7$ 基准物质置于 250 mL 锥形瓶中（最好用带有磨口塞的锥形瓶或碘瓶），加入 10～20 mL 去蒸馏水使之完全溶解，再加入 5 mL 6 mol/L HCl 溶液和 1.0 g KI 固体。混匀后用表面皿盖好，放在暗处 5 min。然后用 100 mL 水稀释，用 $Na_2S_2O_3$ 溶液标定至溶液变为浅黄绿色后加入 1 mL 淀粉指示剂，继续标定至溶液蓝色消失并变为亮绿色即为终点。平行测定 3 次，计算 $Na_2S_2O_3$ 溶液的浓度。

### 2. 0.05 mol/L $I_2$ 溶液的配制与滴定

（1）0.05 mol/L $I_2$ 溶液的配制。

称取 6.5 g $I_2$ 和 13 g KI 置于小烧杯中，加水少许，搅拌至 $I_2$ 全部溶解后，转入棕色瓶中，加水稀释至 500 mL，塞紧，摇匀。

（2）$I_2$ 溶液的滴定。

用酸式滴定管准确放出 20.00 mL $I_2$ 溶液置于 250 mL 容量瓶中，加入 50 mL 水，用 0.1 mol/L

$Na_2S_2O_3$标准溶液滴定溶液至呈浅黄色后，加入 1 mL 淀粉指示剂，继续用 $Na_2S_2O_3$ 滴定溶液至蓝色恰好消失，即为终点。注意：淀粉指示剂不能过早加入，否则大量的 $I_2$ 与淀粉结合成蓝色物质，这部分 $I_2$ 不容易与 $Na_2S_2O_3$ 反应，因而使滴定发生误差。平行测定 3 次，计算 $I_2$ 标准溶液的浓度。

**注释**

（1）$K_2Cr_2O_7$ 与 KI 的反应不是立刻完成的，在稀溶液中反应更慢，因此应等反应完成后再加水稀释。在上述条件下，大约 5 min 反应即可完成。

（2）滴定过后的溶液放置后会变蓝色。如不是很快变蓝（5～10 min），则是由于空气氧化所致。若很快而且又不断变蓝，说明 $K_2Cr_2O_7$ 和 KI 的作用在滴定前进行得不完全，溶液稀释得太早。遇此情况，实验应重做。

（3）生成的 $Cr^{3+}$在水溶液中显蓝绿色，妨碍终点观察。滴定前预先稀释，可使 $Cr^{3+}$浓度降低，蓝绿色变浅，终点时溶液由蓝色变为绿色，容易观察。同时稀释使溶液的浓度降低，适宜用 $Na_2S_2O_3$ 标准溶液滴定 $I_2$ 溶液。

## 五、数据记录与处理

将实验结果填入表 6－6、表 6－7 中。

**表 6－6　$Na_2S_2O_3$溶液的标定**

| 滴定序号 / 记录项目 | 1 | 2 | 3 |
|---|---|---|---|
| $m_{K_2Cr_2O_4}$ / g | | | |
| $V_{Na_2S_2O_3}$ 初读数/mL | | | |
| $V_{Na_2S_2O_3}$ 终读数/mL | | | |
| $\Delta V_{Na_2S_2O_3}$ /mL | | | |
| $c_{Na_2S_2O_3}=\dfrac{6\,m_{K_2Cr_2O_7}}{M_{K_2Cr_2O_7}\cdot\Delta V_{Na_2S_2O_3}}\times1\,000$ /（mol·L$^{-1}$） | | | |
| $\overline{c}_{Na_2S_2O_3}$ /（mol·L$^{-1}$） | | | |
| $\|d_i\|$ | | | |
| 相对平均偏差/% | | | |

**表 6－7　$I_2$溶液的滴定**

| 滴定序号 / 记录项目 | 1 | 2 | 3 |
|---|---|---|---|
| $V_{I_2}$ /mL | 20.00 | 20.00 | 20.00 |
| $V_{Na_2S_2O_3}$ 初读数/mL | | | |
| $V_{Na_2S_2O_3}$ 终读数/mL | | | |
| $\Delta V_{Na_2S_2O_3}$ /mL | | | |

续表

| 记录项目 \ 滴定序号 | 1 | 2 | 3 |
| --- | --- | --- | --- |
| $c_{I_2}=\frac{1}{2}\frac{c_{Na_2S_2O_3}\cdot\Delta V_{Na_2S_2O_3}}{V_{I_2}}$ /（mol·L$^{-1}$） | | | |
| $\bar{c}_{I_2}$ /（mol·L$^{-1}$） | | | |
| $\lvert d_i \rvert$ | | | |
| 相对平均偏差/% | | | |

### 六、思考题

1. 如何配制和存储浓度比较稳定的 $I_2$ 和 $Na_2S_2O_3$ 标准溶液？

2. 用 $K_2Cr_2O_7$ 作基准物质标定 $Na_2S_2O_3$ 溶液时，为什么要加入过量的 KI 和 HCl 溶液？为什么放置一定时间后才加水稀释？如果出现下列情况：（1）加 KI 溶液而不加 HCl 溶液；（2）加 HCl 溶液后不放置暗处；（3）不放置或少放置一定时间即加水稀释，则会产生什么影响？

3. 淀粉指示剂为什么不能标定前加入？

## 实验 20　维生素 C 质量分数的测定（直接碘量法）

### 一、实验目的

1. 了解维生素 C 的化学结构、性质及作用
2. 掌握直接碘量法测定维生素 C 的原理和方法
3. 掌握直接和间接碘量法的原理

### 二、实验原理

维生素 C（Vitamin C）又称抗坏血酸，分子式为 $C_6H_8O_6$。其结构式为

HO　H　HO　O　O　HO　OH

维生素 C 广泛存在于一些水果和蔬菜中。维生素 C 具有许多对人身体健康有益的功能。人体自身不能合成维生素 C，需要从食物中摄取。

维生素 C 具有还原性，可被 $I_2$ 定量氧化，故可用 $I_2$ 标准溶液直接测定，反应式为

$$C_6H_8O_6+I_2 = C_6H_6O_6+2HI$$

药片、饮料、蔬菜及水果等食物中维生素 C 浓度均可用直接碘量法来测定。

由于维生素 C 的还原性很强，在空气中易被氧气氧化，在碱性介质中这种氧化作用更强，因此宜在酸性介质中进行测定，以减少副反应的发生。但是，当浓度（$H^+$）增加时，$O_2$ 的氧化能力增强（$O_2+4H^++4e^- \xlongequal{} 2H_2O$），水溶液中的 $O_2$ 将 $I^-$氧化的机会增大。故一般选在 pH 为 3～4 的弱酸性溶液中来测定溶液中的维生素 C。

## 三、实验用品

仪器：酸式滴定管、碱式滴定管、锥形瓶、量筒、移液管。

试剂：0.005 mol/L $I_2$ 溶液、0.01 mol/L $Na_2S_2O_3$ 溶液（将实验 19 中 0.1 mol/L $Na_2S_2O_3$ 溶液稀释 10 倍即得）、淀粉指示剂（5 g/L）、HAc（2 mol/L）、含维生素 C 的水果（橙、桔、西红柿或含维生素 C 的饮料等，自备。取水果可食用部分捣碎为果浆）。

## 四、实验内容

### 1. $I_2$ 溶液浓度的标定

本实验可将实验 19 中 0.05 mol/L $I_2$ 溶液稀释即可，或用已知标准浓度的 $Na_2S_2O_3$ 溶液来进行滴定。

### 2. 维生素 C 质量分数的测定

称取 30～50 g 果浆于 250 mL 锥形瓶中，立即加入 10.0 mL 2 mol/L HAc，加入 1.0 mL 淀粉指示剂，立即用 $I_2$ 标准溶液（0.005 mol/L）滴定溶液至出现稳定的蓝色，30 s 内不褪色即为终点。平行测定三次，计算水果中维生素 C 的质量分数。

## 五、数据记录与处理

将实验结果填入表 6－8 中。

**表 6－8　维生素 C 质量分数的测定（直接碘量法）**

| 滴定序号<br>记录项目 | 1 | 2 | 3 |
|---|---|---|---|
| $c_{I_2}$ /（mol·L$^{-1}$） | | | |
| 果浆质量/g | | | |
| $V_{I_2}$ 初读数/mL | | | |
| $V_{I_2}$ 终读数/mL | | | |
| $\Delta V_{I_2}$ /mL | | | |
| $VC\% = \frac{c_{I_2} \times \Delta V_{I_2} \times 10^{-3} \times M_{C_6H_8O_6}}{m_{果浆}} \times 100\%$ | | | |
| $\bar{VC}\%$ | | | |
| $\lvert d_i \rvert$ | | | |
| $d_r$/% | | | |

### 六、思考题

1. 碘量法的误差来源主要有哪些？应采取何种措施来减少误差？

2. 为什么用 $I_2$ 溶液滴定 $Na_2S_2O_3$ 溶液时应预先加入淀粉指示剂？而用 $Na_2S_2O_3$ 溶液滴定 $I_2$ 溶液时必须在将近终点才加入淀粉指示剂？

3. 实验中加醋酸的目的是什么？能否加入盐酸或硫酸？

## 实验 21　葡萄糖质量分数的测定

### 一、实验目的

1. 学习用间接碘量法测定葡萄糖质量分数的原理与方法
2. 进一步巩固配制和标定 $Na_2S_2O_3$ 溶液、$I_2$ 溶液的原理、方法
3. 掌握不同酸碱度下碘价态的变化及其在测定葡萄糖中的应用

### 二、实验原理

室温下，将一定量的 $I_2$ 与过量的 NaOH 作用，$I_2$ 可歧化生成 NaIO 和 NaI。在碱性介质中，葡萄糖（$C_6H_{12}O_6$，Glucose）能定量地被 NaIO 氧化成葡萄糖酸钠（$C_6H_{11}O_7Na$）。过量的未与葡萄糖作用的 NaIO 在碱性介质中进一步歧化为 $NaIO_3$ 和 NaI，$NaIO_3$ 和 NaI 在酸化时，又生成 $I_2$。因此用已知浓度的 $Na_2S_2O_3$ 溶液滴定析出的 $I_2$，便可计算出 $C_6H_{12}O_6$ 的质量分数。有关反应为

$$I_2 + 2OH^- = IO^- + I^- + H_2O$$

$$C_6H_{12}O_6 + IO^- + OH^- = C_6H_{11}O_7^- + I^- + H_2O$$

总反应为

$$I_2 + C_6H_{12}O_6 + 3OH^- = C_6H_{11}O_7^- + 2I^- + 2H_2O$$

$$3IO^- = IO_3^- + 2I^-$$

$$IO_3^- + 5I^- + 6H^+ = 3I_2 + 6Cl^- + 3H_2O$$

$$I_2 + 2S_2O_3^{2-} = S_4O_6^{2-} + 2I^-$$

因此有 $n_{I_2} - n_{C_6H_{12}O_6} = \dfrac{1}{2} n_{Na_2S_2O_3}$，即 $n_{C_6H_{12}O_6} = n_{I_2} - \dfrac{1}{2} n_{Na_2S_2O_3}$。据此可计算出葡萄糖的质量分数。本法亦可作为葡萄糖注射液中葡萄糖质量分数测定。

### 三、实验用品

仪器：酸式滴定管、碱式滴定管、锥形瓶、容量瓶、移液管、烧杯、量筒。

试剂：$I_2$ 标准溶液（0.05 mol/L，见实验 19）、$Na_2S_2O_3$ 标准溶液（0.1 mol/L，见实验 19）、NaOH（1 mol/L）、HCl 溶液（6 mol/L）、淀粉指示剂（5 g/L）、葡萄糖（s）或葡萄糖试液。

## 四、实验内容

在电子天平上称取约 0.5 g 葡萄糖试样，加水溶解并定容于 100 mL 容量瓶中，摇匀后从中移取 25.00 mL 于锥形瓶中（或取 5% 葡萄糖注射液准确稀释 10 倍后摇匀，从中移取 25.00 mL 于锥形瓶中），用酸式滴定管准确放入 20.00 mL $I_2$ 标准溶液，慢慢滴加 1 mol/L NaOH，边加边摇匀，至溶液呈淡黄色。注意：加入 NaOH 液的速度不能过快，否则生成的 NaIO 来不及氧化 $C_6H_{12}O_6$，使测定结果偏低。将锥形瓶盖上表面皿放置 15 min 后，用少量水冲洗表面皿和锥形瓶内壁，然后加入 2 mL 6 mol/L HCl 液使之成酸性，立即用 $Na_2S_2O_3$ 标准溶液滴定，至溶液呈浅黄色时，加入 2 mL 淀粉指示剂，继续滴至蓝色恰好消失即为终点。平行测定 3 份，计算葡萄糖的质量分数和相对平均偏差。

## 五、数据记录与处理

将实验结果填入表 6－9 中。

**表 6－9　葡萄糖质量分数的测定**

| 记录项目 ＼ 滴定序号 | 1 | 2 | 3 |
|---|---|---|---|
| $c_{I_2}$ /（mol·L$^{-1}$） | | | |
| $c_{Na_2S_2O_3}$ /（mol·L$^{-1}$） | | | |
| $m_s$/g | | | |
| $V_{I_2}$ /mL | | | |
| $V_{Na_2S_2O_3}$ 初读数/mL | | | |
| $V_{Na_2S_2O_3}$ 终读数/mL | | | |
| $\Delta V_{Na_2S_2O_3}$ /mL | | | |
| $G\% = \dfrac{\left[c_{I_2}V_{I_2} - \dfrac{1}{2}c_{Na_2S_2O_3}\Delta V_{Na_2S_2O_3}\right]\cdot M_G}{m_s \times 1\,000} \times \dfrac{100}{25}$ | | | |
| $\overline{G}$ / % | | | |
| 相对平均偏差/% | | | |

注：$m_s$——葡萄糖样品的质量；$M_G$——葡萄糖的摩尔质量；G%——葡萄糖的质量分数。计算时所使用的液体的体积单位为 mL。

## 六、思考题

1. 配制 $I_2$ 溶液时为什么要加入 KI？为什么要先用少量水溶解后再稀释至所需体积？
2. 碘量法主要误差有哪些？如何避免？

# 实验 22 $KMnO_4$标准溶液的配制与 $H_2O_2$质量分数的测定

## 一、实验目的

1. 了解 $KMnO_4$ 重要的物理化学性质及反应特点
2. 掌握 $KMnO_4$ 溶液的配制方法及标定原理，了解自动催化反应的特性
3. 掌握 $KMnO_4$ 法测定 $H_2O_2$ 原理及方法
4. 了解 $KMnO_4$ 自身指示剂的特点

## 二、实验原理

市售 $KMnO_4$ 试剂中常含有 $MnO_2$ 以及硫酸盐、硝酸盐、氯化物等其他杂质。$KMnO_4$ 不稳定，见光或受热均易分解。$KMnO_4$ 易溶于水，水中的一些有机物、细菌等可还原 $KMnO_4$，甚至与水能缓慢反应。因此，$KMnO_4$ 不能作为基准物质，其浓度随时可变。配制的 $KMnO_4$ 溶液应保存在棕色试剂瓶中。长期放置的 $KMnO_4$ 溶液需定期进行标定。

$KMnO_4$ 的氧化能力较强，特别是在酸性介质中其氧化能力尤为突出。此外，介质中的浓度越大，$KMnO_4$ 的氧化能力越强。因此，标定 $KMnO_4$ 常在酸性介质中进行。

常用无水 $Na_2C_2O_4$ 及 $H_2C_2O_4 \cdot 2H_2O$ 等基准物质来标定高锰酸钾溶液。常用 $Na_2C_2O_4$，因为 $Na_2C_2O_4$ 不带结晶水，不易吸湿，易纯化且性质稳定。在酸性介质中用 $Na_2C_2O_4$ 标定 $KMnO_4$ 的反应式为

$$2MnO_4^- + 5C_2O_4^{2-} + 16H^+ \!=\!=\!= 2Mn^{2+} + 10CO_2 + 8H_2O$$

当反应进行时，温度常控制在 75～85 ℃。当温度低于 75 ℃时，反应速度较慢，而当温度高于 90 ℃时，$H_2C_2O_4$ 会发生分解（$H_2C_2O_4 \!=\!=\!= CO_2 + CO + H_2O$），导致滴定不准确。此外，开始滴定时，$KMnO_4$ 溶液滴加应缓慢，待溶液中生成一定量 $Mn^{2+}$时，可适当加快，但仍需逐滴滴加。$Mn^{2+}$可催化反应使反应加快，因而反应称为自动催化反应。滴定反应无须另加指示剂，因为 $MnO_4^-$即是自身的指示剂。当 $KMnO_4$ 稍过量，$MnO_4^-$红色即出现，灵敏度很高（浓度低至 $2 \times 10^{-6}$ mol/L 的 $MnO_4^-$仍显示鲜艳的红色），从而指示反应到达终点。

过氧化氢（$H_2O_2$）在工业、农业、生物等方面应用很广泛。$H_2O_2$ 分子中有一个过氧键(—O—O—)，在酸性溶液中它是一个强氧化剂，但遇到 $KMnO_4$ 时为还原剂。测定过氧化氢浓度时，在稀 $H_2SO_4$ 溶液中用 $KMnO_4$ 标液滴定，反应式为

$$2MnO_4^- + 5H_2O_2 + 6H^+ \!=\!=\!= 2Mn^{2+} + 5O_2 + 8H_2O$$

反应开始时反应速率缓慢，待 $Mn^{2+}$生成后，由于 $Mn^{2+}$的催化作用，加快了反应速率，故能顺利地滴定至溶液呈稳定的微红色即为终点，稍过量的滴定剂本身显示紫红色即为终点。

## 三、实验用品

仪器：酸式滴定管、容量瓶、移液管、吸量管、锥形瓶、烧杯、量筒、电子天平、水浴

锅、烘箱。

试剂：$KMnO_4$（s, AR）、$Na_2C_2O_4$（s, A.R.）、$H_2SO_4$（3 mol/L）、$H_2O_2$试样。

## 四、实验内容

1. 0.02 mol/L $KMnO_4$标准溶液的配制

称取约 1.7 g $KMnO_4$溶于 500 mL 水中，放置一周后，将上层溶液倾出，装于洁净带塞的棕色瓶中。

2. $KMnO_4$溶液的标定

在电子天平上称取 0.13～0.16 g 已烘干的 $Na_2C_2O_4$，然后置于 250 mL 锥形瓶中，加 40 mL 水使之溶解，加入 10 mL $H_2SO_4$（3 mol/L），在水浴锅中加热至 75～85 ℃。趁热用 $KMnO_4$溶液滴定。开始滴定时反应速率慢，待溶液中产生了 $Mn^{2+}$后，滴定速度可加快，直到溶液呈微红色并保持 30 s 内不褪色即为终点（温度>60 ℃）。平行测定 3 份，计算 $KMnO_4$溶液的浓度。

3. $H_2O_2$ 质量分数的测定

用吸量管准确吸取 1.00 mL $H_2O_2$ 试样（$V_s$）置于 250 mL 容量瓶中，加水稀释至刻度，充分摇匀。用移液管移取 25.00 mL 置于 250 mL 锥形瓶中，加入 5 mL $H_2SO_4$（3 mol/L），用 $KMnO_4$溶液滴定至溶液呈微红色并在 30 s 内不褪色即为终点。平行测定 3 份，计算 $H_2O_2$ 的质量分数。

**注释**

（1）蒸馏水中常含有少量的还原性物质，使 $KMnO_4$ 还原为 $MnO_2 \cdot nH_2O$。市售 $KMnO_4$ 内含细粉状 $MnO_2 \cdot nH_2O$ 能加速 $KMnO_4$ 的分解，故通常将 $KMnO_4$ 溶液煮沸一段时间，冷却后，还需放置 3～5 天，使之充分作用，然后将沉淀物过滤除去。

（2）在室温条件下，$KMnO_4$ 与 $C_2O_4^{2-}$的反应速度缓慢，故加热提高反应速度。

（3）$Na_2C_2O_4$ 溶液的浓度在开始滴定时，约为 1 mol/L，滴定终了时，约为 0.5 mol/L，这样能促使反应正常进行，并且阻止 $MnO_2$ 的形成。滴定过程中发生棕色浑浊（$MnO_2$），应立即加入 $H_2SO_4$ 补救，使棕色浑浊消失。

## 五、数据记录与处理

将实验结果填入表 6－10 中。

**表 6－10　$KMnO_4$标准溶液的配制与 $H_2O_2$ 质量分数的测定**

| 记录项目 \ 实验序号 | 1 | 2 | 3 |
|---|---|---|---|
| $m_{Na_2C_2O_4}$ /g | | | |
| $V_{KMnO_4}$ 终读数/mL | | | |
| $V_{KMnO_4}$ 初读数/mL | | | |
| $\Delta V_{KMnO_4}$ /mL | | | |

续表

| 记录项目 \ 实验序号 | 1 | 2 | 3 |
|---|---|---|---|
| $c_{KMnO_4}=\dfrac{2}{5}\dfrac{m_{Na_2C_2O_4}}{M_{Na_2C_2O_4}\times\Delta V_{KMnO_4}\times10^{-3}}$ /（mol・L$^{-1}$） | | | |
| $\bar{c}_{KMnO_4}$ /（mol・L$^{-1}$） | | | |
| $\lvert d_i\rvert$ | | | |
| 相对平均偏差/% | | | |
| $V_{H_2O_2}$ / mL | 25.00 | 25.00 | 25.00 |
| $V_{KMnO_4}$ 终读数/mL | | | |
| $V_{KMnO_4}$ 初读数/mL | | | |
| $\Delta V_{KMnO_4}$ /mL | | | |
| $\rho_{H_2O_2}=\dfrac{5}{2}\dfrac{(c_{KMnO_4}\cdot\Delta V_{KMnO_4})\times10^{-3}\times M_{H_2O_2}}{V_s\times10^{-3}}\times\dfrac{250}{25}$ /（g・L$^{-1}$） | | | |
| $\bar{\rho}_{H_2O_2}$ /（g・L$^{-1}$） | | | |
| $\lvert d_i\rvert$ | | | |
| 相对平均偏差/% | | | |

## 六、思考题

1. 配制 $KMnO_4$ 标准溶液应注意些什么？用 $Na_2C_2O_4$ 标定 $KMnO_4$ 溶液时，为什么开始滴入的 $KMnO_4$ 紫色消失缓慢，后来却会消失得越来越快，直至终点出现稳定的紫红色？

2. 用 $KMnO_4$ 法测定 $H_2O_2$ 时，能否用 $HNO_3$、HCl、HAc 控制浓度？为什么？

# 实验 23　化学需氧量（COD）的测定（$KMnO_4$法）

## 一、实验目的

1. 了解测定化学需氧量 COD 的意义
2. 了解测试 COD 的方法及原理
3. 掌握酸性 $KMnO_4$ 法测定水中 COD 的方法

## 二、实验原理

水的需氧量是衡量水质污染程度的重要指标之一，它分为化学需氧量 COD（Chemical Oxygen Demand）和生物需氧量 BOD（Biological Oxygen Demand）两种。COD 是用来衡量水样中受还原性物质，如有机物、无机还原性物质等污染的程度。COD 通常以相应的耗氧量（单位为 mg/L）来表示。因此，COD 是体现水体或污水污染程度的重要综合性指标之一，COD 越高，说明水体污染越严重。因此，COD 是环境保护和水质控制中经常需要测定的项目。

COD 的测定方法一般分为 $KMnO_4$ 法（酸性和碱性）及重铬酸钾法两种。COD 的测定会因加入氧化剂的种类和浓度、反应溶液的温度、浓度和时间，以及是否存在催化剂而得到不同的结果。

本实验采用酸性 $KMnO_4$ 法，即在酸性条件下，向被测水样定量加入 $KMnO_4$ 溶液，加热水样，使 $KMnO_4$ 与水样中有机污染物充分反应。过量的 $KMnO_4$ 在酸性介质中用一定量的草酸钠还原，最后用高锰酸钾溶液返滴过量的草酸钠，由此计算出水样的 COD。反应式为

$$2MnO_4^- + 5C_2O_4^{2-} + 16H^+ \xlongequal{} 2Mn^{2+} + 10CO_2 + 8H_2O$$

## 三、实验用品

仪器：酸式滴定管、锥形瓶、移液管、量筒、水浴锅、电子天平。

试剂：约 0.013 mol/L $Na_2C_2O_4$ 标准溶液（在电子天平上准确称取 0.44g $Na_2C_2O_4$ 溶于少量的蒸馏水中，转移至 250 mL 容量瓶中，稀释至刻度，摇匀，准确计算浓度）。约 0.005 mol/L $KMnO_4$ 溶液（可将 0.02 mol/L $KMnO_4$ 溶液稀释 4 倍而得）、硫酸（6 mol/L）、$AgNO_3$ 溶液（质量分数为 0.10）。

## 四、实验内容

（1）移取 100.00 mL 水样置于 250 mL 锥形瓶中，加 10 mL 6 mol/L $H_2SO_4$ 溶液，再加入 5 mL 质量分数为 0.10 的硝酸银溶液以除去水样中的 $Cl^-$（当水样中 $Cl^-$浓度很小时，可以不加硝酸银溶液），摇匀后准确加入 10.00 mL 0.005 mol/L $KMnO_4$ 溶液（$V_1$），将锥形瓶置于沸水浴中加热 30 min，氧化需氧污染物。稍冷后（80 ℃），加入 10.00 mL 0.013 mol/L $Na_2C_2O_4$ 标准溶液，摇匀（此时溶液应为无色），在 70～80 ℃水浴中用 0.005 mol/L $KMnO_4$ 溶液滴定至溶液呈微红色，30 s 内不褪色即为终点，记下 $KMnO_4$ 溶液的用量为 $V_2$。

（2）在 250 mL 锥形瓶中加入 100.00 mL 蒸馏水和 10 mL 6 mol/L $H_2SO_4$ 溶液，再加入 10.00 mL 0.013 mol/L $Na_2C_2O_4$ 标准溶液，摇匀，在 70～80 ℃水浴中，用 0.005 mol/L $KMnO_4$ 溶液滴定至溶液呈微红色，30 s 内不褪色即为终点，记下 $KMnO_4$ 溶液的用量为 $V_3$。

（3）在 250 mL 锥形瓶中加入 100.00 mL 蒸馏水和 10 mL 6 mol/L $H_2SO_4$ 溶液，在 70～80 ℃水浴中，用 0.005 mol/L $KMnO_4$ 溶液滴定至溶液呈微红色，30 s 内不褪色即为终点，记下 $KMnO_4$ 溶液的用量为 $V_4$。

按下式计算 COD：

$$\mathrm{COD} = \frac{[(V_1 + V_2 - V_4) \cdot f - 10.00] \times 10^{-3} \times c_{Na_2C_2O_4} \times 16.00 \times 1\,000}{V_s \times 10^{-3}} \ (\mathrm{mg/L})$$

式中 $f = \dfrac{10.00}{V_3 - V_4}$ ——1.00 mL $KMnO_4$ 相当于 $f$ mL $Na_2C_2O_4$ 标准溶液；

$V_s$——水样体积（单位为 L）；

16.00——氧的相对原子质量。

**注释**

（1）水样中有机物种类繁多，但对于主要含烃类、脂肪、蛋白质以及挥发性物质（如乙醇、丙酮等）的生活污水和工业废水，其中的有机物大多数可以氧化，像吡啶、甘氨酸等有机物则难以氧化。因此，在实际测定中，氧化剂种类、浓度和氧化条件等对测定结果均有影响，所以必须严格按操作步骤进行分析，并在实验报告中注明所用的方法。

（2）本实验在加热氧化有机污染物时，完全敞开，如果水样中易发挥性化合物浓度较高，应使用回流冷凝装置加热，否则结果将偏低。

（3）水样中 $Cl^-$ 在酸性 $KMnO_4$ 中能被氧化时结果偏高。

（4）实验所用的蒸馏水最好用含酸性 $KMnO_4$ 的蒸馏水重新蒸馏所得的二次蒸馏水。

## 五、思考题

1. 水样的采集与保存应当注意哪些事项？
2. 水样加入高锰酸钾煮沸后，若红色消失说明什么？应采取什么措施？

# 第 7 章　基础元素化学

## 实验 24　碱金属和碱土金属

### 一、实验目的

1. 了解ⅠA 族和ⅡA 族元素重要的性质，比较 Na、K 和 Mg 与水反应的活性
2. 掌握 Na 与 $O_2$ 反应性质，了解 $Na_2O_2$ 的性质
3. 了解 Li 性质的特殊性，了解ⅡA 族元素草酸盐、碳酸盐、铬酸盐和硫酸盐的溶解性
4. 了解焰色反应的基本原理，学会用焰色反应鉴定碱金属和碱土金属离子

### 二、实验原理

碱金属（ⅠA）和碱土金属（ⅡA）的价电子构型为 $ns^{1\sim2}$，属于 s 区。ⅠA 族和ⅡA 族元素单质是活泼的金属和还原剂，因其密度较小，需保存在煤油或石蜡中以隔绝空气和水。同族中，自上而下ⅠA 和ⅡA 活泼性均依次增强。在空气中，碱金属和碱土金属易与 $O_2$、$CO_2$ 和 $H_2O$ 等反应（Rb 和 Cs 在空气中能自燃）。在空气中燃烧时，Li 和ⅡA 元素生成正常的氧化物，Na 主要生成过氧化物，K、Rb 和 Cs 主要生成超氧化物。$Na_2O_2$ 为淡黄色粉末状物质，易与水反应。$Na_2O_2$ 具有强氧化性。

ⅠA 族和ⅡA 族单质除 Li 和 Be 外，均能与冷水反应生成相应的氢氧化物和 $H_2$。Li 和 Be 可与热水反应生成氢氧化物和 $H_2$。每一族自上而下，ⅠA 族和ⅡA 族氢氧化物的碱性依次增强，水溶性依次增大。

碱金属盐（除 Li 外）因碱金属离子体积较大和所带电荷较少，其离子键通常不是太强，水分子易破坏离子键。因此，碱金属盐的水溶性一般都较大。由于 $Li^+$体积较小，与同族离子相比，形成的盐的离子键较强。故一些锂盐的水溶性相对较小，如 LiF、$Li_2CO_3$、$Li_3PO_4$ 等为微溶或难溶物。其他碱金属离子与体积较大的阴离子形成的化合物水溶性会小一些，如 $Na[Sb(HO)_6]$、$KHC_4H_4O_6$ 等为微溶物。碱土金属离子与同周期碱金属离子相比，碱土金属离子的体积小而所带电荷多。所以碱土金属盐比同周期碱金属盐的离子键要强，因此水溶性要小一些。但负一价阴离子（除 $F^-$外）的碱土金属盐一般是易溶的。除 $S^{2-}$外，其他高价阴离子与ⅡA 族离子形成的盐，如碳酸盐、磷酸盐、草酸盐等的水溶性比较小。ⅡA 族金属硫酸盐和铬酸盐的水溶性相差比较大，如 $BaSO_4$ 和 $BaCrO_4$ 均难溶，而 $MgSO_4$ 和 $MgCrO_4$ 均易溶。

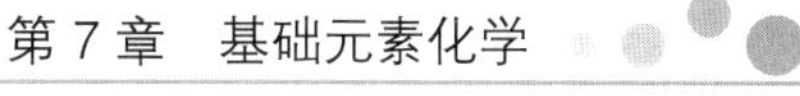

由于 $CrO_4^{2-}$ 与 $Cr_2O_7^{2-}$ 在水溶液中可相互转化，反应式为

$$2CrO_4^{2-}+2H^+ \rightleftharpoons Cr_2O_7^{2-}+H_2O$$

相同金属离子的重铬酸盐的溶解度比铬酸盐的大。因此，难溶的铬酸盐在酸性介质中易溶解。如 $BaCrO_4$ 溶于盐酸中的离子反应式为

$$2BaCrO_4(s)+2H^+(aq)=2Ba^{2+}(aq)+Cr_2O_7^{2-}(aq)+H_2O(l)$$

焰色反应是某些金属或它们的化合物在无色火焰中灼烧时火焰呈现特征颜色的反应。当金属及其盐在火焰上灼烧时，原子吸收能量，从低能级跃迁到高能级。处于较高能级状态的原子不稳定，会跃迁至低能级，将多余的能量以光的形式放出。每一种元素的光谱都有特征吸收谱线，发出特征颜色而使火焰焰色，基于此能判断某种元素的存在。如焰色为黄色含有钠元素，焰色为紫色含有钾元素，焰色为蓝绿色含有铜元素，焰色为砖红色则含有钙元素等。

碱金属盐和碱土金属盐的焰色反应特征颜色如表 7－1 所示。

**表 7－1　碱金属盐和碱土金属盐的焰色反应特征颜色**

| 盐类 | 锂 | 钠 | 钾 | 钙 | 锶 | 钡 |
| --- | --- | --- | --- | --- | --- | --- |
| 特征颜色 | 红 | 黄 | 紫 | 橙红 | 洋红 | 绿 |

## 三、实验用品

仪器：烧杯、试管、坩埚、漏斗、镊子、镍铬丝、钴玻璃、胶头滴管、试管夹、表面皿。

试剂与材料：钠（s）、钾（s）、镁粉或镁条、$H_2SO_4$（1 mol/L）、HCl（2 mol/L）、HAc（2 mol/L）、NaOH（6 mol/L，2 mol/L 新配制）、$NH_3 \cdot H_2O$（2 mol/L）、LiCl（1 mol/L）、NaCl（1 mol/L）、KCl（1 mol/L）、$MgCl_2$（1 mol/L，0.5 mol/L，0.1 mol/L）、$CaCl_2$（1 mol/L，0.1 mol/L）、$SrCl_2$（1 mol/L，0.1 mol/L）、$BaCl_2$（0.1 mol/L，1 mol/L）、$(NH_4)_2C_2O_4$（饱和）、$NH_4Cl$（饱和）、$Na_2SO_4$（1 mol/L）、$(NH_4)_2SO_4$（饱和）、$K_2CrO_4$（0.1 mol/L）、$Na_2CO_3$（1 mol/L）、$Na_2HPO_4$（0.1 mol/L）、$Na_3PO_4$（0.2 mol/L）、$NaHC_4H_4O_6$（饱和）、$KMnO_4$（0.1 mol/L）、NaF（1 mol/L）、镁试剂、酚酞、pH 试纸、滤纸、砂纸。

## 四、实验内容

### 1. 碱金属和碱土金属与水反应

（1）Na、K 与水反应。

用镊子分别取金属 Na 和金属 K，用小刀切取黄豆大小的 Na 和绿豆大小的 K，用滤纸吸干它们表面的煤油，分别放入盛水的烧杯中，观察反应情况（为了安全，事先准备好一个表面皿，当金属块放入水后，立即将表面皿覆盖在烧杯上）。检验反应后水溶液的碱性（用什么检验？），比较二者与水反应的剧烈程度，写出反应式。

注意：钾与水反应更加激烈，此实验最好由指导教师演示。

（2）Mg 与水反应。

取少量 Mg 粉或打磨过的一小段 Mg 条，放入一支试管中，加入少量水，观察有无反应。然后将试管加热，观察是否有细微的氢气泡放出，加入一滴酚酞检验水溶液的碱性。写出相

应的反应式。

2. $Na_2O_2$的生成与性质

取黄豆粒大小的金属 Na，用滤纸吸干表面上的煤油，立即放入坩埚中，加热坩埚至 Na 开始燃烧，停止加热，冷却至室温，观察产物的颜色。加入少量水使产物完全反应，用 pH 试纸检验溶液的酸碱性，然后在溶液中加入 1 mol/L $H_2SO_4$ 使之呈酸性，再加入一滴 0.1 mol/L $KMnO_4$ 溶液，观察溶液的紫红色是否褪去。写出反应式。

3. 碱土金属氢氧化物的生成与性质

（1）$Mg(OH)_2$ 的生成和性质。

在 3 支试管中，各加入 0.5 mL 0.1 mol/L $MgCl_2$ 溶液，再各加 4～5 滴 2 mol/LNaOH 溶液，观察生成的 $Mg(OH)_2$ 的颜色和状态。然后分别试验溶液与饱和 $NH_4Cl$、2 mol/L HCl 和 2 mol/L NaOH 溶液的作用。观察反应现象，写出反应式，并加以解释。

（2）$Mg^{2+}$的鉴定反应。

在试管中加入 2 滴 0.5 mol/L $MgCl_2$ 溶液，再加入 6 mol/L NaOH 溶液，直至生成絮状的 Mg（OH）$_2$沉淀为止。然后加一滴镁试剂，搅拌之，观察有什么现象（可与蒸馏水作对比）。

4. 碱金属的微溶盐的生成

（1）微溶性锂盐的生成。

在 5 滴 1 mol/L LiCl 溶液中，滴加 1 mol/L NaF 溶液，观察产物的颜色和状态。

用 1 mol/L $Na_2CO_3$、0.2 mol/L $Na_3PO_4$ 溶液代替 1 mol/L NaF 溶于 LiCl 溶液做重复实验，观察产物的颜色和状态。写出相应的反应式。

提示：$Li_3PO_4$ 沉淀易从沸腾的稀溶液中获得。

（2）微溶性钾盐的生成。

在一支试管中，加入 0.5 mL 1 mol/L KCl 溶液，再加入 0.5 mL 饱和 $C_4H_5O_6Na$ 溶液，放置数分钟，如无晶体析出，可用玻璃棒摩擦试管内壁，观察现象。

5. 碱土金属难溶盐的生成

（1）碳酸盐。

1）在一支试管中加入 2～3 滴 0.1 mol/L $MgCl_2$ 溶液，再加入 1 滴 1 mol/L $Na_2CO_3$ 溶液，观察实验现象，写出反应式。

提示：$Mg^{2+}$与 $CO_3^{2-}$在弱碱性介质中会生成碱式盐 $Mg_2(OH)_2CO_3$。

2）在两支试管中分别加入约 0.5 mL 0.1 mol/L $CaCl_2$ 和 0.5 mL 0.1 mol/L $BaCl_2$ 溶液，再加入几滴 1 mol/L $Na_2CO_3$ 溶液，观察现象。然后向两支试管中加入 2 mol/L HAc 溶液，检验沉淀是否溶解？写出反应式。

（2）草酸盐。

在两支试管中分别加入 4 滴 0.1 mol/L $CaCl_2$ 和 0.1 mol/L $BaCl_2$ 溶液，再各加入几滴饱和 $(NH_4)_2C_2O_4$ 溶液，观察有无沉淀产生。若有沉淀产生，则分别试验沉淀与 2 mol/L HAc 和 2 mol/L HCl 溶液反应，写出反应式。比较二种草酸盐的溶解度。

提示：酸性 $H_2CO_3 < HAc < H_2C_2O_4$。

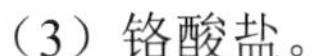

（3）铬酸盐。

在两支试管中分别加入 4 滴 0.1 mol/L $SrCl_2$ 和 $BaCl_2$ 溶液，再各加入数滴 0.1 mol/L $K_2CrO_4$ 溶液，观察有无沉淀产生。若有沉淀产生，再向沉淀中加入 2 mol/L HCl，观察沉淀是否溶解？写出反应式。

（4）硫酸盐。

在两支试管中分别加入约 0.5 mL 1 mol/L $CaCl_2$ 和 0.1 mol/L $BaCl_2$ 溶液，再各加入几滴 1 mol/L $Na_2SO_4$ 溶液，观察有无沉淀产生。

（5）复盐 $MgNH_4PO_4$ 的生成。

在一支试管中加入 0.5 mL 0.1 mol/L $MgCl_2$ 溶液，再加几滴 2 mol/L HCl 和 0.5 mL 0.1 mol/L $Na_2HPO_4$ 溶液，然后加入 4～5 滴 2 mol/L $NH_3 \cdot H_2O$，振荡试管，观察反应现象。写出反应式。

6. 焰色反应

（1）取一根镍丝，蘸浓 HCl 溶液后（能否蘸浓 $HNO_3$ 溶液或 $H_2SO_4$ 溶液？）在氧化焰中烧至近无色，再蘸 1 mol/L LiCl 溶液，在氧化焰中灼烧，观察火焰颜色。试验完毕，再蘸浓 HCl 溶液，并烧至近无色。以同法检验 KCl、$CaCl_2$、$SrCl_2$、$BaCl_2$、NaCl。观察火焰的颜色（专用一根镍丝试验钠盐）。提示：在观察钾盐的焰色时要用一块钴玻璃滤光后观察。

（2）在蒸发皿里加 2 mL 左右酒精（不宜过多），点燃。将碾碎的固体（LiCl、KCl、$CaCl_2$、$SrCl_2$、$BaCl_2$、NaCl）分别取少量撒到蒸发皿中，注意观察颜色。

比较上述两种方法，选取一种合适的方法。

7. 物质鉴别

现有 5 瓶已失去标签的无色溶液，分别是 $MgSO_4$、KCl、$BaCl_2$、$MgCl_2$、$K_2SO_4$，设法通过化学方法鉴别。写出鉴别方法和相应的反应式。

## 五、思考题

1. 为什么碱金属和碱土金属单质一般都放在煤油中保存？它们的化学活泼性如何递变？

2. 为什么说焰色是由金属离子而不是非金属离子引起的？

# 实验 25　硼族元素和碳族元素

## 一、实验目的

1. 了解 $H_3BO_3$ 及重要硼酸盐的性质，掌握 Al 单质的性质和 $Al(OH)_3$ 的两性
2. 了解 $H_2SiO_3$ 的性质和难溶硅酸盐的特性
3. 掌握 $Sn^{2+}$ 和 $Pb(OH)_2$ 的两性和某些难溶性铅盐的重要性质
4. 掌握 $Sn^{2+}$ 的还原性和 $Pb^{4+}$ 的氧化性

## 二、实验原理

硼（B）的价电子构型为 $2s^22p^1$，其价电子少于价层轨道数，故硼的化学性质主要表现在缺电子性质上。$H_3BO_3$ 是一元弱酸，它在水溶液中不是本身释放 $H^+$，而是分子中的硼原子与来自水的 $OH^-$反应使水释放出 $H^+$，反应式为

$$H_3BO_3 + H_2O \rightleftharpoons H^+ + B(OH)_4^- \qquad pK_a = 5.8 \times 10^{-10}$$

在 $H_3BO_3$ 溶液中加入多羟基化合物（如乙二醇），由于生成了比$[B(OH)_4]^-$更稳定的配离子，上述反应平衡右移，从而大大增强 $H_3BO_3$ 的酸性，反应式为

$$H_3BO_3 + 2\begin{array}{l}CH_2—OH\\ |\\ CH_2—OH\end{array} \rightleftharpoons \left[\begin{array}{l}CH_2—O\diagdown\ \ \ \diagup O—CH_2\\ |\qquad\qquad B\qquad\quad |\\ CH_2—O\diagup\ \ \ \diagdown O—CH_2\end{array}\right]^- + H^+ + 2H_2O$$

上述条件下 $H_3BO_3$ 的解离平衡常数 $pK_a \approx 10^{-5}$。

在浓 $H_2SO_4$ 存在下，$H_3BO_3$ 能与醇（如甲醇、乙醇等）发生酯化反应生成硼酸酯，反应式为

$$H_3BO_3 + 3CH_3OH = B(OCH_3)_3 + 3H_2O$$

该 $B(OCH_3)_3$ 燃烧呈特有的绿色火焰。此性质用于鉴别 $B(OH)_4^-$。

$H_3BO_3$ 可缩合为链状或环状的多硼酸。常见的多硼酸是四硼酸。硼砂是四硼酸盐的代表。硼砂在自然界中大量存在。硼砂水溶液显弱碱性，反应式为

$$B_4O_7^{2-} + 7H_2O \rightleftharpoons 2H_3BO_3 + 2B(OH)_4^-$$

硼砂水溶液的 pH 很稳定（常温下 pH = 9.24，$pK_a = 9.24$）。因此，硼砂可配制成反冲溶液。硼砂与强酸反应的离子反应式为

$$B_4O_7^{2-} + 2H^+ + 5H_2O = 4H_3BO_3$$

硼砂、$B_2O_3$、$H_3BO_3$ 在熔融状态下均能溶解一些金属氧化物，并根据金属的不同而显示特征的颜色，如：

$$CuO + B_2O_3 = Cu(BO_2)_2 \text{（蓝色）}$$

$$Fe_2O_3 + 3B_2O_3 = 2Fe(BO_2)_3 \text{（黄色）}$$

金属 Al 为比较活泼的两性金属。Al 在冷的浓 $H_2SO_4$ 和冷的浓 $HNO_3$ 中易发生钝化反应。$\gamma$- $Al_2O_3$ 和 $Al(OH)_3$ 均为两性物质，既可溶于强酸亦可溶于强碱液中。

C 的常见氧化物为 CO 和 $CO_2$，$CO_2$ 为酸性氧化物。$H_2CO_3$ 的酸性较弱，$pK_{a1}$ 和 $pK_{a2}$ 分别为 $4.45 \times 10^{-7}$ 和 $4.69 \times 10^{-11}$。强碱碳酸盐水溶液因 $CO_3^{2-}$的水解显示一定的碱性。

向 $Na_2CO_3$ 溶液中加入金属离子会发生 3 种类型的反应：

（1）$Ca^{2+}$、$Sr^{2+}$、$Ba^{2+}$等强碱离子与 $CO_3^{2-}$反应生成碳酸盐，如 $Ca^{2+}(aq) + CO_3^{2-}(aq) = CaCO_3(s)$。

（2）$Mg^{2+}$、$Pb^{2+}$、$Cu^{2+}$、$Zn^{2+}$等与 $CO_3^{2-}$反应生成碱式盐，如 $2Cu^{2+}(aq) + 2CO_3^{2-}(aq) + H_2O = Cu_2(OH)_2CO_3(s) + CO_2(g)$。

（3）$Al^{3+}$、$Fe^{3+}$、$Cr^{3+}$等与 $CO_3^{2-}$发生双水解反应，如

$$2Al^{3+}(aq) + 3CO_3^{2-}(aq) + 3H_2O = 2Al(OH)_3(s) + 3CO_2(g)$$

或　　$Al^{3+}(aq) + 3CO_3^{2-}(aq) + 3H_2O = Al(OH)_3(s) + 3HCO_3^-(aq)$

硅酸是一种几乎不溶于水的弱酸，硅酸易发生缩合作用。因此，硅酸从水溶液中析出时一般呈凝胶状，烘干、脱水后得到干燥剂——硅胶。

$Na_2SiO_3$ 溶液俗称“水玻璃”，碱性较强。向 $Na_2SiO_3$ 溶液中加入强酸、$NH_4^+$或通入 $CO_2$ 等均会析出硅酸沉淀。

$Sn(OH)_2$ 具有两性：即同时发生 $Sn(OH)_2 + 2H^+ = Sn^{2+} + 2H_2O$ 和 $Sn(OH)_2 + 2OH^- = Sn(OH)_4^{2-}$反应。

酸性或碱性介质中 $Sn^{2+}$均具有较强的还原性，反应式为

$$2Fe^{3+} + Sn^{2+} = 2Fe^{2+} + Sn^{4+}$$

$$SnCl_2 + 2HgCl_2 = SnCl_4 + Hg_2Cl_2$$

或

$$SnCl_2 + HgCl_2 = SnCl_4 + Hg$$

$$3Sn(OH)_4^{2-} + 2Bi(OH)_3 = 3Sn(OH)_6^{2-} + 2Bi$$

受惰性电子对效应影响，低价铅的稳定性较强而高价铅的稳定性较弱。$Pb(OH)_2$ 亦具有两性，反应式为

$$Pb(OH)_2 + 2H^+ = Pbn^{2+} + 2H_2O$$

$$Pb(OH)_2 + OH^- = Pb(OH)_3^-$$

黑色 PbS 水溶性较小，不溶于稀盐酸，但能溶液浓盐酸，反应式为

$$PbS + 4HCl(浓) = H_2PbCl_4 + H_2S$$

$Pb^{2+}$的还原性很弱，$Pb^{4+}$的氧化性很强，反应式为

$$PbO_2(s) + 4HCl(aq) = PbCl_2(s) + Cl_2(aq) + 2H_2O$$

$$5PbO_2 + 2Mn^{2+} + 4H^+ = 2MnO_4^- + 5Pb^{2+} + 2H_2O$$

但在碱性介质中 $Pb^{2+}$的还原性较强，反应式为

$$Pb(OH)_3^- + X_2(X = Cl、Br、I) + OH^- = PbO_2 + 2X^- + 2H_2O$$

$PbX_2$、$PbSO_4$ 及 $PbCrO_4$ 在水中均难溶。$PbCl_2$ 不溶于冷水而在热水中溶解度较大。$PbCrO_4$ 既溶于强酸又溶于强碱，反应式为

$$2PbCrO_4 + 2H^+ = 2Pb^{2+} + Cr_2O_7^{2-} + H_2O$$

$$PbCrO_4 + 3OH^- = Pb(OH)_3^- + CrO_4^{2-}$$

## 三、实验用品

仪器：托盘天平、试管、量筒、烧杯、胶头滴管、试剂瓶、水浴锅、坩埚、镍铬丝。

试剂：$CaCl_2 \cdot 6H_2O$（s）、$CuSO_4 \cdot 5H_2O$（s）、$Co(NO_3)_2 \cdot 6H_2O$（s）、$NiSO_4 \cdot 7H_2O$（s）、$ZnSO_4 \cdot 7H_2O$（s）、$FeCl_3 \cdot 6H_2O$（s）、$Na_2CO_3$（s）、$NaHCO_3$（s）、HCl（2 mol/L，6 mol/L）、$FeCl_3$（0.1 mol/L）、$Pb(NO_3)_2$（0.1 mol/L）、$K_2CrO_4$（0.1 mol/L）、$NaHCO_3$（0.1 mol/L）、$Na_2CO_3$（0.1 mol/L）、$CuSO_4$（0.1 mol/L）、$NH_4Cl$（饱和）、$Na_2SiO_3$（20%）、氯气、$PbO_2$（s）、$H_2SO_4$（2 mol/L，3 mol/L，浓）、HCl（6 mol/L，2 mol/L，浓）、$HNO_3$（6 mol/L，

浓)、醋酸(6 mol/L)、NaOH(2 mol/L，6 mol/L，40%)、$NH_3 \cdot H_2O$(6 mol/L)、$Na_2S$(0.1 mol/L，1 mol/L)、$H_2S$(饱和溶液)、$SnCl_2$(0.1 mol/L)、$FeCl_3$(0.1 mol/L)、$HgCl_2$(0.1 mol/L)、$Bi(NO_3)_3$(0.1 mol/L)、KI(0.1 mol/L)、$MnSO_4$(0.1 mol/L)、$K_2CrO_4$(0.1 mol/L)、NaAc(饱和)、$H_3BO_3$、$Na_2B_4O_7 \cdot 10H_2O$(s)、Al片，$Al_2(SO_4)_3$(0.5 mol/L)、甲基橙、乙二醇、乙醇。

## 四、实验内容

### 1. $H_3BO_3$的制备和性质

(1) $H_3BO_3$的制备。

制取1 mL热的饱和$Na_2B_4O_7 \cdot 10H_2O$溶液，加入0.5 mL浓$H_2SO_4$。冷水冷却，观察晶体的析出，离心分离，保留晶体。写出反应式。

(2) 硼酸酯的生成和性质。

取自制的$H_3BO_3$固体放在蒸发皿中，加入几滴浓$H_2SO_4$和2 mL乙醇，混匀后点燃，观察火焰的颜色。说明$H_2SO_4$的作用，并写出相应的反应式。

本反应可以用来鉴定$H_3BO_3$、$Na_2B_4O_7 \cdot 10H_2O$等含硼化合物。

(3) $H_3BO_3$的性质。

取少量$H_3BO_3$固体溶于2 mL蒸馏水中，测定pH。在溶液中加入1滴甲基橙，混匀后分成两份，一份留作比较。在另一份中加入几滴乙二醇，振荡，观察颜色的变化。解释实验结果。

### 2. 硼砂珠实验(选作)

用6 mol/L HCl溶液把顶端弯成小圈的镍铬丝处理干净。用镍铬丝蘸上一些研细的硼砂固体，在氧化焰上灼烧，熔成透明的圆珠。

用烧红的硼砂珠蘸取少许钴盐，熔融，冷却后观察硼砂珠的颜色。同法制作铜、铁、锰、铬、镍盐的硼砂珠，并观察颜色。

提示：金属盐固体需研细，硼砂珠只能蘸取极少量的金属盐，否则颜色太深而影响观察。如把熔融的硼砂珠振落在蒸发皿内，形成小圆球进行观察，效果较好。

清除镍铬丝上色珠的方法：烧熔后振落，再用HCl溶液清洁镍铬丝。

### 3. Al及其化合物

(1) 金属Al的性质。

分别试验Al片与下列物质的作用，观察实验现象，写出相应的反应式：

1) 2 mol/L HCl溶液。

2) $H_2O$。

3) 2 mol/L NaOH溶液。

4) 冷、热的浓$HNO_3$。

(2) $Al(OH)_3$的制备和性质。

用0.5 mol/L $Al_2(SO_4)_3$、6 mol/L $NH_3 \cdot H_2O$制备$Al(OH)_3$，分别试验$Al(OH)_3$与过量$NH_3 \cdot H_2O$、过量NaOH溶液以及HCl的反应。

4. 碳酸盐和硅酸盐的水解

（1）用 pH 试纸测试 0.1 mol/L $Na_2CO_3$ 溶液和 0.1 mol/L $NaHCO_3$ 溶液的 pH 并解释之。

（2）在 0.1 mol/L $CuSO_4$ 溶液中加入 0.1 mol/L $Na_2CO_3$ 溶液，观察沉淀的颜色和气体的生成，写出反应式。

（3）取 0.5 mL 0.1 mol/L $Na_2CO_3$ 溶液于试管中，向试管中缓慢滴加至 10 滴 0.1 mol/L $FeCl_3$ 溶液。观察实验现象，写出反应式。

（4）用 pH 试纸检查 20% 水玻璃（$Na_2SiO_3$）溶液的酸碱性，然后取 1 mL$Na_2SiO_3$ 溶液与 2 mL 饱和 $NH_4Cl$ 溶液混合，有何气体产生？将湿的 pH 试纸放在试管口，检查气体的酸碱性，写出反应式。

5. 硅酸凝胶的生成

取 1 mL 20% $Na_2SiO_3$ 溶液，滴加 6 mol/L HCl 溶液（不可多加，一般 3～4 滴即可），观察现象，若不生成凝胶，可微微加热，写出反应式。

6. 难溶性硅酸盐的生成——“水中花园”

在一个 50 mL 烧杯中加入约三分之二体积的 20% $Na_2SiO_3$，然后取固体 $CaCl_2$、$CuSO_4$、$Co(NO_3)_2$、$NiSO_4$、$ZnSO_4$ 和 $FeCl_3$ 各一小粒投入烧杯内（注意：不要把不同的固体混在一起，记住它们的位置），放置 1～2 小时后，观察到什么现象？

本实验先做，实验完毕，倒出 $Na_2SiO_3$（回收）并立即洗净烧杯。

7. $Sn^{2+}$和 $Pb^{2+}$的氢氧化物的生成和酸碱性

（1）在 5 滴 0.1 mol/L $SnCl_2$ 溶液中逐渐加入 2 mol/L NaOH，直至生成的白色沉淀经摇动后不再溶解为止，将沉淀分为两份，实验沉淀对稀酸和稀碱的作用。写出反应式。

（2）试从 $Pb(NO_3)_2$ 溶液中制得 $Pb(OH)_2$ 沉淀。用实验证明 $Pb(OH)_2$ 是否具有两性（注意：试验 $Pb(NO_3)_2$ 溶液碱性时应该用什么酸？），写出反应式。

根据上面的实验，对 $Sn(OH)_2$ 和 $Pb(OH)_2$ 的酸碱性作出结论。

8. Sn 的还原性和 Pb 的氧化性

（1）Sn 的还原性。

1）将 2 滴 $SnCl_2$ 溶液与 2 滴 $FeCl_3$ 溶液反应，观察现象，写出反应式。

2)（选作）在试管中加入 0.5 mL 0.1 mol/L $HgCl_2$ 溶液，再逐渐滴加 0.1 mol/L $SnCl_2$ 观察有何变化？再继续加 $SnCl_2$ 可放置一段时间，又有什么变化？

3）在自制的 $Sn(OH)_2$ 溶液中加入 $Bi(NO_3)_3$ 溶液，观察立即出现黑色沉淀（此反应可用来鉴定 $Sn^{2+}$和 $Bi^{3+}$离子）。（取几滴 $SnCl_2$ 溶液于试管中，加入 NaOH 溶液至生成的白色 $Sn(OH)_2$ 恰好溶解，得到澄清透明的 $Sn(OH)_4^{2-}$溶液。）

（2）Pb 的氧化性。

1）取少量 $PbO_2$ 置于试管，加入适量浓 HCl 溶液，观察记录现象，并检查有无 $Cl_2$ 生成，写出反应式（反应在通风橱中进行）。

2）在 1.5 mL 3 mol/L $H_2SO_4$ 和 1 滴 0.1 mol/L $MnSO_4$ 的混合溶液中，加入少量 $PbO_2$，水浴加热，观察紫红色 $MnO_4^-$的生成，写出反应式。

9. Pb 的难溶盐

（1）卤化铅。

1）$PbCl_2$。在 1 mL 水中加入 3 滴 0.1 mol/L $Pb(NO_3)_2$ 溶液，再加几滴稀 HCl 溶液，即有白色沉淀 $PbCl_2$ 生成，将所得的白色沉淀连同溶液一起加热，沉淀是否溶解？再把溶液冷却，又有什么变化？说明 $PbCl_2$ 的溶解度与温度的关系。

取少许白色沉淀，加入浓 HCl 溶液，观察沉淀的溶解，并解释。

2）$PbI_2$。取 3 滴 0.1 mol/L $Pb(NO_3)_2$ 溶液，加水稀释至 1 mL 后，加 1～2 滴 0.1 mol/L KI 溶液，即生成橙黄色沉淀 $PbI_2$。试验沉淀在热水和冷水中的溶解度。

（2）PbS。

取 0.5 mL 0.1 mol/L $Pb(NO_3)_2$ 溶液置于试管中，向试管中加入 10 滴 0.1 mol/L $Na_2S$ 溶液。将生成的黑色沉淀离心分离，沉淀分成两份，一份加入 2 mol/L HCl 溶液，另一份加入浓 HCl。观察两份沉淀溶解情况，写出相应的反应式。

（3）Pb（Ⅱ）的含氧酸盐。

1）$PbCrO_4$。在试管中加入 5 滴 0.1 mol/L $Pb(NO_3)_2$ 溶液，再加入 3 滴 0.1 mol/L $K_2CrO_4$ 溶液反应生成 $PbCrO_4$。

分别试验 $PbCrO_4$ 在 6 mol/L $HNO_3$ 和 6 mol/L NaOH 中的溶解情况，写出反应式。

2）$PbSO_4$。在 1 mL 水中加数滴 0.1 mol/L $Pb(NO_3)_2$ 溶液，再加入几滴稀 $H_2SO_4$，即得白色 $PbSO_4$ 沉淀。离心分离，弃去溶液。分别试验沉淀与 NaOH 和饱和 NaAc 溶液的反应，并解释现象。

## 五、思考题

1. 为什么不从水溶液中制取 $Al_2S_3$？
2. 不溶于水的 Al，为什么可溶于 $NH_4Cl$ 和 $Na_2CO_3$ 溶液中？
3. 比较碳酸和硅酸性质的异同。
4. 实验室中为什么可以用磨砂口玻璃器皿存储酸液而不能存储碱液？
5. 如何区别碳酸钠和硅酸钠？
6. 实验室中配制 $SnCl_2$ 溶液，通常在加入 HCl 时需添加少量 Zn 粒，是何原因？
7. 在试验 $Pb(OH)_2$ 的碱性时，应使用什么酸为宜？

# 实验 26　氮族元素

## 一、实验目的

1. 了解 N 元素多价态的特性，掌握硝酸、亚硝酸、铵盐和硝酸盐的重要性质
2. 掌握磷酸、正磷酸盐和酸式磷酸盐的主要性质
3. 掌握 Sb（Ⅲ）和 Bi（Ⅲ）氢氧化物的酸碱性，掌握 Sb（Ⅲ）盐和 Bi（Ⅲ）盐的水解性

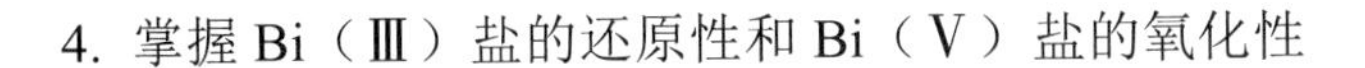
4. 掌握 Bi（Ⅲ）盐的还原性和 Bi（Ⅴ）盐的氧化性

## 二、实验原理

N 族元素是周期表中ⅤA 族元素，价电子层结构为 $ns^2np^3$。N 和 P 是典型的非金属元素，化合物中最高价态为+5，最低为−3。N 元素价态较多，从最低价（−3）到最高价（+5）的化合物都存在。N 的含氧酸有亚硝酸和硝酸。亚硝酸为弱酸，可通过亚硝酸盐和强酸作用而制得。亚硝酸不稳定，易分解，仅存在于低温水溶液中，分解的中间产物 $N_2O_3$ 在水溶液中显蓝色。分解反应式为

$$2HNO_2 \rightleftharpoons H_2O + N_2O_3\text{（蓝色）}$$

$$N_2O_3\text{（蓝色）} \rightleftharpoons NO(g) + NO_2(g)\text{（棕色）}$$

固体羟胺（$NH_2 \cdot OH$）不稳定，溶于水中比较稳定。羟胺在酸性或碱性溶液中既是氧化剂又是还原剂。作氧化剂时，动力学速度太慢，无意义。作还原剂时，还原性较强，氧化产物为 $N_2$。

亚硝酸盐比较稳定，但有毒。亚硝酸及其盐既有氧化性又有还原性，但以氧化性为主。在酸性介质中，亚硝酸盐的氧化性较强。当遇到 $KMnO_4$、$Cl_2$ 等更强的氧化剂时，亦可表现出还原性。

硝酸是强酸，也是比较强的氧化剂，其氧化性与 pH 有关。pH 越大，硝酸的氧化性越强，能氧化许多非金属和金属。硝酸与非金属反应时，主要被还原为 NO；硝酸与金属反应时的还原产物则取决于硝酸的浓度和金属的活泼性。一般来说，浓硝酸的还原产物主要为 $NO_2$（Al、Fe 和 Cr 在冷的浓硝酸中易钝化）。稀硝酸与活泼性差的金属（如 Cu、Ag）反应通常被还原为 NO，当与较活泼的金属（如 Fe、Mg、Zn）反应时，主要被还原为 $N_2O$。若硝酸很稀，则被还原成 $NH_4^+$。

铵盐均不稳定，加热时易分解，不同的铵盐热分解对应的产物各异。一般而言，铵盐的酸根对应的酸为非氧化性酸（如碳酸、硫酸、盐酸、磷酸等）时，铵盐热分解为氨和酸或酸式铵盐，如：

$$NH_4Cl = NH_3 + HCl$$

$$(NH_4)_2SO_4 = NH_3 + NH_4HSO_4$$

铵盐的酸根对应的酸为氧化性酸（如硝酸、亚硝酸、氯酸、高氯酸等）时，铵根离子中 N（−3 价）将被氧化，如：

$$NH_4NO_2 = N_2 + 2H_2O$$

$$NH_4NO_3 = N_2O + 2H_2O \quad \text{或} \quad 2NH_4NO_3 = 2N_2 + O_2 + 4H_2O$$

所有的硝酸盐高温时均不稳定，都是强氧化剂。金属硝酸盐热分解时，按照金属活动顺序表，Mg 之前的分解成亚硝酸盐和 $O_2$；Mg～Cu（包括 Mg 与 Cu）分解成氧化物、$NO_2$ 和 $O_2$（过渡金属中低价金属氧化物会氧化成高价氧化物：$Mn(NO_3)_2 = MnO_2 + 2NO_2$）；Cu 之后的分解成金属单质、$NO_2$ 和 $O_2$。

磷酸是一种非挥发性的中强酸，它可以形成磷酸一氢、二氢盐和正盐三类磷酸盐。在所有磷酸盐溶液中加入硝酸银溶液，都可得到黄色的磷酸银沉淀。磷酸的各种钙盐在水中的溶解度是不同的，$Ca_3(PO_4)_2$ 和 $CaHPO_4$ 难溶于水，$Ca(H_2PO_4)_2$ 易溶于水。$Ag_3PO_4$、$Ca_3(PO_4)_2$

和 $CaHPO_4$ 三种难溶盐均可溶于盐酸，但 $Ag_3PO_4$ 溶于盐酸时又生成 AgCl 沉淀。

锑和铋都能形成+3 价和+5 价的化合物。+3 价锑的氢氧化物呈两性，而+3 价铋的氢氧化物只呈碱性。

$$Sb(OH)_3 + 3H^+ \xlongequal{} Sb^{3+} + 3H_2O$$

$$Sb(OH)_3 + 3OH^- \xlongequal{} Sb(OH)_6^{3-}$$

$$Bi(OH)_3 + 3H^+ \xlongequal{} SBi^{3+} + 3H_2O$$

受惰性电子对效应影响，Bi（Ⅲ）的稳定性远高于 Bi（Ⅴ）。因此，与锑（Ⅲ）相比较，铋（Ⅲ）是弱还原剂，需用强氧化剂在碱性介质中才能氧化成铋（Ⅴ）。铋（Ⅴ）呈强氧化性，在酸性介质中可以将 $Mn^{2+}$氧化成 $MnO_4^-$。

$Bi^{3+}$在碱性溶液中可被 Sn（Ⅱ）还原为黑色的金属铋，此反应可用来鉴定 $Bi^{3+}$，反应式为

$$2Bi^{3+} + 3Sn(OH)_4^{2-} + 6OH^- \xlongequal{} 2Bi + 3Sn(OH)_6^{2-}$$

$Sb^{3+}$和 $Bi^{3+}$离子易水解，配制 $Sb^{3+}$和 $Bi^{3+}$离子盐溶液时需加入一定量的酸，反应式为

$$Bi^{3+}(aq) + Cl^-(aq) + H_2O \xlongequal{} BiOCl(s) + 2H^+(aq)$$

## 三、实验用品

仪器：试管、烧杯、表面皿、温度计、研钵、瓷坩埚、坩埚钳、离心机、烧杯、试管、离心试管、滴管。

试剂与材料：$NH_4Cl$（s）、$NH_4HCO_3$（s）、$(NH_4)_2SO_4$（s）、$KNO_3$（s）、$Cu(NO_3)_2$（s）、$NaBiO_3$（s）、硫黄粉、铜片、$H_2SO_4$（1 mol/L，6 mol/L）、$HNO_3$（0.2 mol/L，2 mol/L，浓）、HCl（2 mol/L，6 mol/L，浓）、NaOH（2 mol/L，6 mol/L）、$NH_3 \cdot H_2O$（2 mol/L）、$NaNO_2$（0.1 mol/L，饱和）、$BaCl_2$（0.1 mol/L）、$CaCl_2$（0.1 mol/L）、$AgNO_3$（0.1 mol/L）、KI（0.1 mol/L）、$KMnO_4$（0.1 mol/L）、$NH_4Cl$（0.1 mol/L）、$Na_3PO_4$（0.1 mol/L）、$Na_2HPO_4$（0.1 mol/L）、$NaH_2PO_4$（0.1 mol/L）、$MnSO_4$（0.02 mol/L）、$SbCl_3$（0.1 mol/L）、$Bi(NO_3)_3$（0.1 mol/L）、pH 试纸、酚酞试纸、石蕊试纸、滤纸、冰、新制氯水。

## 四、实验内容

### 1. 铵盐的热分解

（1）在干燥的大试管内放入少量 $NH_4Cl$（s），加热试管底部，用潮湿的红色石蕊试纸检验逸出的气体，观察试纸颜色的变化，继续加热，试纸又呈什么颜色？此时在试管上部冷却的壁上观察到什么现象？写出反应式。

（2）取少量 $NH_4HCO_3$（s）放在干燥大试管内，加热，观察现象并写出反应式。

（3）取少量$(NH_4)_2SO_4$（s）进行试验。观察现象。

### 2. 羟胺的还原性

（1）滴加 5% 硫酸羟胺溶液到酸化的 0.1 mol/L $KMnO_4$ 溶液中，观察现象，写出反应式。

（2）滴加 5% 硫酸羟胺溶液到硫酸酸化的 0.1 mol/L $AgNO_3$ 溶液中，观察现象，写出反应式。

3. 亚硝酸的生成和分解

在试管中加入 10 滴饱和 $NaNO_2$ 溶液，然后滴加 6 mol/L $H_2SO_4$ 溶液，观察溶液和液面上气体的颜色（若室温较高，应将试管放在冷水中冷却），写出反应式。

4. 亚硝酸的氧化、还原性

（1）亚硝酸的氧化性。

取几滴 0.1 mol/L KI 溶液于小试管中，加入几滴 1 mol/L $H_2SO_4$ 使它酸化，然后逐渐加入 0.1 mol/L $NaNO_2$ 溶液，观察 $I_2$ 的生成。此时 $NO_2^-$ 还原为 NO，写出反应式。

（2）亚硝酸的还原性

取几滴 0.1 mol/L $KMnO_4$ 溶液于小试管中，加入几滴 1 mol/L $H_2SO_4$ 使它酸化，然后加入 $NaNO_2$ 观察现象，写出反应式。

5. 硝酸和硝酸盐

（1）硝酸的氧化性。

浓硝酸与金属的反应。取一小块铜片放入试管中，滴加浓 $HNO_3$，注意观察放出的气体和溶液颜色，写出反应式。

稀硝酸与金属的反应。取一小块铜片放入试管中，加入稀 $HNO_3$，在水浴中微热，与实验 4 比较，观察两者有何不同。

（2）硝酸盐的热分解。

在干燥的小试管中加入少量固体 $Cu(NO_3)_2$，加热，观察试管中的变化，检验放出的气体。

6. 正磷酸盐的性质

（1）用 pH 试纸分别试验浓度均为 0.1 mol/L 的 $Na_3PO_4$、$Na_2HPO_4$ 和 $NaH_2PO_4$ 溶液，然后分别取 10 滴三种溶液加入三支试管中，各加入 10 滴 0.1 mol/L $AgNO_3$ 溶液，观察黄色磷酸银沉淀的生成，再分别用 pH 试纸检查它们，前后 pH 有何变化？试加以解释。

（2）分别取浓度均为 0.1 mol/L 的 $Na_3PO_4$、$Na_2HPO_4$ 和 $NaH_2PO_4$ 溶液于试管中，各加入 0.1 mol/L $CaCl_2$ 溶液，观察有无沉淀产生？加入氨水后各有何变化？再分别加入 2 mol/L HCl，又有何变化？除碱金属和铵盐外，其他金属离子只有与 $H_2PO_4^-$ 生成的盐是可溶的，其余都不可溶。

7. 锑（Ⅲ）、铋（Ⅲ）的氧化物或氢氧化物的酸碱性

（1）$Sb(OH)_3$ 的生成和性质。

1）在 $SbCl_3$ 溶液中逐滴加入 2 mol/L NaOH 溶液，有何现象？写出相应的反应式。

2）分别试验 $Sb(OH)_3$ 沉淀对 6 mol/L HCl 和 6 mol/L NaOH 溶液的作用，写出相应的反应式。

（2）$Bi(OH)_3$ 的生成和性质。

1）在 $Bi(NO_3)_3$ 溶液中加入 2 mol/L NaOH 溶液，观察现象，写出反应式。

2）试验 $Bi(OH)_3$ 对 6 mol/L HCl 溶液和 6 mol/L NaOH 溶液的作用，写出相应的反应式。

综合以上实验结果，比较三价锑、铋的氢氧化物或氧化物的酸碱性，并指出它们的变化

规律。

8. 锑（Ⅲ）、铋（Ⅲ）盐的水解

（1）取少量 $SbCl_3$ 溶液加以稀释，观察有何现象发生？再滴加 6 mol/L HCl 溶液，沉淀是否溶解？再稀释，又有什么变化？写出反应式，并加以解释。

（2）取 1～2 滴 0.5 mol/L $BiCl_3$ 溶液，加水稀释，观察有何现象发生？再滴加 6 mol/L HCl 溶液，沉淀是否溶解？再稀释，又有什么变化？写出反应式，并加以解释。

9. 铋（Ⅲ）的还原性和铋（Ⅴ）的氧化性

（1）在试管中加少量的 $Bi(NO_3)_3$ 溶液，加入 6 mol/L NaOH 溶液和氯水，加热，观察黄色粒状沉淀产生，离心分离，倾去溶液，再加浓 HCl 作用于沉淀上，观察现象，试鉴别气体产物并加以解释。

（2）取少量的固体 $NaBiO_3$ 于试管中，加入 3 滴 0.02 mol/L $MnSO_4$ 溶液和 2 mL 0.2 mol/L $HNO_3$，水浴加热，观察实验现象，写出相应反应式。

## 五、思考题

1. 浓 $HNO_3$ 和稀 $HNO_3$ 与金属、非金属及一些还原性化合物反应时，氮的主要还原产物是什么？

2. 已知 $H_3PO_4$、$NaH_2PO_4$、$Na_2HPO_4$、$Na_3PO_4$ 四种溶液的物质的量浓度相同，但它们依次显酸性、弱酸性、弱碱性、碱性，试从平衡角度解释之。

3. 应如何配制 $SbCl_3$ 和 $BiCl_3$ 的水溶液？

4. 如何分离 $Sb^{3+}$ 和 $Bi^{3+}$ 离子？

# 实验 27 硫、卤 素

## 一、实验目的

1. 掌握硫化氢、硫代硫酸盐的还原性
2. 了解多硫化物的化学性质
3. 掌握卤素单质的氧化性、卤化氢还原性的递变规律，掌握卤素含氧酸盐的氧化性

## 二、实验原理

S 的化合物 $H_2S$ 中 S 的氧化数为 $-2$，它是强还原性物质。实验室中常用难溶于水的金属硫化物（如 FeS）与稀酸反应制备 $H_2S$ 气体。硫代乙酰胺在酸性或碱性溶液中加热能很快分解出 $H_2S$，因此常用它代替 $H_2S$ 做某些性质实验。根据 $H_2S$ 特有的腐蛋臭味或能使醋酸铅试纸变黑的现象可检验出 $S^{2-}$。

$SO_2$ 溶于水生成 $H_2SO_3$、$SO_2$、$H_2SO_3$ 及其盐中 S 处于中间氧化数 $+4$，常用作还原剂，但遇到强还原剂时，它们也能起氧化剂的作用。$SO_2$ 和某些有色的有机物作用生成无色的加成物，所以 $SO_2$ 具有漂白性。

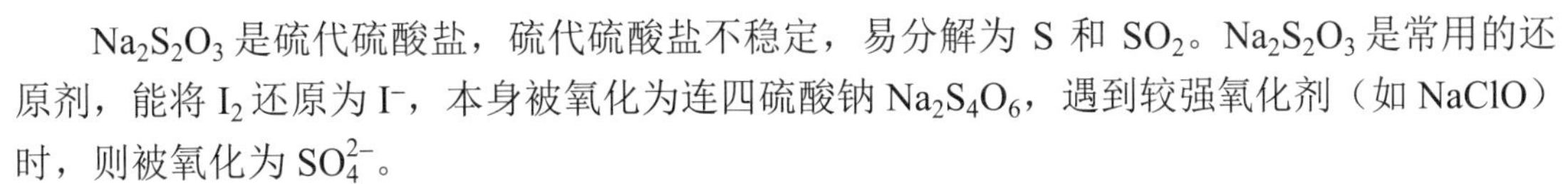

$Na_2S_2O_3$ 是硫代硫酸盐，硫代硫酸盐不稳定，易分解为 S 和 $SO_2$。$Na_2S_2O_3$ 是常用的还原剂，能将 $I_2$ 还原为 $I^-$，本身被氧化为连四硫酸钠 $Na_2S_4O_6$，遇到较强氧化剂（如 NaClO）时，则被氧化为 $SO_4^{2-}$。

卤素原子的价电子层结构 $ns^2np^5$，是典型的非金属元素。除有氧化数为 −1 的化合物外，还有 +1、+3、+5、+7 的化合物存在（氟元素除外）。

卤素单质的氧化能力从 $F_2$ 到 $I_2$ 依次减弱：$F_2 > Cl_2 > Br_2 > I_2$。

卤素阴离子的还原能力从 $I^-$ 到 $F^-$ 依次减弱：$I^- > Br^- > Cl^- > F^-$。

次氯酸钠是强氧化剂，可将 $I^-$ 氧化成 $I_2$。

氯酸钾只有在酸性介质中才可将 $I^-$ 氧化成 $I_2$，进而可将 $I_2$ 氧化成 $IO_3^-$，反应式为

$$ClO_3^- + 6I^- + 6H^+ \longequal 3I_2 + Cl^- + 3H_2O$$

$$5ClO_3^- + 3I_2 + 3H_2O \longequal 6IO_3^- + 5Cl^- + 6H^+$$

## 三、实验用品

仪器：离心机、瓷坩埚、坩埚钳、蒸发皿、烧杯、量筒、离心试管、试管。

试剂与材料：硫粉、锌粉、$Na_2SO_3$（s）、$K_2S_2O_8$（s）、蔗糖、硫酸铜（s）、HCl（浓）、$H_2SO_4$（2 mol/L，6 mol/L，浓）、$HNO_3$（1 mol/L，浓）、HAc（6 mol/L）、$NH_3 \cdot H_2O$（2 mol/L，6 mol/L）、NaOH（2 mol/L，6 mol/L）、$KMnO_4$（0.01 mol/L）、$FeCl_3$（0.1 mol/L）、$AgNO_3$（0.1 mol/L）、$Na_2SO_3$（0.5 mol/L）、$BaCl_2$（0.1 mol/L）、$Na_2S_2O_3$（0.1 mol/L）、$Na_2S$（0.1 mol/L）、$MnSO_4$（0.1 mol/L，0.002 mol/L）、$K_2Cr_2O_7$（0.1 mol/L）、碘水、溴水、氯水、$CCl_4$、硫代乙酰胺（5%）、淀粉溶液，KI（s）、NaCl（s）、KBr（s）、$KClO_3$（s）、NaCl（0.1 mol/L）、KBr（0.1 mol/L）、KI（0.1 mol/L，0.01 mol/L）、NaClO（0.1 mol/L）、$AgNO_3$（0.1 mol/L）、$[Ag(NH_3)_2]^+$（0.1 mol/L）、pH 试纸、品红试纸、醋酸铅试纸、碘化钾 – 淀粉试纸。

## 四、实验内容

### 1. $H_2S$ 的生成及其还原性

（1）取 10 滴 5% 硫代乙酰胺（简称 TAA）溶液，加入 2 滴 2 mol/L $H_2SO_4$ 酸化，水浴加热。观察气体的产生，小心嗅气体，并用醋酸铅试纸检验气体。

（2）取 5 滴 0.01 mol/L $KMnO_4$ 溶液，加 2 滴 2 mol/L $H_2SO_4$ 酸化，再加数滴 5% TAA，水浴加热。

（3）用 0.1 mol/L $K_2Cr_2O_7$ 溶液代替 $KMnO_4$ 溶液重复实验步骤（2）。

（4）取 10 滴 0.1 mol/L $FeCl_3$，加 2 滴 2 mol/L $H_2SO_4$ 酸化，再加数滴 5% TAA，水浴加热。

观察并记录上述实验现象，分别写出相应的反应式，并说明 $H_2S$ 具有什么性质。

### 2. $H_2SO_3$ 及其盐的性质

（1）取 2 mL 0.5 mol/L $Na_2SO_3$，加入 10 滴 2 mol/L $H_2SO_4$，微热。观察气体的产生，小心嗅气体，并分别用 pH 试纸、品红试纸接近试管口，观察现象。

（2）往试管中加入 10 滴 0.01 mol/L 碘水，并加入 2 滴淀粉溶液，然后滴加 0.5 mol/L

$Na_2SO_3$ 溶液，观察现象，写出反应式。

（3）取 10 滴 5% TAA，加入 2 滴 2 mol/L $H_2SO_4$ 酸化，水浴加热，再往试管中加数滴 0.5 mol/L $Na_2SO_3$ 溶液，观察现象，写出反应式。

3. 浓 $H_2SO_4$ 的吸水性和脱水性

（1）取 3 mL 浓 $H_2SO_4$，投入少量蓝色的 $CuSO_4$ 晶体小颗粒，放置片刻，观察现象，解释之，写出反应式。

（2）（选作）取 1 只 50 mL 烧杯加入 12 g 蔗糖和 1mL 水，用玻璃棒搅拌混合均匀，然后将烧杯放在石棉网上，再加入 7 mL 浓 $H_2SO_4$，迅速搅拌混合物。当浓 $H_2SO_4$ 与蔗糖开始反应，即刚出现气泡时，停止搅拌。解释现象并写出反应式。

4. $Na_2S_2O_3$ 的性质

（1）$Na_2S_2O_3$ 的还原性。

取少量 $Na_2S_2O_3 \cdot 5H_2O$ 晶体，加 5 mL 水，溶解后进行以下实验：

1）在盛有 0.5 mL$Na_2S_2O_3$ 溶液的试管中滴加碘水，观察现象，写出反应式。

2）取 0.5 mL$Na_2S_2O_3$ 溶液，加 2 滴 2 mol/L NaOH 溶液，滴加氯水，设法检验反应中生成的 $SO_4^{2-}$（注意：不要放置太久才检验 $SO_4^{2-}$，否则有少量 $Na_2S_2O_3$ 被分解析出 S 会使溶液变混浊，妨碍检查 $SO_4^{2-}$）。

（2）$Na_2S_2O_3$ 遇酸易分解。

在 $Na_2S_2O_3$ 溶液中加入 2 mol/L HCl 溶液，观察现象，写出反应式。

（3）配位性。

在 4 滴 0.1 mol/L $AgNO_3$ 溶液中，加入 1～2 滴 $Na_2S_2O_3$ 溶液，观察有何现象？放置再观察又有何现象？写出相应的反应式。

另取 2 滴 0.1 mol/L $AgNO_3$ 溶液，连续滴加 $Na_2S_2O_3$ 溶液，有何现象？写出相应的反应式。

5. $K_2S_2O_8$ 的氧化性

（1）把 3 mL 1 mol/L $H_2SO_4$、5 mL 蒸馏水和 2～3 滴 0.002 mol/L $MnSO_4$ 溶液混合均匀后，分成两份：

1）在第一份中加入 1 滴 0.1 mol/L $AgNO_3$ 溶液和少量 $K_2S_2O_8$ 固体，水浴加热，观察溶液的颜色有何变化？

2）在另一份中只加少量的 $K_2S_2O_8$ 固体，水浴加热，观察溶液的颜色有何变化？比较实验步骤 1）、2）的反应情况有何不同？$AgNO_3$ 起何作用？

（2）往盛有 0.5 mL 0.1 mol/L KI 溶液和 0.5 mL 1 mol/L $H_2SO_4$ 的试管中加入少量的 $K_2S_2O_8$ 固体，观察溶液颜色的变化，写出反应式。

6. 多硫化物的生成和性质（选作）

在试管中加入 0.1 mol/L $Na_2S$ 溶液和少量硫粉，加热数分钟，观察溶液颜色的变化。吸取清液于另一试管中，滴加稀 HCl 溶液，观察现象，并用湿润的醋酸铅试纸检验逸出的气体，写出有关的反应式。

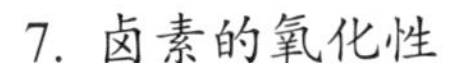

7. 卤素的氧化性

（1）在一支小试管中加入 3 滴 0.1 mol/L KBr 溶液、5 滴 $CCl_4$，再滴加氯水，边滴边振荡，观察 $CCl_4$ 层呈现橙色或橙红色（$Br_2$ 溶于 $CCl_4$ 中，低浓度时呈橙黄色，高浓度时呈橙红色）。

（2）在一支小试管中加入 3 滴 0.1 mol/L KI 溶液、5 滴 $CCl_4$，再滴加氯水，边滴边振荡，观察 $CCl_4$ 层呈现紫红色（$I_2$ 溶于 $CCl_4$ 中呈紫红色，溶于水中呈红棕色或黄棕色）。

（3）在一支小试管中加入 3 滴 0.1 mol/L KI 溶液、5 滴 $CCl_4$，再滴加溴水，边滴边振荡，观察 $CCl_4$ 层的颜色。

根据以上实验结果，比较卤素氧化性的相对大小，写出有关的反应式。

8. 负一价卤素离子的还原性

（1）往盛有少量（米粒大小）KI 固体的试管中加入 2～3 滴浓 $H_2SO_4$，观察反应产物的颜色和状态。把湿的醋酸铅试纸放在管口以检验气体产物，写出反应式。

（2）往盛有少量 KBr 固体的试管中加入 2～3 滴浓 $H_2SO_4$，观察反应产物的颜色和状态。把湿的碘化钾－淀粉试纸放在管口以检验气体产物，写出反应式。

（3）往盛有少量 NaCl 固体的试管（用试管夹夹住）中加入 2～3 滴浓 $H_2SO_4$，观察反应产物的颜色和状态。把湿的 pH 试纸放在管口以检验气体产物。再用玻璃棒蘸些浓 $NH_3 \cdot H_2O$ 移进管口，有何现象？写出反应式。

9. 次氯酸盐、氯酸盐的强氧化性

（1）NaClO 的氧化性。

1）与浓 HCl 溶液反应。

取 5 滴 NaClO 溶液，加入几滴浓 HCl，观察氯气的产生，写出反应式。

2）与 $MnSO_4$ 溶液的反应。

取 5 滴 NaClO 溶液，加入几滴 0.1 mol/L $MnSO_4$ 溶液，观察棕色沉淀 $MnO_2$ 生成，写出反应式。

3）与 KI 溶液的反应。

取 5 滴 0.1 mol/L KI 溶液，慢慢滴加 NaClO 溶液，观察 $I_2$ 的生成，写出方程式。

（2）$KClO_3$ 的氧化性。

1）与浓 HCl 溶液的反应。

取少量 $KClO_3$ 晶体，加几滴浓 HCl 溶液，观察产生的气体的颜色，写出方程式。

2）与 KI 溶液分别在酸性和中性介质中的反应。

取少量 $KClO_3$ 晶体加入约 1mL 水使之溶解，再加入几滴 0.1 mol/L KI 溶液和 0.5 mL $CCl_4$，振荡试管，观察水溶液层或 $CCl_4$ 层颜色有何变化？然后加入 1mL 3 mol/L $H_2SO_4$，振荡试管，观察有何变化（在中性介质中 $KClO_3$ 不能氧化 KI，在强酸性介质中 $KClO_3$ 可将 KI 氧化而生成 $I_2$）？写出反应式。

10. $Cl^-$、$Br^-$、$I^-$混合液的分离、鉴定

（1）取 2～3 滴 $Cl^-$、$Br^-$、$I^-$混合液，加入 1 滴 6 mol/L $HNO_3$ 酸化，再加入 0.1 mol/L $AgNO_3$

溶液至沉淀完全，加热 2 min，离心分离，弃去溶液。

（2）在沉淀中加入 5～10 滴银氨溶液，剧烈搅拌并温热 1 min，离心沉降，移清液于另一试管。

（3）将溶液以 6 mol/L $HNO_3$ 酸化，白色沉淀复又出现，证实 $Cl^-$存在。

（4）在沉淀中加入 5～8 滴 6 mol/L HAc 溶液及少许 Zn 粉，充分搅拌，加热至沉淀颗粒都变黑色，离心分离。

（5）取 3 滴实验步骤（4）的离心液，加入 8 滴 $CCl_4$，逐滴加入氯水，有机层呈显紫色，证实 $I^-$存在。继续滴加氯水，有机层紫色退去呈红褐色，如氯水过量，则呈黄色（BrCl），证实 $Br^-$存在。

**注释**

（1）氯气有毒并有强烈的刺激性，少量吸入会引起胸部疼痛和咳嗽，大量吸入则会中毒死亡。因此实验室闻氯气气味的正确方法为用手在瓶口轻轻煽动，仅使少量的氯气飘进鼻孔。

（2）次氯酸盐能杀菌，自来水常用氯气杀菌消毒。

（3）溴、碘较难溶于水而易溶于汽油、苯、四氯化碳、乙醇等有机溶剂中，医疗上用的碘酒就是碘的乙醇溶液。

## 五、思考题

1. 实验室长期放置的 $H_2S$ 溶液、$Na_2S$ 溶液和 $Na_2SO_3$ 溶液会发生什么变化？
2. 有 $H_2S$ 产生的实验操作中，应注意哪些安全措施？
3. 如何区别 $Na_2SO_3$ 和 $Na_2SO_4$、$Na_2SO_3$ 和 $Na_2S_2O_3$ 以及 $K_2S_2O_8$ 和 $K_2SO_4$？
4. 在进行卤素离子的还原性实验时需注意哪些操作？怎样闻气味？
5. 如何区别次氯酸盐的溶液和氯酸盐溶液？本实验中哪些实验可以比较出次氯酸钠和氯酸钾的氧化性？

# 实验 28　钒、钛、铬、锰

## 一、实验目的

1. 掌握钛、钒、铬、锰主要氧化态化合物的重要性质及各氧化态之间相互转化的条件
2. 观察各种氧化态化合物的颜色

## 二、实验原理

1. 钒的重要化合物

$V_2O_5$ 是两性偏酸性的氧化物，微溶于水，易溶于碱，能溶于强酸，具有强氧化性。钒酸盐有偏钒酸盐（$MVO_3$）和正钒酸盐（$M_3VO_4$），有关反应式为

$$V_2O_5 + 6MOH = 2M_3VO_4 + 3H_2O$$

$$V_2O_5 + Na_2CO_3 = 2NaVO_3 + CO_2\text{（加热）}$$

$$V_2O_5+2H^+ = 2VO_2^+（淡黄色）+H_2O$$

$$V_2O_5+6H^++2Cl^- = 2VO^{2+}（蓝色）+3H_2O+Cl_2$$

$$V_2O_5+4H^++SO_3^{2-} = 2VO^{2+}+2H_2O+SO_4^{2-}$$

$$2VO_4^{3-}+2H^+ \rightleftharpoons 2HVO_4^{2-} \rightleftharpoons V_2O_7^{4-}+H_2O$$

$$3V_2O_7^{4-}+6H^+ \rightleftharpoons 2V_3O_9^{3-}+3H_2O$$

$VO_2^+$具有强的氧化性，如：

$$VO_2^++2H^++Fe^{2+} = VO^{2+}+H_2O+Fe^{3+}$$

在 $NH_4VO_3$ 的盐酸溶液中加入 Zn，会依次看到生成蓝色 $VO^{2+}$、绿色 $V^{3+}$，最后生成紫色 $V^{2+}$。$V^{2+}$有较强的还原性，能从水中置换出氢。

2. 钛的重要化合物

在室温下，$Ti^{4+}$的化合物水解或与碱反应，可生成正钛酸（$H_4TiO_4$）即 α－钛酸。它溶于冷的稀无机酸，且能与强碱反应。在煮沸下，$Ti^{4+}$盐水解，可生成偏钛酸（$H_3TiO_3$）即 β－钛酸，它不溶于稀酸，也不与碱作用。在酸性介质中，用锌还原 $Ti^{4+}$盐，可得到紫色 $Ti^{3+}$离子。

$$2TiCl_4+H_2 = 2TiCl_3+2HCl（生成紫色粉末状三氯化钛）$$

$2TiCl_4+Zn = 2TiCl_3+ZnCl_2$（在水溶液中析出 $TiCl_3·6H_2O$ 紫色晶体，而在乙醚层中得到绿色 $TiCl_3·6H_2O$）。

$$Ti^{3+}+3OH^- = Ti(OH)_3\downarrow$$

$$2Ti^{3+}+3H_2O+3CO_3^{2-} = 2Ti(OH)_3\downarrow+3CO_2（紫色沉淀）$$

$Ti^{3+}$是一种较强的还原剂，在空气中易被氧化：

$$4Ti^{3+}+2H_2O+O_2 = 4TiO^{2+}+4H^+$$

$$TiO^{2+}+2OH^-+H_2O = Ti(OH)_4\downarrow$$

3. 铬的重要化合物

在酸性溶液中，$Cr^{3+}$离子最稳定，$Cr^{2+}$离子是强还原剂，而离子 $Cr_2O_7^{2-}$是强氧化剂。在碱性溶液中 $Cr^{3+}$离子有强还原性。铬酸是中强酸，$CrO_4^{2-}$离子和 $Cr_2O_7^{2-}$离子的相互转化：

$$2CrO_4^{2-}（黄色）+2H^+ \rightleftharpoons Cr_2O_7^{2-}（橙红色）+H_2O$$

无论是在铬酸盐溶液或重铬酸盐溶液中加入金属离子，都可生成铬酸盐沉淀。在酸性溶液中重铬酸盐是强氧化剂：

$$Cr_2O_7^{2-}+6Fe^{2+}+14H^+ = 2Cr^{3+}+6Fe^{3+}+7H_2O$$

$$K_2Cr_2O_7+14HCl = 2CrCl_3+2KCl+7H_2O+3Cl_2$$

$Cr^{3+}$离子表现出较大的稳定性，容易与配体形成配合物，它的化合物都显颜色。主要方程式：

$$2Cr^{3+}+3S_2O_8^{2-}+7H_2O = Cr_2O_7^{2-}+6SO_4^{2-}+14H^+（AgNO_3 作催化剂）$$

$$10Cr^{3+}+6MnO_4^-+11H_2O = 5Cr_2O_7^{2-}+6Mn^{2-}+22H^+$$

$$2Cr^{3+}+Zn = 2Cr^{2+}（蓝色）+Zn^{2+}$$

4. 锰的重要化合物

（1）氧化数为＋7 的化合物（$KMnO_4$）的化学性质。

$$2KMnO_4 = K_2MnO_4 + MnO_2 + O_2$$

$$4MnO_4^- + 4H^+ = 4MnO_2 + 2H_2O + 3O_2$$

$$2MnO_4^- + 6H^+ + 5H_2S = 2Mn^{2+} + 8H_2O + 5S$$

$$6MnO_4^- + 8H^+ + 5S = 6Mn^{2+} + 4H_2O + 5SO_4^{2-}$$

（2）氧化数为+4 的化合物（$MnO_2$）的化学性质。

$$3MnO_2 = Mn_3O_4 + O_2 \text{（＞530 ℃）}$$

$$MnO_2 + H_2 = MnO + H_2O \text{（450～500 ℃）}$$

$$2MnO_2 + 2H_2SO_4 = 2MnSO_4 + O_2 + 2H_2O$$

$$MnO_2 + 4HCl = MnCl_2 + Cl_2 + 2H_2O$$

四价锰不稳定，一般以配合物形式出现：

$$MnO_2 + 2HF + 2KHF_2 = K_2[MnF_6] + 2H_2O$$

（3）氧化数为+2 的化合物（$Mn^{2+}$）的化学性质。

$$Mn^{2+} + 2OH^- = Mn(OH)_2 \text{（白色）}$$

$$2Mn(OH)_2 + O_2 = 2MnO(OH)_2 \text{（棕色）}$$

在硝酸溶液中，$NaBiO_3$ 或 $PbO_2$ 等强氧化剂能把 $Mn^{2+}$氧化为 $MnO_4^-$：

$$2Mn^{2+} + 5\,NaBiO_3 + 14H^+ = 2MnO_4^- + 5Bi^{3+} + 5Na^+ + 7\,H_2O$$

$Mn^{2+}$过多时紫红色也会消失：

$$2\,MnO_4^- + 3\,Mn^{2+} + 2H_2O = 5\,MnO_2 + 4H^+$$

## 三、实验用品

仪器：试管、台秤、水浴锅、蒸发皿、烧杯、滴管等。

试剂与材料：二氧化钛、锌粒、偏钒酸铵、二氧化锰、亚硫酸钠、高锰酸钾、$H_2SO_4$（浓，1 mol/L）、$H_2O_2$（3%）、NaOH（40%，6 mol/L，2 mol/L，0.1 mol/L）、$TiCl_4$、$CuCl_2$（0.2 mol/L）、HCl（浓，6 mol/L，2 mol/L，0.1 mol/L）、$NH_4VO_3$（饱和）、$NH_3 \cdot H_2O$（2 mol/L）、$K_2Cr_2O_7$（0.1 mol/L）、$FeSO_4$（0.5 mol/L）、$K_2CrO_4$（0.1 mol/L）、$AgNO_3$（0.1 mol/L）、$BaCl_2$（0.1 mol/L）、$Pb(NO_3)_2$（0.1 mol/L）、$MnSO_4$（0.2 mol/L）、$NH_4Cl$（2 mol/L）、NaClO（稀）、$H_2S$（饱和）、$Na_2S$（0.1 mol/L，0.5 mol/L）、$KMnO_4$（0.1 mol/L）、$Na_2SO_3$（0.1 mol/L）、pH 试纸、沸石。

## 四、实验内容

### 1. 钒的化合物的重要性质

（1）取 0.5 g 偏钒酸铵固体放入蒸发皿中，在酒精灯上加热，并不断搅拌，观察并记录反应过程中固体颜色的变化，将产物分为 4 份。

在第 1 份产物中，加入 1 mL 浓 $H_2SO_4$，振荡，放置。观察溶液颜色，固体是否溶解。在第 2 份产物中，加入 6 mol/L NaOH 溶液，加热，有何变化。在第 3 份产物中，加入少量蒸馏水，煮沸，静置，待其冷却后，用 pH 试纸测定溶液的 pH。在第 4 份产物中，加入浓盐酸，观察有何变化。微沸，检验气体产物，加入少量蒸馏水，观察溶液颜色。写出有关的

反应方程式，总结五氧化二钒的特性。

（2）低价钒的化合物的生成。

在盛有 1 mL 氯化氧钒溶液（在 0.2 g 偏钒酸铵固体中，加入 5 mL 6 mol/L HCl 溶液和 2 mL 蒸馏水）的试管中，加入 1 颗锌粒，放置片刻，观察并记录反应过程中溶液颜色的变化，并加以解释。

（3）过氧钒阳离子的生成。

在盛有 0.5 mL 饱和偏钒酸铵溶液的试管中，加入 0.5 mL 2 mol/L HCl 溶液和 2 滴 3% $H_2O_2$ 溶液，观察并记录产物的颜色和状态。

（4）钒酸盐的缩合反应。

1）取 4 支试管，分别加入 10 mL pH 分别为 13、3、2 和 1（用 0.1 mol/L NaOH 和 0.1 mol/L HCl 配制）的水溶液，再向每支试管中加入 0.1 g 偏钒酸铵固体（约一角匙尖）。振荡试管使之溶解。观察现象并加以解释。

2）将 pH 为 1 的试管放入热水浴中，向试管内缓慢滴加 0.1 mol/L NaOH 溶液并振荡试管。观察颜色变化，记录该颜色下溶液的 pH。

3）将 pH 为 13 的试管放入热水浴中，向试管内缓慢滴加 0.1 mol/L HCl，并振荡试管。观察颜色变化，记录该颜色下溶液的 pH。

2. 钛的化合物的重要性质

二氧化钛的性质和过氧钛酸根的生成。在试管中加入米粒大小的二氧化钛粉末，加入 2 mL 浓 $H_2SO_4$，再加入几粒沸石，摇动试管加热至近沸（注意防止浓硫酸溅出），观察试管的变化。冷却静置后，取 0.5 mL 溶液，加入 1 滴 3% $H_2O_2$，观察现象。

另取少量二氧化钛固体，注入 2 mL 40% NaOH 溶液，加热。静置后，取上层清液，小心地滴入浓 $H_2SO_4$ 至溶液呈酸性，加入几滴 3% $H_2O_2$，检验二氧化钛是否溶解。

3. 铬的化合物的重要性质

（1）铬（Ⅵ）的氧化性。

$Cr_2O_7^{2-}$转变为 $Cr^{3+}$。在约 0.5 mL 重铬酸钾溶液中，加入少量所选择的还原剂，观察溶液颜色的变化（如果现象不明显，该怎么办？），写出反应方程式（保留溶液供实验步骤（3）用）。

（2）铬（Ⅵ）的缩合平衡。$Cr_2O_7^{2-}$与 $CrO_4^{2-}$的相互转化（自己选择试剂）。

（3）氢氧化铬（Ⅲ）的两性。$Cr^{3+}$转变为 $Cr(OH)_3$ 沉淀，并试验 $Cr(OH)_3$ 的两性。

在实验步骤（1）所保留的 $Cr^{3+}$溶液中，逐滴加入 0.1 mol/L NaOH 溶液，观察沉淀物的颜色，写出反应方程式。

将所得沉淀物分成两份，分别试验与酸、碱的反应，观察溶液的颜色，写出反应方程式。

（4）铬（Ⅲ）的还原性。

$CrO_2^-$转变为 $CrO_4^{2-}$：在实验步骤（3）得到的 $CrO_2^-$溶液中，加入少量所选择的氧化剂，水浴加热，观察溶液颜色的变化，写出反应方程式。

（5）重铬酸盐和铬酸盐的溶解性。

分别在 $Cr_2O_7^{2-}$和 $CrO_4^{2-}$溶液中，各加入少量 $Pb(NO_3)_2$、$BaCl_2$ 和 $AgNO_3$，观察产物的颜色和状态，比较并解释实验结果，写出反应方程式。

4. 锰的化合物的重要性质

（1）氢氧化锰（Ⅱ）的生成和性质。

取 10 mL 0.2 mol/L $MnSO_4$ 溶液分成 4 份：

第 1 份滴加 0.2 mol/L NaOH 溶液，观察沉淀的颜色。振荡试管，有何变化？

第 2 份滴加 0.2 mol/L NaOH 溶液，产生沉淀后加入过量的 NaOH 溶液，沉淀是否溶解？

第 3 份滴加 0.2 mol/L NaOH 溶液，迅速加入 2 mol/L HCl 溶液，有何现象发生？

第 4 份滴加 0.2 mol/L NaOH 溶液，迅速加入 2 mol/L $NH_4Cl$ 溶液，沉淀是否溶解？

写出上述有关反应方程式。此实验说明 $Mn(OH)_2$ 具有哪些性质？

（2）二氧化锰的生成和氧化性。

1）往盛有少量 0.1 mol/L $KMnO_4$ 溶液中，逐滴加入 0.2 mol/L $MnSO_4$ 溶液，观察沉淀的颜色。往沉淀中加入 1 mol/L $H_2SO_4$ 溶液和 0.1 mol/L $Na_2SO_3$ 溶液，沉淀是否溶解？写出有关反应方程式。

2）在盛有少量（米粒大小）二氧化锰固体的试管中加入 2 mL 浓硫酸，加热，观察反应前后颜色。有何气体产生？写出反应方程式。

（3）高锰酸钾的性质。

分别试验高锰酸钾溶液与亚硫酸钠溶液在酸性（1 mol/L $H_2SO_4$）、近中性（蒸馏水）、碱性（6 mol/L NaOH 溶液）介质中的反应，比较它们的产物因介质不同有何不同？写出反应式。

**注释**

（1）Ti（Ⅳ）能生成很多种配合物，如$[TiF_6]^{2-}$、$[TiCl_6]^{2-}$、$[Ti(NH_3)_6]^{4+}$等。$TiO^{2+} + H_2O_2 = [TiO(H_2O_2)]^{2+}$，生成橘黄色的配合物，可鉴定 Ti（Ⅳ）。

（2）在铬的配合物中，以 $Cr^{3+}$的配合物最多。$Cr^{3+}$的配合物几乎都是配位数为 6。$Cr^{3+}$的配合物有一特点，就是某一配合物生成后，当其他配位体与之发生交换（或取化）的反应速率很小，因此往往同一组分的配合物，可有多种异构体存在。如 $CrCl_3 \cdot 6H_2O$ 有三种异构体：$[Cr(H_2O)_6]Cl_3$、$[CrCl(H_2O)_5]Cl_2 \cdot H_2O$、$[CrCl_2(H_2O)_4]Cl \cdot 2H_2O$，在水溶液中的颜色分别为紫色 $\longrightarrow$（冷却 HCl）$\longrightarrow$ 蓝绿色 $\longrightarrow$（乙醚 HCl）$\longrightarrow$ 绿色，这样的异构体为水合异构体。

## 五、思考题

1. 总结 $Cr_2O_7^{2-}$与 $CrO_4^{2-}$相互转化的条件及它们形成相应盐的溶解性大小。
2. 在水溶液中能否有 $Ti^{4+}$、$Ti^{2+}$或 $TiO_4^{4-}$等离子的存在？
3. 根据试验结果，总结钒化合物的性质。
4. 根据试验结果，绘制铬的各种氧化态转化关系图。

# 实验 29　铁系元素与铜锌分族

## 一、实验目的

1. 掌握铁、钴、镍氢氧化物、配合物的生成和性质

2. 掌握二价铁、钴、镍的还原性和三价铁、钴、镍的氧化性
3. 了解铜、银、锌氧化物、氢氧化物、硫化物的生成和性质
4. 掌握铜、银和锌重要配合物的性质及重要的氧化还原性

## 二、实验原理

Fe、Co、Ni 属Ⅷ族元素，常见氧化态为+2 和+3。

铁系元素氢氧化物均难溶于水，其氧化还原性质可归纳如下：

还原性增强 ←

| $Fe(OH)_2$ | $Co(OH)_2$ | $Ni(OH)_2$ |
| --- | --- | --- |
| 白色 | 粉红 | 绿色 |
| $Fe(OH)_3$ | $Co(OH)_3$ | $Ni(OH)_3$ |
| 棕红色 | 棕色 | 黑色 |

→ 氧化性增强

有关反应方程式：

$$Fe^{2+} + 2OH^- = Fe(OH)_2 \downarrow$$
$$4\,Fe(OH)_2 + O_2 + 2H_2O = 4Fe(OH)_3$$
$$CoCl_2 + 2NaOH = Co(OH)_2 \downarrow + 2NaCl$$
$$4Co(OH)_2 + O_2 + 2H_2O = 4Co(OH)_3$$
$$2Co(OH)_2 + Cl_2 + 2NaOH = 2Co(OH)_3 + 2NaCl$$
$$NiSO_4 + NaOH = Ni(OH)_2 \downarrow + Na_2SO_4$$
$$2Ni(OH)_2 + Cl_2 + 2NaOH = 2Ni(OH)_3 + 2NaCl$$
$$Fe(OH)_3 + 3HCl = FeCl_3 + 3H_2O$$
$$2CoO(OH) + 6HCl = 2CoCl_2 + Cl_2 \uparrow + 4H_2O$$
$$[Co(OH)_3 \xrightarrow{-H_2O} CoO(OH)]$$
$$2NiO(OH) + 6HCl = 2NiCl_2 + Cl_2 \uparrow + 4H_2O$$
$$[Ni(OH)_3 \xrightarrow{-H_2O} NiO(OH)]$$

铁系元素能形成多种配合物，这些配合物的形成，常作为 $Fe^{2+}$、$Fe^{3+}$、$Co^{2+}$、$Ni^{2+}$离子的鉴定方法，如：

$$2[Fe(CN)_6]^{3-} + 3Fe^{2+} = Fe_3[Fe(CN)_6]_2(s)\text{（腾氏蓝）}$$
$$4Fe^{3+} + 3[Fe(CN)_6]^{4-} = Fe_4[Fe(CN)_6]_3(s)\text{（普鲁士蓝）}$$
$$Fe^{3+} + nSCN^- = [Fe(NCS)n]^{3-n}(n = 1-6)\text{（血红色）}$$

钴的配合物：　$Co^{2+} + 4SCN^- \xrightarrow{\text{乙醚}} [Co(NCS)_4]^{2-}$（蓝色）

$Zn(OH)_2$是两性氢氧化物。$Cu(OH)_2$两性偏碱，能溶于较浓的 NaOH 溶液。$Cu(OH)_2$的热稳定性差，受热分解为 CuO 和 $H_2O$。$Cd(OH)_2$是碱性氢氧化物。AgOH、$Hg(OH)_2$、$Hg_2(OH)_2$都很不稳定，极易脱水变成相应的氧化物，而 $Hg_2O$ 也不稳定，易歧化为 HgO 和 Hg。

某些 Cu（Ⅱ）、Ag（Ⅰ）、Hg（Ⅱ）的化合物具有一定的氧化还原性。例如 $Cu^{2+}$能与 $I^-$ 反应生成 CuI 和 $I_2$；$[Cu(OH)_4]^{2-}$和$[Ag(NH_3)_2]^+$都能被醛类或某些糖类还原，分别生成 Ag 和 $Cu_2O$；$HgCl_2$ 与 $SnCl_2$ 反应用于 $Hg^{2+}$或 $Sn^{2+}$的鉴定。

水溶液中的 $Cu^+$不稳定，易歧化为 $Cu^{2+}$和 Cu。CuCl 和 CuI 等 Cu（Ⅰ）的卤化物难溶于水，通过加合反应可分别生成相应的配离子$[CuCl_2]^-$和$[CuI_2]^-$等，它们在水溶液中较稳定。$CuCl_2$ 溶液与铜屑及浓 HCl 混合后加热可制得$[CuCl_2]^-$，加水稀释时会析出 CuCl 沉淀。

$Ag^+$与稀 HCl 反应生成 AgCl 沉淀，AgCl 溶于 $NH_3 \cdot H_2O$ 溶液生成$[Ag(NH_3)_2]^+$，再加入稀 $HNO_3$ 又生成 AgCl 沉淀，或加入 KI 溶液生成 AgI 沉淀。利用这一系列反应可以鉴定 $Ag^+$。当加入相应的试剂时，还可以实现$[Ag(NH_3)_2]^+$、AgBr(s)、$[Ag(S_2O_3)_2]^{3-}$、AgI(s)、$[Ag(CN)_2]^-$、$Ag_2S$(s)的依次转化。AgCl、AgBr、AgI 等也能通过加合反应分别生成$[AgCl_2]^-$、$[AgBr_2]^-$、$[AgI_2]^-$等配离子。

## 三、实验用品

仪器：试管、离心试管、烧杯、滴管。

试剂与材料：$(NH_4)_2Fe(SO_4)_2 \cdot 6H_2O$（s）、KSCN（s）、$H_2SO_4$（2 mol/L，6 mol/L，1 mol/L）、HCl（浓，2 mol/L）、NaOH（6 mol/L，2 mol/L，40%）、$(NH_4)_2Fe(SO_4)_2$（0.1 mol/L）、$CoCl_2$（0.1 mol/L）、$NiSO_4$（0.1 mol/L）、KI（0.1 mol/L）、$K_4[Fe(CN)_6]$（0.5 mol/L）、氨水（2 mol/L，6 mol/L，浓）、氯水、碘水、四氯化碳、戊醇、乙醚、$H_2O_2$（3%）、$FeCl_3$（0.1 mol/L）、KSCN（0.1 mol/L）、KI（s）、铜屑（s）、$HNO_3$（3 mol/L，浓）、$CuSO_4$（0.2 mol/L）、$ZnSO_4$（0.2 mol/L）、$CdSO_4$（0.2 mol/L）、$CuCl_2$（0.5 mol/L）、$AgNO_3$（0.1 mol/L）、$Na_2S$（0.1 mol/L）、$SnCl_2$（0.2 mol/L）、KSCN（0.1 mol/L）、$Na_2S_2O_3$（0.5 mol/L）、葡萄糖溶液（10%）、淀粉－碘化钾试纸。

## 四、实验内容

### 1. 铁（Ⅱ）、钴（Ⅱ）、镍（Ⅱ）的化合物的还原性

（1）铁（Ⅱ）的还原性。

1）酸性介质：往盛有 3 滴氯水的试管中加入 3 滴 6 mol/L $H_2SO_4$ 溶液，然后滴加$(NH_4)_2Fe(SO_4)_2$溶液，观察现象，写出反应式（如现象不明显，可加入 1 滴 KSCN 溶液，出现红色，证明有 $Fe^{3+}$生成）。

2）碱性介质。在一试管中加入 2 mL 蒸馏水和 3 滴 6 mol/L $H_2SO_4$ 溶液煮沸，以赶尽溶于其中的空气，然后溶入少量硫酸亚铁铵晶体。在另 1 支试管中加入 3 mL 6 mol/L NaOH 溶液煮沸，冷却后，用长滴管吸取 NaOH 溶液，插入$(NH_4)_2Fe(SO_4)_2$ 溶液（直至试管底部），慢慢挤入滴管中的 NaOH 溶液，观察产物颜色和状态。振荡后放置一段时间，观察又有何变化，写出反应方程式。产物留作下面实验用。

（2）钴（Ⅱ）的还原性。

1）往盛有 $CoCl_2$ 溶液的试管中加入氯水，观察有何变化。

2）在盛有 0.5 mL $CoCl_2$ 溶液的试管中滴入稀 NaOH 溶液，观察沉淀的生成。所得沉淀分成 2 份，将第 1 份置于空气中，第 2 份加入新配制的氯水，观察有何变化，第 2 份留作下

面实验用。

（3）镍（Ⅱ）的还原性。

用 $NiSO_4$ 溶液按钴（Ⅱ）的还原性实验（1）、（2）操作，观察现象，第 2 份沉淀留作下面实验用。

2. 铁（Ⅲ）、钴（Ⅲ）、镍（Ⅲ）的化合物的氧化性

（1）在前面实验中保留下来的氢氧化铁（Ⅲ）、氢氧化钴（Ⅲ）和氢氧化镍（Ⅲ）沉淀中均加入浓盐酸，振荡后各有何变化，并用碘化钾淀粉试纸检验放出的气体。

（2）在上述制得 $FeCl_3$ 溶液中加入 KI 溶液，再加入 $CCl_4$，振荡后观察现象，写出反应方程式。

3. 配合物的生成

（1）铁的配合物。

1）往盛有 3 滴亚铁氰化钾（六氰合铁（Ⅱ）酸钾）溶液的试管中，加入约 3 滴碘水，摇动试管后，滴入数滴硫酸亚铁铵溶液，有何现象发生？此为 $Fe^{2+}$的鉴定反应。

2）向盛有 3 滴新配制$(NH_4)_2Fe(SO_4)_2$溶液的试管中加入碘水，摇动试管后，将溶液分成 2 份，各加入数滴硫氰酸钾溶液，然后向其中 1 支试管中加入 3 滴 3% $H_2O_2$ 溶液，观察现象。此为 $Fe^{3+}$的鉴定反应。

3）往 $FeCl_3$ 溶液中加入 $K_4[Fe(CN)_6]$溶液，观察现象，写出反应方程式。这是鉴定 $Fe^{3+}$的一种常用方法。

4）往盛有 3 滴 0.1 mol/L $FeCl_3$ 的试管中，滴入浓氨水至过量，观察沉淀是否溶解。

（2）钴的配合物。

1）往盛有 3 滴 $CoCl_2$ 溶液的试管里加入少量硫氰酸钾固体，观察固体周围的颜色，再加入 3 滴戊醇，振荡后，观察水相和有机相的颜色，这个反应可用来鉴定 $Co^{2+}$。

2）往 3 滴 $CoCl_2$ 溶液中滴加浓氨水，至生成的沉淀刚好溶解为止，静置一段时间后，观察溶液的颜色有何变化。

（3）镍的配合物。

往盛有 1 mL 0.1 mol/L $NiSO_4$ 溶液中加入过量的 6 mol/L 氨水，观察现象。静置片刻，再观察现象，写出离子反应方程式。把溶液分成 4 份：第 1 份加入 2 mol/L NaOH 溶液，第 2 份加入 1 mol/L $H_2SO_4$ 溶液，第 3 份加水稀释，第 4 份煮沸，观察有何变化。

4. 铜、银、锌、镉氧化物或氢氧化物的生成和性质

（1）铜、锌、镉氢氧化物的生成和性质。

向分别盛有 5 滴 0.2 mol/L $CuSO_4$、$ZnSO_4$、$CdSO_4$ 溶液的试管中加入新配制的 2 mol/L NaOH 溶液，观察溶液颜色及状态。将各试管中沉淀分成 2 份：第 1 份加入 2 mol/L $H_2SO_4$，第 2 份继续滴加 2 mol/L NaOH 溶液，观察现象，写出反应式。

（2）银氧化物的生成和性质。

取 5 滴 0.1 mol/L $AgNO_3$ 溶液，滴加新配制的 2 mol/L NaOH，观察 $Ag_2O$（为什么不是 AgOH）的颜色和状态。离心分离沉淀并洗涤，将沉淀分成 2 份：第 1 份加入 2 mol/L $HNO_3$，第 2 份加入 2 mol/L 氨水。观察现象，写出反应式。

5. 锌、镉硫化物的生成和性质

往分别盛有 5 滴 0.2 mol/L $ZnSO_4$、$CdSO_4$ 的离心试管中滴加 0.1 mol/L $Na_2S$ 溶液。观察沉淀生成和颜色。

将沉淀离心分离、洗涤，然后将每种沉淀分成 2 份：第 1 份加入 2 mol/L 盐酸，第 2 份加入浓盐酸。观察沉淀溶解情况。

6. 铜、银、锌的配合物

氨合物的生成：往分别盛有 5 滴 0.2 mol/L $CuSO_4$、$AgNO_3$、$ZnSO_4$ 溶液的试管中滴加 2 mol/L 氨水。观察沉淀的生成，继续加入过量的 2 mol/L 氨水，又有何现象发生？写出反应方程式。

7. 铜的氧化还原性

（1）氧化亚铜的生成和性质。

取 5 滴 0.2 mol/L $CuSO_4$ 溶液，滴加过量的 6 mol/L NaOH 溶液，使初生成的蓝色沉淀溶解成深蓝色溶液。然后在溶液中加入 1mL 10% 葡萄糖溶液，混匀后微热，有黄色沉淀产生进而变成红色沉淀。写出有关反应方程式。

将沉淀离心分离，洗涤，分成 2 份：

第 1 份沉淀与 0.5 mL 2 mol/L $H_2SO_4$ 作用，静置一会儿，注意沉淀的变化。然后加热至沸，观察有何现象。

第 2 份沉淀中加入 0.5 mL 浓氨水，振荡后，静置一段时间，观察溶液的颜色。放置一段时间后，溶液为什么会变成深蓝色？

（2）氯化亚铜的生成和性质。

1）氯化亚铜的制备。在小试管中，加入 1 mL 0.5 mol/L $CuCl_2$ 溶液、1 mL 浓盐酸和少量（0.5 g）铜屑用酒精灯加热沸腾（1～2 min），直到溶液由深棕色变成极浅的棕黄色或无色时停止。静置数秒，使未反应的铜屑下沉后，把全部溶液倾入 100 mL 蒸馏水中，立即析出大量的白色沉淀 CuCl。静置至大部分沉淀析出后倾出溶液，并用适量蒸馏水洗涤沉淀，洗涤至无蓝色为止。

2）氯化亚铜的性质。迅速取少量上述方法制得的氯化亚铜粉末于两支小试管中，各加入 3～5 mL 液体石蜡封闭，用 1 支较长的干净滴管排尽空气后吸入氨气再次饱和的浓氨水，（目的是为了驱赶溶解在氨水里的氧，或加入刚开瓶的浓氨水），不松手直接把吸有浓氨水的滴管小心地插入装有氯化亚铜和液体石蜡的液面下，慢慢地放出大部分浓氨水，然后轻轻取出滴管，用上述方法加浓氨水直到氯化亚铜全部溶解为止。在另 1 支试管中用同样的方法加浓盐酸至氯化亚铜全部溶解。观察现象，写出反应方程式。

（3）碘化亚铜的生成和性质。

在盛有 0.5 mL 0.2 mol/L $CuSO_4$ 溶液中的试管中，边滴加 0.1 mol/L KI 溶液边振荡，溶液变成棕黄色（CuI 为白色沉淀 $I_2$ 溶于 KI 溶液呈黄色）。再滴加适量的 0.5 mol/L $Na_2S_2O_3$ 溶液，以除去反应中生成的碘。观察产物的颜色和状态，写出反应方程式。

**注释**

（1）$Cu^{2+}$、$Ag^{+}$、$Zn^{2+}$、$Cd^{2+}$、$Hg^{2+}$ 与饱和的 $H_2S$ 溶液反应都能生成相应的硫化物。ZnS

能溶于稀 HCl。CdS 不溶于稀 HCl，但溶于浓 HCl。利用黄色 CdS 的生成反应可以鉴定 $Cd^{2+}$。$CuS$ 和 $Ag_2S$ 溶于浓 $HNO_3$。HgS 溶于王水。$Cu^{2+}$与 $K_4[Fe(CN)_6]$在中性或弱酸性溶液中反应，生成红棕色沉淀 $Cu_2[Fe(CN)_6]$，此反应用于鉴定 $Cu^{2+}$。

（2）$Cu^{2+}$、$Cu^{+}$、$Ag^{+}$、$Zn^{2+}$、Cd2$^{+}$、$Hg^{2+}$都能形成氨合物。$[Cu(NH_3)_2]^{+}$是无色的，易被空气中的 $O_2$ 氧化为深蓝色的$[Cu(NH_3)_4]^{2+}$。$Cu^{2+}$、$Ag^{+}$、$Zn^{2+}$、$Cd^{2+}$、$Hg^{2+}$与适量氨水反应生成氢氧化物、氧化物或碱式盐沉淀，而后溶于过量的氨水（有的需要有 $NH_4Cl$ 存在）。

## 五、思考题

1. 制取 $Co(OH)_3$、$Ni(OH)_3$ 时，为什么要以 Co（Ⅱ）、Ni（Ⅱ）为原料在碱性溶液中进行氧化，而不用 Co（Ⅲ）、Ni（Ⅲ）直接制取？

2. 怎样分离溶液中的 $Fe^{3+}$和 $Ni^{2+}$？

3. 在制备氯化亚铜时，能否使氯化铜和铜屑在盐酸酸化呈微弱的酸性条件下反应？为什么？若用浓氯化钠溶液代替盐酸此反应能否进行？为什么？

4. 在白色氯化亚铜沉淀中加入浓氨水或浓盐酸后形成什么颜色溶液？放置一段时间后会变成蓝色溶液，为什么？

# 第 8 章　综合和设计型实验

## 实验 30　硫酸亚铁铵的制备及其组成分析

### 一、实验目的

1. 了解复盐的一般特性及摩尔盐的制备方法
2. 熟练掌握水浴加热、蒸发、结晶及减压过滤的等操作
3. 掌握高锰酸钾滴定法测定 Fe（Ⅱ）的方法，了解产品限量分析方法

### 二、实验原理

硫酸亚铁铵又称摩尔盐，其化学式为$(NH_4)_2Fe(SO_4)_2 \cdot 6H_2O$。它是由$(NH_4)_2SO_4$与 $FeSO_4$ 按 1∶1 结合而成的复盐。其溶解度比组成它的每 1 个组分 $FeSO_4$ 或$(NH_4)_2SO_4$的溶解度都要小。$(NH_4)_2Fe(SO_4)_2 \cdot 6H_2O$ 晶体很容易从混合液中优先析出（见表 8－1）。

**表 8－1　硫酸亚铁、硫酸亚铁铵、硫酸铵在不同温度下的溶解度（g/100 g 水）**

| 化合物 \ 温度/℃ | 10 | 20 | 30 | 40 | 50 |
|---|---|---|---|---|---|
| $FeSO_4 \cdot 7H_2O$ | 20.0 | 26.5 | 32.9 | 40.2 | 48.6 |
| $(NH_4)_2SO_4$ | 73.0 | 75.4 | 78.0 | 81.0 | 84.5 |
| $(NH_4)_2SO_4 \cdot FeSO_4 \cdot 6H_2O$ | 17.2 | 21.6 | 28.1 | 33.0 | 40.0 |

硫酸亚铁铵为浅绿色单斜晶体，在空气中比较稳定，一般亚铁盐易被氧化，所以它是常用的含亚铁离子的试剂，在分析化学中可作为基准物质。它溶于水，不溶于酒精。通常 $FeSO_4$ 是由铁屑与稀硫酸作用而得到的。根据 $FeSO_4$ 的量，加入一定量的$(NH_4)_2SO_4$，二者相互作用后，经过蒸发浓缩、冷却、结晶和过滤，便可得到摩尔盐晶体。

在制备过程中涉及的化学反应如下：

$$Fe + H_2SO_4\text{（稀）} = FeSO_4 + H_2(g)$$

$$FeSO_4 + (NH_4)_2SO_4 + 6H_2O = (NH_4)_2Fe(SO_4)_2 \cdot 6H_2O$$

硫酸亚铁铵新产品质量的检验：产品中主要杂质是铁（Ⅲ），$Fe^{3+}$与 KSCN 形成血红色配位离子$[Fe(SCN)_n]^{3-n}$ 的深浅来目视比色，评定其纯度级别。

## 三、实验用品

仪器：恒温水浴、抽滤器、真空泵、布氏漏斗、酸式滴定管、移液管。

试剂：铁粉、$(NH_4)_2SO_4(s)$、饱和 $Na_2CO_3$、KSCN（1 mol/L）、$H_2SO_4$（3 mol/L）、$K_3[Fe(CN)_6]$（0.1 mol/L）、NaOH（2 mol/L）、$KMnO_4$ 标准溶液（0.100 0 mol/L）、浓 $H_3PO_4$。

## 四、实验内容

### 1. 硫酸亚铁的制备

称取 1.8 g 铁粉加入小锥形瓶（50 或 100 mL）中，往盛有铁粉的锥形瓶中加入 10 mL 3 mol/L $H_2SO_4$ 溶液，锥形瓶放在水浴锅（或自制的水浴）上加热，使铁粉与硫酸反应至不再有气泡冒出为止（30～40 min）。在反应过程中应不时往锥形瓶中加些水，补充被蒸发的水分（保持原体积）。最后得到硫酸亚铁溶液，趁热减压过滤，用少量热水洗涤锥形瓶及漏斗上的残渣，抽干，将滤液倒入 100 mL 烧杯中。

### 2. 硫酸亚铁铵的制备

往盛有硫酸亚铁溶液的烧杯中，加入根据溶液中 $FeSO_4$ 的量，关系式$(NH_4)_2SO_4$与 $FeSO_4$ 按 1:1 称取所需硫酸铵固体约 4.0 g 配成饱和溶液（最终体积控制在 15～20 mL），搅拌，并在水浴上加热使硫酸铵固体全部溶解。（此时溶液的 pH 应该接近 1，如 pH 偏大，可加几滴浓硫酸调节）。水浴蒸发、浓缩至表面出现结晶膜为止。放置冷却，得硫酸亚铁铵晶体。减压过滤除去母液并尽量吸干。把晶体转移到表面皿上晾干片刻，观察晶体颜色，晶形。最后称重，并计算理论产量和产率。

### 3. 产品检验（选作）

（1）定性鉴定产品中 $NH_4^+$、$Fe^{3+}$和 $SO_4^{2-}$离子。

（2）$(NH_4)_2Fe(SO_4)_2 \cdot 6H_2O$ 质量分数的测定。

称取 0.8～0.9 g（准确至 0.000 1 g）产品于 250 mL 锥形瓶中，加 50 mL 不含氧的蒸馏水、15 mL 3 mol/L $H_2SO_4$、2 mL 浓 $H_3PO_4$，使试样溶解。从滴定管中放出约 10 mL $KMnO_4$ 标准溶液于锥形瓶中，加热至 70～80 ℃，再继续用 $KMnO_4$ 标准溶液滴定至溶液刚出现微红色（30 s 内不消失）为终点。根据 $KMnO_4$ 标准溶液的用量 $V$（mL），按照下式计算产品中$(NH_4)_2Fe(SO_4)_2 \cdot 6H_2O$ 的质量分数：

$$w=\frac{5c_{KMnO_4} \cdot V_{KMnO_4} \cdot M \cdot 10^{-3}}{m}$$

式中　$w$——产品中$(NH_4)_2Fe(SO_4)_2 \cdot 6H_2O$ 的质量分数；

$M$——$(NH_4)_2Fe(SO_4)_2 \cdot 6H_2O$ 的摩尔质量；

$m$——所取产品质量。

（3）铁（Ⅲ）的限量分析。

称 0.2 g 样品置于 25 mL 比色管中，用 5mL 不含氧的蒸馏水溶解之，加入 5 滴 3 mol/L $H_2SO_4$ 溶液和 2 滴 1 mol/L 25% KSCN 溶液，继续加不含氧的蒸馏水至比色管 25 mL 刻度线。摇匀，所呈现的红色不得深于标准。

标准：取 15 mL 含有下列数量铁（Ⅲ）的溶液。

Ⅰ级试剂：0.05 mg

Ⅱ级试剂：0.10 mg

Ⅲ级试剂：0.20 mg

然后与样品同样处理（标准由实验教员准备）。

**注释**

（1）若用铁屑代替铁粉，需先去除其表面附着的油污。铁屑先放在小烧杯内，加入适量饱和的碳酸钠溶液，直接在石棉上加热 10 min。用倾倒法除去碱溶液，并用水将铁屑洗净。如果铁屑上仍然有油污，再加适量上述溶液加热，直至铁屑上无油污。

（2）注意控制反应速率，以防止反应过快，反应液喷出。反应过程中产生大量的氢气及少量的有毒气体，应注意通风。

（3）不含氧的蒸馏水。取略多于所需量的蒸馏水于锥形瓶中，在石棉网上小心加热煮沸 10～20 min，冷却后即可使用。

## 五、思考题

1. 为使本实验顺利进行，是铁过量还是硫酸过量？说明理由。
2. 本实验中的过滤操作为什么要采取趁热减压过滤？
3. 为什么制备硫酸亚铁铵晶体时，溶液必须呈酸性？浓缩时是否需搅拌？
4. 本实验计算硫酸亚铁铵的产率时，应以哪种物质的量为准？为什么？

# 实验 31　三草酸合铁（Ⅲ）酸钾的合成及其组成分析

## 一、实验目的

1. 了解配合物制备的一般方法
2. 掌握确定化合物化学式的基本原理和方法
3. 巩固无机合成、滴定分析和重量分析的基本操作
4. 了解表征配合物结构的方法

## 二、实验原理

三草酸合铁（Ⅲ）酸钾 $K_3[Fe(C_2O_4)_3]\cdot 3H_2O$ 为亮绿色单斜晶体，是制备负载型活性铁催化剂的主要原料，也是一些有机反应很好的催化剂，因而具有工业生产价值。易溶于水，难溶于乙醇、丙酮等有机溶剂。110 ℃失去结晶水，230 ℃时分解。具有光敏性，光照下易分解，应避光保存。

有 2 种制法：

第 1 种由 $FeCl_3$ 或 $Fe_2(SO_4)_3$ 与草酸钾直接合成。

第 2 种以 $(NH_4)_2Fe(SO_4)_2\cdot 6H_2O$ 为原料合成。

$$(NH_4)_2Fe(SO_4)_2 \cdot 6H_2O + H_2C_2O_4 = FeC_2O_4 \cdot 2H_2O(s) + (NH_4)_2SO_4 + H_2SO_4 + 4H_2O$$

在过量草酸钾存在下，用过氧化氢将草酸亚铁氧化为草酸合铁（Ⅲ）酸钾配合物。同时有氢氧化铁生成，反应式为

$$6FeC_2O_4 \cdot 2H_2O + 3H_2O_2 + 6K_2C_2O_4 = 4K_3[Fe(C_2O_4)_3] + 2Fe(OH)_3(s) + 12H_2O$$

加入适量草酸可使 $Fe(OH)_3$ 转化为三草酸合铁（Ⅲ）酸钾，反应式为

$$2Fe(OH)_3 + 3H_2C_2O_4 + 3K_2C_2O_4 = 2K_3[Fe(C_2O_4)_3] + 6H_2O$$

后两步骤总反应式为

$$2FeC_2O_4 \cdot 2H_2O + H_2O_2 + 3K_2C_2O_4 + H_2C_2O_4 = 2K_3[Fe(C_2O_4)_3] \cdot 3H_2O$$

加入乙醇放置，由于三草酸合铁（Ⅲ）酸钾低温时溶解度很小，便可析出绿色的晶体。

利用如下的分析方法可测定该配合物各组分的浓度，通过推算便可确定其化学式。

1. 用重量分析法测定结晶水浓度

将一定量的产物在 110 ℃干燥，根据失重情况即可计算结晶水的浓度。

2. 产物的定量分析

用 $KMnO_4$ 法测定产品中 $C_2O_4^{2-}$ 和 $Fe^{3+}$ 浓度，并确定 $C_2O_4^{2-}$ 和 $Fe^{3+}$ 的配位比。

在酸性介质中，用 $KMnO_4$ 标准溶液滴定溶液中 $C_2O_4^{2-}$ 离子，测得样品中 $C_2O_4^{2-}$ 离子的浓度。

$$5C_2O_4^{2-} + 2MnO_4^- + 16H^+ = 10CO_2(g) + 2Mn^{2+} + 8H_2O$$

在上述测定 $C_2O_4^{2-}$ 离子后剩余的溶液中，用 Zn 粉将 $Fe^{3+}$ 离子还原成 $Fe^{2+}$ 离子，过滤未反应 Zn 粉，然后用 $KMnO_4$ 标准溶液滴定 $Fe^{2+}$ 离子，测得样品中 $Fe^{2+}$ 离子的浓度。

$$2Fe^{3+} + Zn = 2Fe^{2+} + Zn^{2+}$$

$$5Fe^{2+} + MnO_4^- + 8H^+ = 5Fe^{3+} + Mn^{2+} + 4H_2O$$

根据

$$n(Fe^{3+}):n(C_2O_4^{2-}) = w(Fe^{3+})/55.8:w(C_2O_4^{2-})/88.0$$

可确定 $Fe^{3+}$ 和 $C_2O_4^{2-}$ 的配位比。

差减计算法计算 $K^+$ 浓度。配合物减去结晶水、$C_2O_4^{2-}$、$Fe^{3+}$ 的浓度后即为 $K^+$ 的浓度。

## 三、实验用品

仪器：天平、抽滤装置、烧杯、移液管、容量瓶、锥形瓶。

试剂：$(NH_4)_2Fe(SO_4)_2 \cdot 6H_2O$（s）、$H_2SO_4$（3 mol/L）、$H_2C_2O_4$（s）、$K_2C_2O_4$（饱和）、乙醇（95%）、$H_2O_2$（6%）、锌粉。

## 四、实验内容

1. 产物的制备

称取 3.0 g 草酸固体溶于 30 mL 水中（1 号溶液）。称取 6.0 g 硫酸亚铁铵固体溶于 20 mL 蒸馏水中，再加约 1.5 mL 3 mol/L $H_2SO_4$ 溶液酸化，放在水浴上加热到溶解（2 号溶液）。

在搅拌条件下把1号溶液加到2号溶液中，加完后把混合液放在水浴上加热，静置，待黄色产物沉淀后倾析，弃去上层清液，加入30 mL蒸馏水洗涤产物3次，即得黄色化合物草酸亚铁。

在制得产物中边搅拌边加入4.2 g草酸钾固体（或15 mL饱和的草酸钾溶液）。水浴加热到40 ℃恒温下慢慢滴加15 mL 6% $H_2O_2$溶液，沉淀转为深棕色。加完后将溶液加热至沸，然后将1.0 g草酸固体慢慢加入至体系成亮绿色透明溶液，如有混浊可趁热过滤。滤液转入100 mL烧杯中，加入8 mL 95%乙醇，如产生混浊，微热可使其溶解，放在暗处。待烧杯底部有晶体析出，抽滤，用5 mL 1:1乙醇溶液洗涤产物。抽干，称重，将产物置于棕色瓶中待用。

2. 产物组成的定量分析

（1）结晶水质量分数的测定。

洗净两个称量瓶，在110 ℃电烘箱中干燥1 h，置于干燥器中冷却，至室温时在电子分析天平上称量。然后再放到110 ℃电烘箱中干燥0.5 h，即重复上述干燥—冷却—称量操作，直至质量恒定。

在电子分析天平上准确称取两份产品各0.5～0.6 g，分别放入上述已质量恒定的两个称量瓶中，在110 ℃电烘箱中干燥1 h，然后置于干燥器中冷却，直至室温后，称量。重复上述干燥—冷却—称量操作，直至质量恒定，根据称量结果计算产品中结晶水的质量分数。

（2）$C_2O_4^{2-}$质量分数的测定。

精确称取两份产物0.15～0.20 g，分别放入两个250 mL锥形瓶中，均加入15 mL蒸馏水和10 mL 3 mol/L $H_2SO_4$，微热溶解，加热至75～85 ℃，趁热用0.02 mol/L $KMnO_4$标准溶液滴定至微红色为终点。根据消耗$KMnO_4$标准溶液的总体积，计算产物中草酸根的质量分数，并换算成物质的量。滴定后的溶液保留待用。

（3）铁质量分数的测定。

在上述滴定过草酸根的保留溶液中加1 g左右锌粉还原，加热近沸，至黄色消失。将$Fe^{3+}$完全转变为$Fe^{2+}$即可。趁热过滤除去多余的锌粉，用10 mL 0.1 mol/L $H_2SO_4$洗涤沉淀。滤液转入250 mL锥形瓶中，继续用0.02 mol/L $KMnO_4$标准溶液滴定至微红色，计算产物中铁的质量分数，并换算成物质的量。

根据实验（1）、（2）、（3）的结果，计算$K^+$的质量分数。在结合定性试验结果，推断出产物的化学式。

**注释**

（1）加入的还原剂锌粉需过量，为了保证锌能把$Fe^{3+}$完全还原为$Fe^{2+}$，反应体系需加热。溶液必须保持足够的浓度，以免$Fe^{3+}$、$Fe^{2+}$等水解。

（2）在不断搅拌下慢慢滴加6% $H_2O_2$溶液，需保持恒温40 ℃，温度太低$Fe^{3+}$氧化速度太慢，温度太高易导致$H_2O_2$分解而影响$Fe^{3+}$氧化结果。

（3）煮沸除去过量的$H_2O_2$时间不宜过长，否则使生成的$Fe(OH)_3$沉淀颗粒变大，不利于配位反应的进行。

## 五、思考题

1. 合成过程中，滴完$H_2O_2$后为什么还要煮沸溶液？

2. 合成产物的最后一步，加入质量分数为 0.95 的乙醇，其作用是什么？能否用蒸干溶液的方法来取得产物？为什么？

3. 产物为什么要经过多次洗涤？洗涤不充分对其组成测定会产生怎样的影响？

# 实验 32　硫代硫酸钠的制备及纯度测定

## 一、实验目的

1. 熟悉硫代硫酸钠的制备原理和方法
2. 练习蒸发、浓缩、结晶等基本操作

## 二、实验原理

用亚硫酸钠与硫粉在沸腾条件下直接合成，其反应式为

$$Na_2SO_3 + S \xlongequal{} Na_2S_2O_3$$

常温下析晶为 $Na_2S_2O_3 \cdot 5H_2O$。用碘滴定法测定硫代硫酸钠的纯度，即

$$I_2 + 2\,Na_2S_2O_3 \xlongequal{} 2NaI + Na_2S_4O_6$$

标准碘溶液的浓度，可借与已知浓度的 $Na_2S_2O_3$ 标准溶液比较而求得。

碘量法一般在中性或弱酸性溶液中及低温（<25 ℃）下进行滴定。

## 三、实验用品

仪器：烘箱、定性滤纸、60 mm 长颈漏斗、锥形瓶、表面皿、烧杯、移液管、棕色滴定管、抽滤装置。

试剂：0.1 mol/L $Na_2S_2O_3$ 标准溶液、$I_2$ 标准溶液、硫粉、$Na_2SO_3$(s)、95% 乙醇、1% 淀粉指示剂。

## 四、实验内容

（1）称取 2 g 硫粉，研碎后置于 100 mL 烧杯中，用 1 mL 乙醇润湿，搅拌均匀，再加入 6 g $Na_2SO_3$，加 30 mL 蒸馏水，加热混合物并不断搅拌至沸腾，保持大火沸腾不断搅拌 40 min 以上，至少量硫粉漂浮在液面上（注意，若体积小于 20 mL，应加水至 20～25 mL），趁热过滤（应将长颈漏斗先用水预热后过滤），滤液用烧杯蒸至溶液微黄色混浊为止。冷却，即有大量晶体析出，若形成过饱和溶液，可摩擦器壁或加 1 粒硫代硫酸钠晶体，破坏过饱和状态。减压抽滤，并用少量乙醇（5～10 mL）洗涤晶体，抽干后，再用滤纸吸干。称重，计算产率。

（2）$Na_2S_2O_3 \cdot 5H_2O$ 浓度的测定（选作）。

① 测定 $Na_2S_2O_3$ 标准溶液与 $I_2$ 溶液的体积比，吸取 3 份 20 mL $Na_2S_2O_3$ 标准溶液，分别置于 250 mL 锥形瓶中，加 40 mL 水、1 mL 淀粉溶液，用 $I_2$ 溶液滴定呈稳定的蓝色，半分钟内显色不褪，即为终点。平行滴定 2～3 次，计算 $V_{I_2}/V_{Na_2S_2O_3}$。

② 精确称取 0.500 0 g 产品，用少量水溶解，用 0.050 00 mol/L $I_2$ 标准溶液（浓度为 $c_{\frac{1}{2}I_2}$ ）滴至淀粉溶液（加入 1～2 mL）变蓝为终点（1 min 不变即可），计算 $Na_2S_2O_3 \cdot 5H_2O$ 的浓度。平行测定 2～3 份。

**注释**

（1）硫粉一定要反应到只剩很少量；时间不能少于 40 min 并且高温。

（2）若室温较高，用冰水浴冷却效果更好。

## 五、思考题

1. 要提高 $Na_2S_2O_3$ 的产量与纯度，实验应注意哪些问题？
2. 过滤所得产品为什么要用酒精洗涤？
3. 所得产品 $Na_2S_2O_3 \cdot 5H_2O$ 晶体一般只能在 40～50 ℃烘干，温度高了会发生什么现象？

# 实验 33　三氯六氨合钴的制备及其组成分析

## 一、实验目的

1. 掌握三氯六氨合钴（Ⅲ）的合成及其组成测定的操作方法
2. 加深理解配合物的形成对三价钴稳定性的影响
3. 了解从二价钴盐制备三氯化六氨合钴（Ⅲ）的方法
4. 掌握用碘量法测定样品中钴浓度的原理和方法

## 二、实验原理

钴化合物有两个重要性质：正二价钴离子的盐较稳定，正三价钴离子的盐一般是不稳定的，只能以固态或者配位化合物的形式存在（例如在酸性水溶液中，正三价钴离子的盐能迅速地被还原为正二价的钴盐）；正二价的钴配合物是活性的，而正三价的钴配合物是惰性的。

合成钴氨配合物的基本方法是建立在这两个性质之上的。显然，在制备正三价钴氨配合物时，以较稳定的正二价钴盐为原料，活性炭为催化剂，氨－氯化铵溶液为缓冲体系，先制成活性的正二价钴配合物，然后以过氧化氢为氧化剂，将活性的正二价钴氨配合物氧化为惰性的正三价钴氨配合物。三氯六氨合钴是橙黄色单斜晶体，20 ℃时在水中的溶解度为 0.26 mol/L。将粗产品溶解于稀盐酸溶液后，通过过滤将活性炭除去，然后在高浓度的盐酸溶液中析出结晶。

$$2CoCl_2 \cdot 6H_2O + 10NH_3 + 2NH_4Cl + H_2O_2 \xrightarrow{\text{活性炭}} 2[Co(NH_3)_6]Cl_3 \downarrow(\text{橙黄色}) + 14H_2O$$

## 三、实验用品

仪器：水浴加热装置、抽滤装置、容量瓶（100 mL）、移液管（25 ml，10 mL）、锥形瓶（100 mL，250 mL）、温度计（100 ℃）、碘量瓶（250 mL）、量筒（25 mL，100 mL）。

试剂与材料：浓氨水、6% $H_2O_2$、浓盐酸、$CoCl_2 \cdot 6H_2O$、20% NaOH、95%乙醇、

$NH_4Cl$（s）、KI（s）、0.5%淀粉溶液、冰、活性炭、$Na_2S_2O_3$（0.1 mol/L）、$AgNO_3$（0.1 mol/L）、pH 试纸（精密）。

## 四、实验内容

1. 三氯六氨合钴的合成

将 3 g $CoCl_2 \cdot 6H_2O$ 和 2 g $NH_4Cl$ 加入锥形瓶中，加入 5 mL 水，微热溶解，稍冷后加入 0.2 g 活性炭和 9 mL 浓氨水，用水冷却至 10 ℃以下（防止因温度过高造成 $H_2O_2$ 分解并且低温下反应温和），用滴管逐滴加入 9 mL 6% $H_2O_2$ 溶液。水浴加热至 55～65 ℃恒温约 20 min，并不断摇动锥形瓶（盖住防止氨水挥发）。用水彻底冷却，抽滤（不能洗涤）。将沉淀转入含有 2 mL 浓 HCl 的 20 mL 沸水中，趁热吸滤。滤液转入锥形瓶中，加入 4 mL 浓 HCl，再用水彻底冷却，待大量橙黄色结晶析出后，抽滤。将沉淀置于烘箱中在 100 ℃烘干 20 min。称量，计算产率。

2. 钴浓度的测定（碘量法）

在分析天平上准确称取 0.500 0 g 样品于 250 mL 烧杯中，加 20 mL 20% NaOH 溶液，置于电炉加热至无氨气放出（如何检验）。冷却至室温后将全部黑色物质转入碘量瓶中，加 1 g KI 固体，立即盖上碘量瓶瓶盖。充分摇荡后，加入 15 mL 浓盐酸，至黑色沉淀全部溶解，溶液呈紫色为止。立即用 0.100 0 mol/L $Na_2S_2O_3$ 标准溶液滴至浅黄色时，再加入 2 mL 0.5%淀粉溶液，继续滴至溶液为粉红色即为终点。反应式为

$$Co_2O_3 + 3I^- + 6H^+ \longrightarrow 2Co^{2+} + I_3^- + 3H_2O$$

$$2Na_2S_2O_3 + I_3^- \longrightarrow Na_2S_4O_6 + 2NaI + I^-$$

按下式计算钴的质量分数，并与理论值比较。

$$Co\% = \frac{c_{Na_2S_2O_3} \times V_{Na_2S_2O_3} \times 58.93}{1\,000 \times \text{样重}}$$

3. 氨的测定

配离子$[Co(NH_3)_6]^{3+}$很稳定，常温时遇强酸和强碱也基本不分解，但在强碱条件下煮沸时会分解放出氨气：

$$[Co(NH_3)_6]Cl_3 + 3NaOH \longrightarrow Co(OH)_3 + 3NaCl + 6NH_3$$

$NH_3$ 受热挥发，用硼酸吸收：

$$NH_3 + H_3BO_3 \longrightarrow NH_4H_2BO_3\text{（蓝绿色）}$$

$$NH_4H_2BO_3 + HCl \longrightarrow H_3BO_3 + NH_4Cl$$

用硼酸溶液吸收被蒸馏出的氨，以甲基红为指示剂，用盐酸标液滴定。

4. 氯的测定

沉淀滴定法（以硝酸银为标液，用摩尔法测定）。

**注释**

（1）游离的 $Co^{2+}$离子在酸性溶液中可与硫氰化钾作用生成蓝色配合物$[Co(NCS)_4]^{2-}$。其在水中离解度大，故常加入硫氰化钾浓溶液或固体，并加入戊醇和乙醚以提高稳定性，用此

法鉴定 $Co^{2+}$的存在。

（2）游离的 $NH_4^+$离子可用奈氏试剂来鉴定。

（3）在有活性炭为催化剂时，主要生成三氯六氨合钴，在没有活性炭存在下，主要生成二氯化氯五氨合钴。

## 五、思考题

1. 活性炭的作用是什么？
2. 你认为该合成实验的关键是什么？怎样才能提高产率？
3. 如何定性检验配合物的内界 $NH_3$ 和外界 $Cl^-$？

# 实验 34　碱式碳酸铜的制备

## 一、实验目的

1. 通过探求制备碱式碳酸铜的最佳反应条件，学习如何确定实验条件，尝试用已获得的知识和技术解决实际问题
2. 熟悉铜盐、碳酸盐的性质
3. 培养独立设计实验的能力

## 二、实验原理

碱式碳酸铜为天然孔雀石的主要成分，呈暗绿色或淡蓝绿色，加热至 200 ℃即分解，在水中的溶解度很小，新制备的试样在沸水中很易分解。

由于 $CO_3^{2-}$的水解作用，碳酸钠的溶液呈碱性，而且铜的碳酸盐溶解度与氢氧化物的溶解度相近，所以当碳酸钠与硫酸铜溶液反应时，所得产物是碱式碳酸铜。

$$2CuSO_4 + 2Na_2CO_3 + H_2O = Cu_2(OH)_2CO_3(s) + 2Na_2SO_4 + CO_2(g)$$

## 三、实验用品

仪器：烧杯（100 mL）、试管、酒精灯、漏斗、干燥箱。

试剂：$CuSO_4 \cdot 5H_2O$（s）、$Na_2CO_3$（s）。

## 四、实验内容

### 1. 反应物溶液的配制

配制 0.5 mol/L $CuSO_4$ 溶液和 0.5 mol/L $Na_2CO_3$ 溶液各 50 mL。

### 2. 制备反应条件的探求

（1）$CuSO_4$ 和 $Na_2CO_3$ 溶液的合适配比。

取 4 支试管均加入 2.0 mL 0.5 mol/L $CuSO_4$溶液，再分别取 0.5 mol/L $Na_2CO_3$溶液 1.6 mL、

2.0 mL、2.4 mL 及 2.8 mL 依次加入另外 4 支编号的试管中。将 8 支试管放在 75 ℃恒温水浴中。几分钟后，依次将 $CuSO_4$ 溶液分别倒入 $Na_2CO_3$ 溶液中，振荡试管，比较各试管中沉淀生成的速度、沉淀的数量及颜色，从中得出两种反应物溶液以何种比例混合为最佳。

（2）反应温度的探求。

在 4 支试管中，各加入 2.0 mL 0.5 mol/L $CuSO_4$ 溶液，另取 4 支试管，各加入由上述实验得到合适用量的 0.5 mol/L $Na_2CO_3$ 溶液。从这两列试管中各取 1 支，将它们分别置于室温、50 ℃、75 ℃、100 ℃的恒温水浴中，数分钟后将 $CuSO_4$ 溶液倒入 $Na_2CO_3$ 溶液中，振荡并观察现象，由实验结果确定制备反应的合适温度。

3. 碱式碳酸铜的制备

取 20 mL 0.5 mol/L $CuSO_4$ 溶液和 0.5 mol/L $Na_2CO_3$ 溶液，根据上面实验确定反应物合适比例及适宜温度制取碱式碳酸铜。待沉淀完全后，用蒸馏水洗涤沉淀数次，直到沉淀中不含 $SO_4^{2-}$为止，吸干。

将所得产品在烘箱中于 100 ℃烘干，待冷却至室温后称量，并计算产率。

## 五、思考题

1. 列举几种制备碱式碳酸铜的方法。

2. 除反应物配比和反应温度对本实验的结果有影响外，反应物的种类、反应进行的时间等因素是否对产物的质量也会有影响？

# 实验 35　过氧化钙的制备及组成分析

## 一、实验目的

1. 掌握制备过氧化钙的原理及方法
2. 掌握过氧化钙浓度的分析方法
3. 巩固无机制备及化学分析的基本操作

## 二、实验原理

过氧化钙有较强的漂白、杀菌、消毒和增氧等作用，广泛应用于环保、医疗、农业、水产养殖、食品、冶金、化工等领域。

过氧化钙为白色或淡黄色结晶粉末，在室温干燥条件下很稳定，加热到 300 ℃分解为氧化钙和氧。它难溶于水，可溶于稀酸生成过氧化氢。

过氧化钙可用氯化钙与过氧化氢及碱反应，或氢氧化钙、氯化铵与过氧化氢反应来制取。在水溶液中析出的为 $CaO_2 \cdot 8H_2O$，再于 150 ℃左右脱水干燥，即得产品。

过氧化钙浓度分析可在酸性条件下，过氧化钙与酸反应生成过氧化氢，用 $KMnO_4$ 标准溶液滴定，而测得其浓度。

$$CaCl_2 + H_2O_2 + 2NH_3 \cdot H_2O + 6H_2O \xlongequal{} CaO_2 \cdot 8H_2O + 2NH_4Cl$$

$$5CaO_2 + 2MnO_4^- + 16H^+ \xlongequal{} 5Ca^{2+} + 2Mn^{2+} + 5O_2(g) + 8H_2O$$

$$w_{CaO_2} = \frac{\frac{5}{2}c_{KMnO_4} \times V_{KMnO_4} \times 72.08\ g/mol}{m_s}$$

## 三、实验用品

仪器：电子天平、酸式滴定管。

试剂：$CaCl_2 \cdot 2H_2O$（s）、$H_2O_2$ 溶液（$w$ 为 0.30）、浓氨水、HCl 溶液（2 mol/L）、$MnSO_4$ 溶液（0.05 mol/L）、$KMnO_4$ 标准溶液（0.02 mol/L）。

## 四、实验内容

### 1. 过氧化钙制备

称取 7.5 g $CaCl_2 \cdot 2H_2O$，用 5 mL 水溶解，加入 25 mL 质量分数 $w$ 为 0.30 的 $H_2O_2$ 溶液，边搅拌边滴入由 5 mL 浓氨水和 20 mL 冷水配成的溶液，置冰水中冷却 0.5 h。过滤，用少量冷水洗涤晶体 2～3 次，晶体抽干后，取出置于烘箱内在 150 ℃下烘 0.5～1 h。冷却后称量，计算产率。

### 2. 过氧化钙浓度分析

准确称取两份 0.15 g 左右产物，分别置于 250 mL 烧杯中，各加入 50 mL 蒸馏水和 15 mL 2 mol/L HCl 溶液使其溶解，再加入 1 mL 0.05 mol/L $MnSO_4$ 溶液，用 0.02 mol/L $KMnO_4$ 标准溶液滴定至溶液呈微红色，30 s 内不褪色即为终点。计算 $CaO_2$ 的质量分数。

## 五、思考题

1. 所得产物中的主要杂质是什么？如何提高产品的产率与纯度？

2. 本实验为何不用稀硫酸溶液？用稀盐酸溶液代替稀硫酸溶液对测定结果是否有影响？为什么？

# 实验 36　四氧化三铅组成的测定

## 一、实验目的

1. 测定 $Pb_3O_4$ 的组成，进一步练习碘量法操作

2. 学习用 EDTA 测定溶液中的金属离子

## 二、实验原理

$Pb_3O_4$ 为红色粉末状固体，俗称铅丹或红丹。该物质为混合价态氧化物，其化学式可写成 $2PbO \cdot PbO_2$，即式中氧化数为+2 的 Pb 占 2/3，氧化数为+4 的 Pb 占 1/3。但根据其结构，$Pb_3O_4$ 应为铅酸盐 $Pb_2PbO_4$。$Pb_3O_4$ 与 $HNO_3$ 反应时，由于 $PbO_2$ 的生成，固体的颜色很

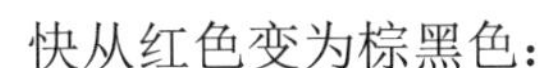

快从红色变为棕黑色：

$$Pb_3O_4 + 4HNO_3 \longrightarrow PbO_2 + 2Pb(NO_3)_2 + 2H_2O$$

很多金属离子均能与多齿配体 EDTA 以 1∶1 的比例生成稳定的螯合物，以 +2 价金属离子 $M^{2+}$为例，其反应如下：

$$M^{2+} + EDTA^{4-} \longrightarrow M - EDTA^{2-}$$

因此，只要控制溶液的 pH，选用适当的指示剂，就可用 EDTA 标准溶液，对溶液中的特定金属离子进行定量测定。

本实验中 $Pb_3O_4$ 经 $HNO_3$ 作用分解后生成的 $Pb^{2+}$，可用六亚甲基四胺控制溶液的 pH 为 5～6，以二甲酚橙为指示剂，用 EDTA 标准溶液进行测定。$PbO_2$ 是一种很强的氧化剂，在酸性溶液中，它能定量地氧化溶液中的 $I^-$，从而可用碘量法来测定所生成的 $PbO_2$。

$$PbO_2 + 4I^- + 4HAc \longrightarrow PbI_2 + I_2 + 2H_2O + 4Ac^-$$

## 三、实验用品

仪器：分析天平、台秤、称量瓶、干燥器、量筒（10 mL，100 mL）、烧杯（50 mL）、锥形瓶（250 mL）、吸滤瓶、布氏漏斗、酸式滴定管（25 mL）、碱式滴定管（25 mL）、洗瓶。

试剂与材料：四氧化三铅（s）、碘化钾（s）、$HNO_3$ 溶液（6 mol/L）、EDTA 标准溶液（0.1 mol/L）、$Na_2S_2O_3$ 标准溶液（0.1 mol/L）、六亚甲基四胺（20%）、淀粉（2%）、HAc 和 NaAc 混合液（0.5 mol/L）、滤纸、pH 试纸。

## 四、实验内容

### 1. $Pb_3O_4$ 的分解

准确称取 0.5 g 干燥的 $Pb_3O_4$，置于 50 mL 小烧杯中，加入 2 mL 6 mol/L $HNO_3$ 溶液，用玻璃棒搅拌，使之充分反应，可以看到红色 $Pb_3O_4$ 很快变为棕黑色 $PbO_2$。接着吸滤将反应产物进行固液分离，用蒸馏水少量多次地洗涤固体，保留滤液及固体供下面实验用。

### 2. PbO 浓度的测定

把上述滤液全部转入锥形瓶中，加入 4～6 滴二甲酚橙指示剂，并逐滴加入 1∶1 的氨水，至溶液由黄色变为橙色，再加入 20% 六亚甲基四胺至溶液呈稳定的紫红色（或橙红色），继续过量 5 mL，此时溶液的 pH 为 5～6。然后以 EDTA 标准溶液滴定溶液由紫红色变为亮黄色时，即为终点。记下所消耗 EDTA 溶液的体积。

### 3. $PbO_2$ 浓度的测定

将上述固体 $PbO_2$ 连同滤纸一并置于另一只锥形瓶中，加入 30 mL HAc 与 NaAc 混合液，再加入 0.8 g 固体 KI，摇动锥形瓶，使 $PbO_2$ 全部反应而溶解，此时溶液呈浑浊的棕色。以 $Na_2S_2O_3$ 标准溶液滴定至溶液呈淡黄棕色时，加入 1 mL 2% 淀粉溶液，继续滴定至溶液蓝色刚好褪去为止，此时为淡黄色。记下所消耗 $Na_2S_2O_3$ 溶液的体积。

4. 计算

由上述实验算出试样中+2 价铅与+4 价铅的摩尔比，以及 $Pb_3O_4$ 在试样中的质量分数。本实验要求，+2 价铅与+4 铅摩尔比为 2±0.05，$Pb_3O_4$ 在试样中的质量分数应大于或等于 95%为合格。

## 五、思考题

1. 从实验结果，分析产生误差的原因。
2. 能否加其他酸，如 $H_2SO_4$ 或 HCl 溶液使 $Pb_3O_4$ 分解？为什么？
3. $PbO_2$ 氧化 $I^-$ 需在酸性介质中进行，能否加 $HNO_3$ 或 HCl 溶液以替代 HAc？为什么？

# 实验 37　石灰石或碳酸钙中钙的测定

## 一、实验目的

1. 掌握氧化还原法间接测定金属的原理和方法
2. 掌握沉淀分离的基本要求及操作

## 二、实验原理

于试样中加入过量的草酸铵，然后用氨水中和至甲基橙显黄色，此时钙离子和草酸根离子生成微溶性草酸钙沉淀，过滤、洗涤后溶于热的稀硫酸中，用高锰酸钾标准溶液滴定试样中的草酸根离子，根据高锰酸钾的浓度和滴定所消耗的体积，即可计算浓度。

$$Ca^{2+} + C_2O_4^{2-} = CaC_2O_4(s)$$

$$CaC_2O_4 + H_2SO_4 = CaSO_4 + H_2C_2O_4$$

$$5H_2C_2O_4 + 2MnO_4^- + 6H^+ = 2Mn^{2+} + 10CO_2(g) + 8H_2O$$

## 三、实验用品

仪器：酸式滴定管（25 mL）、锥形瓶（250 mL）、移液管（25 mL）、烧杯（250 mL）、电子天平、水浴锅。

试剂：含钙试样（如碳酸钙、石灰石、葡萄糖酸钙、钙立得、盖天力等）、$KMnO_4$ 溶液（0.02 mol/L）、HCl（6 mol/L）、$H_2SO_4$（1 mol/L）、$AgNO_3$ 溶液（1 mol/L）、$(NH_4)_2C_2O_4$ 溶液（5%，0.1%）、1:1 氨水、$HNO_3$（6 mol/L）、甲基橙（0.1%）。

## 四、实验内容

称取两份 0.13～0.15 g 试样，分别置于 250 mL 烧杯中，以少量水润湿，盖上表面皿，由烧杯口加入 10 mL 6 mol/L 盐酸，充分搅拌使试样溶解。慢慢加入 25 mL 5%草酸铵溶液，用水稀释至 100 mL，加入 3 滴 0.1%甲基橙指示剂，在水浴上加热至 70～80 ℃，边搅拌边加入 1:1 氨水至黄色（pH 大于 4），继续于水浴上加热 40～60 min。若溶液返红，可再滴加

氨水少许，冷却。先用倾注法过滤，将上面清液倾注到滤纸上，尽量使沉淀留在烧杯中。然后用 0.1% 草酸铵洗涤烧杯中的沉淀 3 次，每次约 15 mL，加入洗涤液后均要充分搅拌，稍加澄清，再把洗涤液倾注到滤纸上。最后用蒸馏水洗涤沉淀（应将玻璃棒和杯壁淋洗），同时多次淋洗滤纸直至滤液中无 $Cl^-$为止（承接洗液用 $AgNO_3$ 检查）。

将滤纸取下，摊开贴于烧杯上，用 60 mL 1 mol/L 硫酸将沉淀冲洗至烧杯内，再用 40 mL 水冲洗滤纸。将滤液加热至 70～85 ℃，用 0.02 mol/L 高锰酸钾标准溶液滴定至溶液呈微红色，再用玻璃棒将滤纸浸入溶液，继续用高锰酸钾滴定到红色 30 s 不褪。由所消耗高锰酸钾的体积及其浓度计算钙的浓度。

## 五、思考题

1. 为什么用 0.1% 草酸铵溶液洗涤沉淀，而不一开始就用水洗涤？
2. 在滴定红色出现后，尚需将滤纸移入溶液，为什么不把滤纸在开始滴定时就浸入溶液中滴定？
3. 为什么滴定时温度要控制在 60～90 ℃？
4. 若以氧化钙的质量分数来表示钙的浓度，请拟定计算公式。

# 实验 38　洗衣粉中聚磷酸盐浓度的测定

## 一、实验目的

1. 熟悉酸碱滴定的原理，了解其应用
2. 熟悉酸碱指示剂的应用及其具体操作

## 二、实验原理

洗衣粉中聚磷酸盐作为助剂可增强洗涤效果，但会造成水质污染，因此必须限制使用，本实验介绍一种聚磷酸盐浓度的测定方法。聚磷酸盐在酸性介质中酸解为正磷酸盐，如果调整 pH 为 3～4，正磷酸盐以磷酸二氢根的形式存在于溶液中。

$$Na_5P_3O_{10} + 5HNO_3 + 2H_2O = 5NaNO_3 + 3H_3PO_4$$

$$H_3PO_4 + NaOH = NaH_2PO_4 + H_2O$$

用碱标准溶液直接滴定至溶液 pH 为 8～10 时，此时磷酸二氢根转变为磷酸氢根，利用消耗的碱标准溶液可间接测定洗衣粉中聚磷酸盐浓度，其反应方程式如下：

$$NaH_2PO_4 + NaOH = Na_2HPO_4 + H_2O$$

## 三、实验用品

仪器：碱式滴定管（25 mL）、酸式滴定管（25 mL）、电子天平，锥形瓶（250 mL）、容量瓶（100 mL）、移液管（25 mL）、量筒（50 mL）、酒精灯、石棉网、洗耳球。

试剂：邻苯二甲酸氢钾（$KHC_8H_4O_4$，s）、NaOH 溶液（0.1 mol/L，50%）、$HNO_3$ 溶液（1.0 mol/L）、HCl 溶液（0.5 mol/L）、酚酞指示剂（0.2%，0.5%）、甲基橙指示剂（0.2%）、洗衣粉。

## 四、实验内容

1. 0.1 mol/L NaOH 溶液的标定

称量 3 份 0.4～0.6 g $KHC_8H_4O_4$，分别倒入 3 个 250 mL 锥形瓶中，加入 30～40 mL 蒸馏水使之溶解后，加入 1～2 滴 0.2%酚酞指示剂，用待标定的 NaOH 溶液滴定至溶液由无色变为微红色，并保持 30 s 内不褪色，即为终点，根据所消耗 NaOH 溶液的体积，计算 NaOH 溶液的浓度。

2. 洗衣粉中聚磷酸盐浓度的测定

（1）准确称取待测洗衣粉试样 5～6 g 于 250 mL 锥形瓶中，加 50 mL 蒸馏水和 50 mL 1.0 mol/L $HNO_3$ 溶液，摇匀，加入 3～4 颗沸石。

（2）锥形瓶置于石棉网上用酒精灯小火加热沸腾 25 min，取下，冷却至室温（过程中注意控制温度，防止溶液中泡沫溢出）。

（3）将锥形瓶中剩余溶液倾入 100 mL 容量瓶中，用蒸馏水将锥形瓶洗涤 3～4 次，洗涤液都注入容量瓶中，小心加水至标线处。

（4）用移液管从容量瓶准确移取 25 mL 待测液至 250 mL 锥形瓶中，加入 1 滴 0.2%甲基橙指示剂，此时溶液呈红色，再用滴管逐滴加入 50% NaOH 溶液，并不断摇动至浅黄色为止。然后用 0.5 mol/L HCl 溶液中和过量的 NaOH 溶液，使溶液调至橙色为止。加入 2 滴 0.5%酚酞指示剂，用 0.1 mol/L NaOH 标准溶液滴定至橙色（与调整 pH 时的颜色接近），并保持 30 s 内不褪色（平行做 3 份），根据所消耗的 NaOH 溶液的体积，按下式计算洗衣粉中聚磷酸盐的质量分数：

$$w/\% = \frac{c_{\mathrm{NaOH}} \times V_{\mathrm{NaOH}} \times M_{\mathrm{Na_5P_3O_{10}}} \times 4}{m_{试} \times 3 \times 1\,000} \times 100\%$$

式中 $w$——聚磷酸盐的质量分数，%；

$c_{\mathrm{NaOH}}$——NaOH 溶液的标准浓度，mol/L；

$V_{\mathrm{NaOH}}$——消耗的标准 NaOH 体积，mL；

$M_{\mathrm{Na_5P_3O_{10}}}$——聚磷酸盐的摩尔质量，g/mol；

$m_{试}$——待测洗衣粉质量，g。

注：洗衣粉溶液应用小火加热，并注意防止产生的泡沫溢出。

## 五、思考题

1. 是否每种洗衣粉都可以用此方法测定聚磷酸盐的浓度？为什么？
2. 为什么应尽量使终点颜色与调整 pH 值时的颜色接近？

# 实验 39　动、植物体中微量元素的鉴定

## 一、实验目的

1. 了解并掌握鉴定动、植物体中某些化学元素的方法
2. 提高综合运用知识的能力

## 二、实验原理

树叶、茶叶、蛋黄、蛋壳、骨头、头发为有机体，主要由 C、H、O 和 N 等元素组成，其中树叶、蛋黄、骨头中含有 $Ca^{2+}$、$Fe^{3+}$、$PO_4^{3-}$等微量元素，头发中含有 $Zn^{2+}$等微量元素，本实验要求从树叶、茶叶、蛋黄、蛋壳、骨头、头发任意两个样品中定性鉴定出所含的微量元素。

样品需先进行“干灰化”。“干灰化”即样品在空气中置于敞口的蒸发皿加热燃烧后于坩埚中继续加热，把有机物经氢化分解而烧成灰烬。这一方法特别适用生物和食品的预处理。样品灰化后，经酸溶解，即可逐级进行鉴定。

## 三、实验用品

仪器：高温电炉、坩埚、坩埚钳、三脚架、酒精灯、三角漏斗、漏斗架、性质实验常用仪器。

试剂与材料：KSCN（0.5 mol/L）、$NH_3 \cdot H_2O$（2 mol/L）、$(NH_4)_2C_2O_4$（0.5 mol/L）、NaOH（2 mol/L）、$K_4[Fe(CN)_6]$（0.1 mol/L）、饱和钼酸铵溶液、饱和$(NH_4)_2C_2O_4$溶液、$HNO_3$（1:1）、高氯酸、二苯硫腙、$CCl_4$、定性滤纸。

## 四、实验内容

### 1. 样品准备

树叶、茶叶、蛋黄、蛋壳、骨头、头发（学生也可自备其他样品）。

要求：每个学生检验两个样品。

### 2. 样品的预处理（树叶、鸡蛋黄、骨头）

将样品置于蒸发皿中加热燃烧至炭化，转移至坩埚中，继续加热至灰化完全。或将样品直接放入高温电炉内，在 600～700 ℃下灰化。加入少量 1:1 硝酸，加入 5 mL 蒸馏水，过滤。上述滤液可检测出 $Ca^{2+}$、$Fe^{3+}$、$PO_4^{3-}$，自行设计检测方案。

### 3. 头发的预处理

取头发 0.2 g，依次用洗涤剂、自来水、蒸馏水漂洗，放在 50 mL 小烧杯内，加入 5 mL 1:1 硝酸，盖上表面皿，在通风橱内用小火加热，在稍微沸腾下使样品消化。当溶液体积减少至原来体积一半时，停止加热，冷却。加入 2 mL $HClO_4$，加热保持微沸腾至剩下 1～2 mL，冷却至室温，加入水。

上述溶液可检验出 $Zn^{2+}$。

提示：取处理后溶液，加入二苯硫腙四氯化碳溶液，振荡试管，如果溶液的颜色由绿色变为紫红色，表示有 $Zn^{2+}$。

### 五、思考题

1. $Zn^{2+}$的鉴定，除了用二苯硫腙法，还可以用哪些方法？

2. 在用 $K_4[Fe(CN)_6]$鉴定 $Fe^{3+}$反应或用 KSCN 鉴定反应中，如果硝酸的浓度很大，会对鉴定反应有何影响？

# 实验 40　明矾的制备

### 一、实验目的

1. 了解明矾的制备原理和方法

2. 练习和掌握溶解、过滤、结晶以及沉淀的转移和洗涤等基本操作

### 二、实验原理

复盐硫酸铝钾（$KAl(SO_4)_2 \cdot 12H_2O$）俗称明矾，是一种无色晶体，易溶于水并水解形成 $Al(OH)_3$溶胶，具有较强的吸附作用，在工业上常用作净水剂、造纸填充剂、媒染剂等。

本实验先将金属铝溶于浓的氢氧化钠溶液中，生成四羟基合铝（Ⅲ）酸钠 $Na[Al(OH)_4]$，用稀 $H_2SO_4$仔细地调节溶液的 pH，则转化为氢氧化铝沉淀，在加热的条件下将氢氧化铝溶于硫酸形成硫酸铝溶液，加入等量的 $K_2SO_4$溶解，冷却、结晶得到 $KAl(SO_4)_2 \cdot 12H_2O$。

其化学反应如下：

$$2Al + 2NaOH + 6H_2O = 2Na[Al(OH)_4] + 3H_2\uparrow$$

$$2Na[Al(OH)_4] + H_2SO_4 = 2Al(OH)_3\downarrow + Na_2SO_4 + 2H_2O$$

$$2Al(OH)_3 + 3H_2SO_4 = Al_2(SO_4)_3 + 6H_2O$$

$$Al_2(SO_4)_3 + K_2SO_4 + 24H_2O = 2KAl(SO_4)_2 \cdot 12H_2O$$

### 三、实验用品

仪器：烧杯、量筒、普通漏斗、布氏漏斗、抽滤瓶、表面皿、蒸发皿、酒精灯、电子台秤、毛细管、提勒管等。

试剂与材料：$H_2SO_4$（3 mol/L）、NaOH（s）、$K_2SO_4$（s）、铝粉、pH 试纸。

### 四、实验内容

1. 制备 $Na[Al(OH)_4]$

在电子台秤上用表面皿快速称取 2.0 g 固体氢氧化钠，迅速转入 250 mL 烧杯中，加 40 mL

水温热溶解。称取 1.0 g 铝屑粉，分多次加入溶液中（待前一次反应完毕后，再加下一次）。反应完成后，用普通漏斗过滤，滤液转入到 200 mL 烧杯中。

2. 氢氧化铝的生成和洗涤

用 3 mol/L $H_2SO_4$ 溶液仔细地调节滤液的 pH 为 8～9 为止（取 8～9 mL 3 mol/L $H_2SO_4$，先在搅拌下较快地加入 4～5 mL $H_2SO_4$，然后逐滴加入并充分搅拌，用 pH 试纸检验，不可加酸过量）。此时溶液中应产生大量的白色氢氧化铝沉淀，抽滤，并用热水洗涤沉淀（每次用水量刚好浸没沉淀即可），洗至洗液 pH 为 7～8 时为止。

3. 明矾的制备

将氢氧化铝沉淀转入蒸发皿中，加入 10 mL 1:1 $H_2SO_4$ 和 15 mL 水，小火加热使其完全溶解，再加入 4.0 g 硫酸钾并继续加热至溶解，将所得溶液自然冷却结晶，抽滤，将晶体用滤纸吸干，称量，计算理论产量和产率。

4. 产品熔点的测定及性质试验

将产品干燥并装入毛细管中。将毛细管放入提勒管中，控制好升温速度，测量产品的熔点。测量两次，取平均值。

## 五、思考题

1. 计算出 2 g 金属铝能生成多少硫酸铝？若将此硫酸铝全部转变成明矾需多少克硫酸钾？
2. 本实验原料铝粉中的一些杂质金属离子是如何除去的？
3. 明矾为什么具有净水作用？

# 实验 41　五水合硫酸铜的制备与提纯

## 一、实验目的

1. 掌握由 CuO 制备硫酸铜的原理
2. 学习和巩固无机制备的一些基本操作和技术
3. 掌握 $CuSO_4 \cdot 5H_2O$ 的提纯方法和原理
4. 通过查阅资料、讨论等途径，根据不同的原料，设计制备 $CuSO_4 \cdot 5H_2O$ 的方案，初步了解如何从废料中提取有用产品的方法，提高综合分析能力

## 二、实验原理

五水合硫酸铜是蓝色晶体，又称胆矾。密度为 2.286 g/cm$^3$，溶于水和氨水，不溶于无水乙醇。加热会逐步失去结晶水：

$$CuSO_4 \cdot 5H_2O \xrightarrow{45℃} CuSO_4 \cdot 3H_2O \xrightarrow{110℃} CuSO_4 \cdot H_2O \xrightarrow{250℃} CuSO_4$$

硫酸铜的应用十分广泛，它是制取其他铜盐的重要原料，在电解池中作为电解液或电镀液，用作木材防腐、纺织品的媒染剂、农业杀虫剂、水的杀菌剂、化学反应的催化剂、选矿剂等。

制备硫酸铜的主要原料是硫酸和氧化铜矿或废铜粉，此外以含铜废液、氧化铜为原料，采用适当的方法，都可以制备硫酸铜。本实验以工业级氧化铜粉和硫酸为原料，制备 $CuSO_4 \cdot 5H_2O$，主要流程包括：

1. 粗硫酸铜的制备

$$CuO + H_2SO_4 = CuSO_4 + H_2O$$

2. 硫酸铜的精制

粗制的 $CuSO_4$ 溶液中常含有不溶性杂质（过滤除去）、可溶性杂质 $FeSO_4$ 和 $Fe_2(SO_4)_3$ 及其他金属盐，将 $Fe^{2+}$氧化为 $Fe^{3+}$再通过调节溶液的 pH 为 3.5 左右，使之水解为 $Fe(OH)_3$ 除去，调节溶液 pH 可用 $NH_3 \cdot H_2O$、$Ba(OH)_2$ 或 NaOH 溶液：

$$2Fe^{2+} + 2H^+ + H_2O_2 = 2Fe^{3+} + 2H_2O$$

$$Fe^{3+} + 3H_2O = Fe(OH)_3\downarrow + 3H^+$$

通过浓缩蒸发，使 $CuSO_4 \cdot 5H_2O$ 在有适量的溶液存在条件下析出结晶，其他微量的可溶性杂质则留在母液中，通过过滤除去。

3. 产品纯度检验

通过目视比色法与铁标准溶液色阶比较，确定产品等级。

## 三、实验用品

仪器：电子台秤、烧杯、布氏漏斗、抽滤瓶、蒸发皿、表面皿、酒精灯、量筒、三脚架、比色管。

试剂与材料：CuO 粉（工业级）、3 mol/L $H_2SO_4$、2mol/L $H_2SO_4$、$H_2O_2$（3%）、$NH_3 \cdot H_2O$（5%）、1:1 氨水、2 mol/L HCl、无水乙醇、1 mol/L KSCN、pH 试纸。

## 四、实验内容

1. 粗制 $CuSO_4$

用 100 mL 烧杯称取 4.0 g CuO 粉，加入 20 mL 3 mol/L $H_2SO_4$，适当搅拌，小火加热 5 min，然后加入 20 mL 去离子水，继续加热 20 min（适量补充水分，维持溶液的体积 40～45 mL），趁热抽滤，除去不溶性杂质，将滤液迅速转入干净的 100 mL 小烧杯中待用。

2. 精制 $CuSO_4$

在粗 $CuSO_4$ 溶液中，边搅拌边逐滴加入 4～5 mL 3% $H_2O_2$，用小火加热，在搅拌下滴加 5% $NH_3 \cdot H_2O$，仔细调节溶液的 pH≈3.5，再加热煮沸 15 min（适量补充水分，维持溶液的体积 40～45 mL），趁热过滤，滤液转入蒸发皿中，用 2 mol/L $H_2SO_4$ 调节 pH≈2，水浴加热浓缩至出现晶膜（适当搅拌），冷却至室温，结晶，抽滤，用 3 mL 无水乙醇洗涤产品，滤纸吸干，称量。

3. 产品纯度检验

称取 1.0 g 精制的 $CuSO_4 \cdot 5H_2O$ 于 100 mL 烧杯中，加入 10 mL 去离子水搅拌溶解，边

搅拌边滴加 1:1 氨水，直至开始生成的蓝色沉淀完全溶解，溶液呈深蓝色为止。将溶液用普通漏斗过滤，然后用 5% $NH_3 \cdot H_2O$ 洗涤至滤纸上蓝色消褪为止，再用 10 mL 去离子水冲洗滤纸，然后用 3 mL 2 mol/L HCl 滴在滤纸有黄色斑点处，并在漏斗颈下端用 25 mL 洁净的比色管收集溶液，在比色管中加入 1 mL 1 mol/L KSCN 溶液，用去离子水稀释至刻度，摇匀，与铁标准溶液进行目视比色，以确定产品纯度等级。

**注释**

（1）$CuSO_4 \cdot 5H_2O$ 在不同温度下的溶解度如下。

| $t$/℃ | 0 | 20 | 30 | 40 | 60 | 80 | 100 |
|---|---|---|---|---|---|---|---|
| 溶解度/（g/100 g $H_2O$） | 23.1 | 32.0 | 37.8 | 44.6 | 61.8 | 83.8 | 114 |

（2）在 CuO 溶解于酸后的加热过程中，要使溶液的体积维持在 40～45 mL，以防止 $CuSO_4$ 结晶析出，并通过搅拌防止飞溅。CuO 中不溶性金属杂质颗粒较细尖锐，易刺破滤纸，因此抽滤时用双层滤纸。

（3）在除去 $Fe^{3+}$ 时，必须仔细调节溶液的 pH，若 pH 太高，会使 $CuSO_4$ 生成 $Cu_2(OH)_2SO_4$。不要反反复复地调节溶液的 pH，否则会导致 $(NH_4)_2SO_4$ 量过多，伴随着产品析出。

（4）在室温时，$CuSO_4 \cdot 5H_2O$ 溶解度较小，因此只要浓缩到出现晶膜。在浓缩时，不要直接加热，防止蒸干，否则产品会部分失水，产品颜色不均匀，可溶性杂质不能除去。浓缩时，适当搅拌，防止蒸发皿底部出现结晶物因高温部分失水变为蓝绿色或淡蓝色。

（5）试剂级 $CuSO_4 \cdot 5H_2O$ 杂质最高浓度规定（GB 665—78）如下。

| 纯度 / $w$/% | 优级纯（G.R.） | 分析纯（A.R.） | 化学纯（C.P.） |
|---|---|---|---|
| 水不溶物 | 0.002 | 0.005 | 0.01 |
| 氯化物 | 0.000 5 | 0.001 | 0.001 |
| 氮化物 | 0.002 5 | 0.001 | 0.003 |
| 铁 | 0.001 | 0.003 | 0.02 |
| 硫化氢不沉淀物（以硫酸盐计） | 0.05 | 0.1 | 0.2 |

（6）目视比色法是利用一套具有相同体积和内径的比色管，将一系列不同量的标准溶液一次加入各比色管中，分别加入等量的显色剂并用溶剂稀释到相同的刻度，然后按颜色的深浅顺序摆放在比色架，组成标准色阶。再将待测物质加入具有相同规格的比色管中，加入同样量的显色剂，稀释至同样的刻度，与标准色阶比较，得到相应的产品等级。

$Fe^{3+}$离子的标准溶液系列色阶的配制方法（由实验室完成）：先配制 0.01 mg/mL $Fe^{3+}$标准溶液，再用吸量管分别吸取 1 mL、3 mL、20 mL $Fe^{3+}$标准溶液于 25 mL 比色管中，各加入 3 mL 2 mol/L HCl 和 1 mL 1 mol/L KSCN 溶液，稀释至刻度，摇匀。这样分别得到 G.R.（含 $Fe^{3+}$0.01 mg）、A.R.（含 $Fe^{3+}$0.03 mg）、C.P.（含 $Fe^{3+}$0.2 mg）3 种级别的标准比色系列。比色结果，若 1.0 g $CuSO_4 \cdot 5H_2O$ 试样所显颜色深浅和 G.R.标准液一样，表示符合 G.R.试剂标准，以此类推。杂质铁浓度的计算为

$$w_{Fe^{3+}}=\frac{\text{铁标准液浓度（mg/mL）}\times\text{铁标准液体积（mL）}}{\text{样品}CuSO_4\cdot 5H_2O\text{质量（g）}\times 1\,000\text{（mg/g）}}$$

若比色结果介于两种级别之间，其杂质浓度可取两者的平均值。

## 五、思考题

1. 通过查阅资料，列举从废铜制备五水合硫酸铜的实验方案，并对不同的方案加以评述。

2. 重结晶是提纯固体物质的重要方法之一，什么是重结晶？$CuSO_4\cdot 5H_2O$ 和 NaCl 可以采取重结晶的方法提纯吗？

3. 粗 $CuSO_4$ 中的 $Fe^{2+}$为什么要氧化为 $Fe^{3+}$？在除铁时，为什么溶液的 pH 要调节到 3.5 左右，过高或过低对本实验有何影响？

4. 浓缩结晶时为什么滤液不可蒸干？

5. 为了提高产品 $CuSO_4\cdot 5H_2O$ 品质和产率，在实验中应注意哪些环节？

# 实验 42　锌钡白的制备

## 一、实验目的

1. 掌握制备锌钡白的原理与方法

2. 练习过滤、蒸发、结晶等基本操作

## 二、实验原理

锌钡白（俗称立德粉）是由近似等物质的量的 $BaSO_4$ 和 ZnS 沉淀所形成的混合晶体，不溶于水，与硫化氢和碱液也不起作用，但遇酸分解放出硫化氢气体，耐热性好，遮盖力比氧化锌强，但比钛白粉差，用于制造涂料、油墨、水彩、油画颜料，还用于造纸、皮革、搪瓷、塑料、橡胶制品等。

锌钡白可由 BaS 与 $ZnSO_4$ 反应而制得

$$ZnSO_4+BaS = ZnS\downarrow+BaSO_4\downarrow$$

工业上，将煤粉与重晶石（$BaSO_4$）混合，在高温下焙烧得 BaS 熔块。

$$BaSO_4+4C\xrightarrow[\text{焙烧}]{1\,173\sim1\,273\text{ K}}BaS+4CO\uparrow$$

焙烧产物中主要含 BaS，还含有碳粒和少量未反应的 $BaSO_4$，打碎后用热水浸泡，过滤得 BaS 溶液。

将工业硫酸与氧化锌矿或工业氧化锌反应制得 $ZnSO_4$ 溶液。

$$ZnO+H_2SO_4 = ZnSO_4+H_2O$$

由于工业氧化锌中含有铁、镍、镁、镉和锰的氧化物等杂质，它们同时生成 $FeSO_4$、$NiSO_4$、$MgSO_4$、$CdSO_4$、$MnSO_4$ 等，在硫酸锌和硫化钡反应生成锌钡白时，这些杂质离子

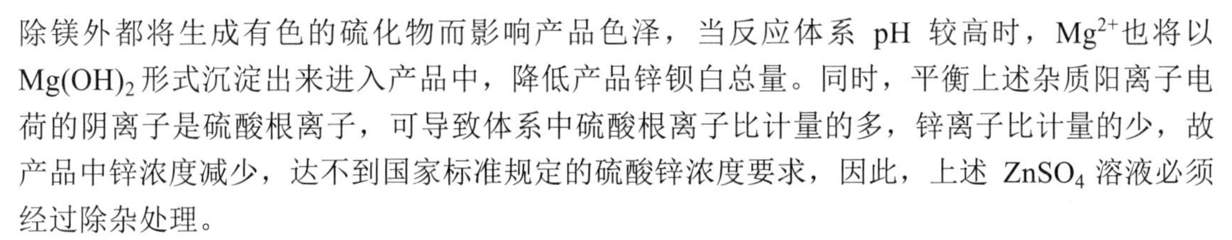

除镁外都将生成有色的硫化物而影响产品色泽，当反应体系 pH 较高时，$Mg^{2+}$也将以 $Mg(OH)_2$ 形式沉淀出来进入产品中，降低产品锌钡白总量。同时，平衡上述杂质阳离子电荷的阴离子是硫酸根离子，可导致体系中硫酸根离子比计量的多，锌离子比计量的少，故产品中锌浓度减少，达不到国家标准规定的硫酸锌浓度要求，因此，上述 $ZnSO_4$ 溶液必须经过除杂处理。

$Cd^{2+}$和 $Ni^{2+}$等重金属离子可用较活泼金属 Zn 粉置换除去，$Mn^{2+}$和 $Fe^{2+}$离子在中性或弱酸性溶液中可被 $KMnO_4$ 氧化转变为氧化物或氢氧化物沉淀而除去。

$$2KMnO_4 + 3MnSO_4 + 2H_2O = 2H_2SO_4 + K_2SO_4 + 5MnO_2 \downarrow$$

$$2KMnO_4 + 6FeSO_4 + 14H_2O = 2MnO_2 + 6Fe(OH)_3 \downarrow + 5H_2SO_4 + K_2SO_4$$

在溶液中加入少许 ZnO，控制溶液的 pH，可使杂质离子沉淀完全，过滤，得较纯的硫酸锌溶液备用。再用精制的 $ZnSO_4$ 与 BaS 溶液按一定比例混合，即得白色锌钡白沉淀。

## 三、实验用品

仪器：烧杯、普通漏斗、布氏漏斗、抽滤瓶、研钵。

试剂与材料：丁二酮肟、镉试剂（0.02%）、KOH（2 mol/L）、BaS(s)、邻二氮菲（0.5%）、粗 ZnO、$NaBiO_3$(s)、锌粉、ZnO（纯）、$H_2SO_4$（浓、2 mol/L）、$HNO_3$（浓）、KI（10%）、$KMnO_4$（0.01 mol/L）、KSCN（饱和）、甲醛、滤纸、pH 试纸。

## 四、实验内容

### 1. 制备 BaS 溶液

在台秤上称取 6.5 g 研细的 BaS（也可用 8 g $BaCl_2$ 加 8 g $Na_2S \cdot 9H_2O$），在 100 mL 烧杯中用 50 mL 热水（90 ℃左右）浸泡约 20 min，不断搅拌，以促进 BaS 的溶解，然后减压过滤得 BaS 溶液备用。

### 2. 制备 $ZnSO_4$ 溶液

在 250 mL 烧杯中先加入 100 mL 水，在搅拌下慢慢加入 2 mL 工业浓硫酸，再加入 3.8 g 粗氧化锌，加热至 70～80 ℃，保持搅拌，保温 5～10 min。用 pH 试纸测定，此时溶液的 pH 约为 6（若 pH＜5，则继续添加少许粗氧化锌调节，pH 过低一方面不利于后续除杂，另一方面不利于锌钡白的合成反应中 ZnS 沉淀）。溶液冷却后用普通漏斗过滤，滤液备用。

### 3. 精制 $ZnSO_4$

将上述 $ZnSO_4$ 溶液加热到 80 ℃左右，加 0.5 g 锌粉，反应 20 min，然后冷却过滤，检验滤液中 $Ni^{2+}$和 $Cd^{2+}$是否除尽。若未除尽，再加少许锌粉重复处理，直至 $Ni^{2+}$和 $Cd^{2+}$除尽。用普通漏斗过滤。再向除去 $Ni^{2+}$、$Cd^{2+}$后的滤液中加少许纯 ZnO，调节溶液接近中性，慢慢滴入 0.1 mol/L $KMnO_4$ 溶液至滤液显微红色，说明 $KMnO_4$ 已微过量。加热试液片刻，然后加甲醛使过量的 $KMnO_4$ 还原为 $MnO_2$ 沉淀，检查溶液中 $KMnO_4$ 是否除尽（取少许试液过滤于小试管中，若滤液仍显微红色，说明 $KMnO_4$ 未除尽），若未除尽，则应再滴加甲醛，直至红色褪去。用小火加热，微沸 5～10 min，用普通漏斗过滤，检验滤液中的铁离子、锰离子是否除尽，如已除尽，则试液精制已完成。

4. 锌钡白的制备

在 250 mL 烧杯中，先加入少量 $ZnSO_4$ 溶液，然后交替加入 BaS 和 $ZnSO_4$ 溶液，且不断搅动，合成过程应维持溶液呈微碱性（pH = 7.5～8.5），若溶液 pH 偏低，可滴加少许 $Na_2S$ 溶液。将锌钡白沉淀进行减压抽滤、烘干、称重。

5. 杂质离子的检定

（1）$Ni^{2+}$。取 1 滴粗制 $ZnSO_4$ 溶液于点滴板上，加 2 滴丁二酮肟，生成鲜红色沉淀，证明有 $Ni^{2+}$ 存在。

（2）$Cd^{2+}$。于定量滤纸上加 1 滴 0.02% 镉试剂，烘干，再加 1 滴粗制 $ZnSO_4$ 溶液，烘干，加 1 滴 2 mol/L KOH，斑点呈红色，证明有 $Cd^{2+}$ 存在。

（3）$Fe^{2+}$ 或 $Fe^{3+}$。取 1 滴粗制 $ZnSO_4$ 溶液于点滴板上，加 1 滴饱和 KSCN 溶液，生成血红色溶液，表示有 $Fe^{3+}$ 存在。再取 1 滴 $ZnSO_4$ 溶液于点滴板上，加 2 滴 0.5% 邻二氮菲，生成橘红色 $[Fe(Phen)_3]^{2+}$，证明有 $Fe^{2+}$ 存在。

（4）$Mn^{2+}$。取 lmL 粗制 $ZnSO_4$ 溶液于试管中，加 4～6 滴浓 $HNO_3$，再加少许固体 $NaBiO_3$，加热，溶液出现紫红色，证明有 $Mn^{2+}$ 存在。

## 五、思考题

1. 为什么制备锌钡白的反应液要保持微碱性？
2. 精制 $ZnSO_4$ 溶液除 $Fe^{2+}$、$Mn^{2+}$ 时为什么要加纯 ZnO？
3. BaS 溶液有没有必要精制？

# 实验 43　A 型分子筛的水热合成及性能测定

## 一、实验目的

1. 学习和掌握 A 型分子筛的水热合成方法
2. 了解 A 型分子筛的物性的鉴定

## 二、实验原理

分子筛是一种硅铝酸盐化合物，它是由 $SiO_4$ 和 $AlO_4$ 四面体之间通过共享顶点而形成的三维四连接空旷骨架。在骨架中均匀而有序的孔道，内表面积很大的空穴，以及与一般分子尺寸相近的孔径等结构特征使分子筛被广泛用于气体和液体的干燥、脱水、净化、分离、吸附，以及石油加工催化裂化过程和催化剂载体等。分子筛的基本骨架元素是硅、铝及与其配位的氧原子，基本结构单元为硅氧四面体和铝氧四面体，四面体可以按照不同的组合方式相连，构筑成各式各样的沸石分子筛骨架结构。其化学组成经验式可表示为 $M_{2/n}O \cdot Al_2O_3 \cdot xSiO_2 \cdot yH_2O$，M 为金属离子；$n$ 为金属离子的价数；$x$ 为 $SiO_2$ 物质的量（mol）；$y$ 为结晶水的物质的量。

A 型分子筛中的 $SiO_2/Al_2O_3$ 的摩尔比 $x = 2$。A 型分子筛有 3A、4A、5A 三种型号，其

中 4A 型指的是 A 型晶体结构的钠型。

α 笼和 β 笼是 A 型分子筛晶体结构的基础。α 笼为二十六面体，由六个八元环、八个六元环和十二个四元环组成，β 笼为十四面体，由八个六元环和六个四元环相连而成，笼的窗口最大有效直径为 4.5 Å，因此能吸附临界直径不大于 4 Å 的分子。A 型分子筛属立方晶系，晶胞组成为 $Na_{12}(Al_{12}Si_{12}O_{48})\cdot 27H_2O$。将 β 笼置于立方体的八个顶点，用四元环相互连接，围成一个α 笼，α 笼之间可通过八元环三维相通，八元环是 A 型分子筛的主窗口，见图 8－1。

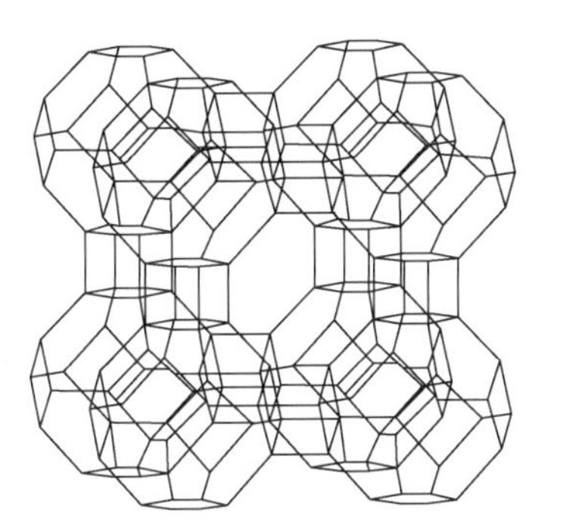
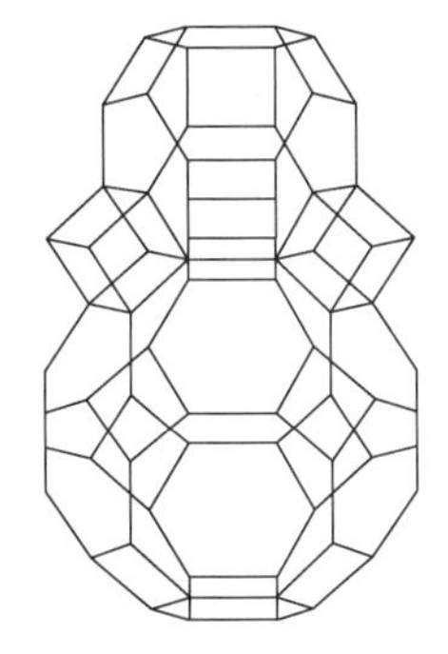

**图 8－1　A 型分子筛晶穴结构示意图**

常规的沸石分子筛合成方法为水热晶化法。水热合成是指在一定温度（100～1 000 ℃）和压强（1～100 MPa）条件下利用溶剂中的反应物特定化学反应进行的合成。水热晶化反应是指在水热条件下，使溶胶、凝胶等非晶化物质进行晶化反应。水热合成根据合成温度不同可分为低温（70～100 ℃）水热合成法和高温（>150 ℃）水热合成法。水热合成根据分子筛合成的压力条件不同可分为常压法、自生压力法和高压法。其中，低温常压法和低温自生压力法的合成条件较温和，合成设备要求较低，是应用最为广泛的分子筛合成法。分子筛水热晶化法包括硅铝酸盐水合凝胶的生成和水合凝胶的晶化。凝胶的生成即将原料按照适当比例，在过量碱的作用下于水溶液中混合形成碱性硅铝胶。凝胶的晶化即将凝胶密封于水热反应釜中，在适当温度及相应的饱和蒸气压下恒温热处理一段时间，使其转化为晶体，晶化过程分诱导期、成核期和晶体生长期。反应凝胶多为四元组分体系，可表示为 $R_2O-Al_2O_3-SiO_2-H_2O$，其中 $R_2O$ 可以是 NaOH、KOH，作用是提供分子筛晶化必要的碱性环境或者结构导向的模板剂，硅和铝元素的提供可选择多种多样的硅源和铝源，例如硅溶胶、硅酸钠、正硅酸乙酯、硫酸铝和铝酸钠等。反应凝胶的配比，硅源、铝源和 $R_2O$ 的种类，体系的均匀度，pH 环境，晶化温度以及晶化时间等对分子筛的形成和性能都有重要的影响。

沸石分子筛的晶化过程十分复杂，目前还未有完善的理论来解释，粗略地可以描述分子筛的晶化过程为当各种原料混合后，硅酸根和铝酸根可发生一定程度的聚合反应形成硅铝酸盐初始凝胶。在一定的温度下，初始凝胶发生解聚和重排，形成特定的结构单元，并进一步围绕着模板分子（可以是水合阳离子或有机胺离子等）构成多面体，聚集形成晶核，并逐渐成长为分子筛晶体。鉴定分子筛结晶类型的方法主要是粉末 X 射线衍射，各类分子筛均具有特征的 X 射线衍射峰，通过比较实测衍射谱图和标准衍射数据，可以推断出分子筛产品的结晶类型。此外，还可通过比较分子筛某些特征衍射峰的峰面积大小，计算出相对结晶度，以判断分子筛晶化状况的好坏。

## 三、实验用品

仪器：250 mL 烧杯、容量 30 mL 内有聚四氟乙烯衬管的不锈钢反应釜、天平、搅拌器、电热恒温箱、直径 10 cm 表面皿、真空干燥器、光学显微镜、扫描电子显微镜、X 射线衍射仪。

试剂：氢氧化钠、硫酸铝、25%硅溶胶。

## 四、实验内容

### 1. A 型分子筛的制备

（1）凝胶的生成。

反应凝胶配比为 $Na_2O:SiO_2:Al_2O_3:H_2O = 4:2:1:300$。具体实验步骤为在 250 mL 的烧杯中，将 13.5 g NaOH 和 12.6 g $Al_2(SO_4)_3 \cdot 18H_2O$ 溶于 130 mL 去离子水中，在磁力搅拌状态下，用滴管缓慢加入 9 g 25%硅溶胶，充分搅拌约 10 min，得到白色凝胶。

（2）凝胶的晶化。

将白色凝胶转移入洁净的不锈钢水热反应釜中，密封，放入恒温 80 ℃电热烘箱中，6 h 后取出。将反应釜冷至室温，抽滤并洗涤产物至滤液为中性，移至表面皿中，放在 120 ℃烘箱中干燥过夜，取出称重后置于硅胶干燥器中存放。

### 2. A 型分子筛的性能表征测定

（1）分子筛晶形特征。

显微镜观察产品结晶情况。用扫描电镜（SEM）仔细观察晶体形貌，测定粒径分布和平均粒度。

（2）X 射线粉末衍射。

各类分子筛均具有特征的 X 射线衍射峰，通过比较实测谱图和标准衍射数据，可以推断分子筛的类型、成分、结晶度、纯度等。

（3）化学分析。

查阅有关资料，拟定测定分子筛组成的化学分析方法，自行测定分子筛中 $Na_2O$、$SiO_2$、$Al_2O_3$ 的浓度。

（4）钙离子交换性能。

分子筛的钙离子交换性能与粒度、温度密切相关。温度高，粒度细有利于提高钙离子交换速率和能力。根据产品标准 QB1768293 规定，钙离子交换容量大于 285 mg/g 为合格品，大于 310 mg/g 时为优质品。

## 五、思考题

1. 说明影响分子筛类型和物理性质的主要因素。
2. 说明合成过程中晶化时间对产品转化率及性能的影响。

# 实验 44　纳米氧化锌粉的制备及表征

## 一、实验目的

1. 了解纳米氧化锌粉的用途
2. 掌握均匀沉淀法制备氧化锌的原理
3. 了解无机纳料粉末表征的手段 XRD、TEM、DSC/TG、FT－IR

## 二、实验原理

纳米氧化锌作为一种重要的新型无机功能材料，由于具有的表面与界面效应、量子尺寸效应、体积效应和宏观量子隧道效应，以及高透明度、高分散性等特点，在化学、光学、生物和电学等方面表现出许多独特优异的物理和化学性能，具有普通氧化锌所无法比拟的特殊性能和用途，在橡胶、涂料、塑料、陶瓷、催化剂、化纤、电子、化妆品等行业具有广泛的应用，因而制备技术和工业生产的研究也变得更为重要。

纳米氧化锌的制备技术大体分为三类：固相法、液相法和气相法。固相法也称为固相化学反应法，是近几年发展起来的新研究领域，其研究成果已成功应用到新型配合物、金属簇合物、非线性光学材料等的合成；液相法主要包括化学沉淀法、超重力法、溶胶－凝胶法和水热法等，其中化学沉淀法主要包括直接沉淀法和均匀沉淀法；气相法主要有激光诱导 CVD、气相反应合成法、喷雾热解法和化学气相氧化法等。

在三种制备方法中，固相化学反应法具有无须溶剂、转化率高、工艺简单、能耗低、反应条件易控制的特点，但反应过程往往进行不完全或反应过程中可能出现液化现象；在我国目前气相法处于小试阶段，欲达到工业化生产，还要解决一系列工程问题和设备材质问题，难以实现大规模工业化生产；液相法纳米氧化锌生产中，最常用的制备方法为均匀沉淀法，通过采取适当的方法改善其工艺条件，实现氧化锌颗粒的大小、尺寸、形貌等微观结构有目的地进行控制，使之能够定向生长，从而生产出各种尺寸、形貌的纳米氧化锌，并使制备出的产品具有很好的重复性和可靠性。采用均匀沉淀法制备纳米氧化锌具有工艺简单、产品质量好、易于控制、生产成本低等特点，是最具工业化发展前景的一种制备方法。

均匀沉淀法是在综合各种液相法的基础上发展起来的一种新的制备纳米粉体的技术，此法是利用某一化学反应使溶液中的构晶离子由溶液中缓慢地、均匀地释放出来，此时，加入的沉淀剂不是立刻与被沉淀组分发生反应，而是通过化学反应使沉淀剂在溶液中缓慢地生成，构晶离子的过饱和度在整个溶液中比较均匀，所以沉淀物的颗粒均匀而致密，便于过滤洗涤，避免杂质的共沉淀。均匀沉淀法中常用的沉淀剂为尿素。

以硝酸锌为原料，尿素为沉淀剂，均匀沉淀法制备纳米氧化锌的反应过程为

$$CO(NH_2)_2 + 3H_2O = CO_2\uparrow + 2NH_3 \cdot H_2O$$

氨水电离得到沉淀剂 $OH^-$，

$$NH_3 \cdot H_2O = NH_4^+ + OH^-$$

水解产物与硝酸锌反应生成碱式碳酸锌沉淀为

$$3Zn^{2+} + CO_3^{2-} + 4OH^- + H_2O = ZnCO_3 \cdot 2Zn(OH)_2H_2O \downarrow$$

此反应式一般简记为

$$Zn^{2+} + 2OH^- = Zn(OH)_2 \downarrow$$

沉淀物经过滤、洗涤、干燥、煅烧后得到纳米氧化锌

$$ZnCO_3 \cdot 2Zn(OH)_2H_2O = 3ZnO + 4H_2O + CO_2 \uparrow$$

## 三、实验用品

仪器：烧杯、平底三颈瓶、磁力恒温水浴锅、烘箱、马弗炉、NETZSCHSTA409 差示扫描仪、美国尼高力仪器公司 Avatar－370 型傅立叶变换红外光谱仪、中国丹东产 Y—2000 型 X 射线衍射仪、日立 H600 透射电子显微镜。

试剂：$Zn(NO_3)_2$、尿素、KBr。

## 四、实验内容

### 1. ZnO 的制备

称取 9.5 g $Zn(NO_3)_2$ 固体加入 50 mL 去离子水溶解，称取 12 g 尿素加入 50 mL 水溶解，将两溶液转入 500 mL 容量瓶中，配制成 500 mL 溶液，将所配溶液转入平底三颈瓶中，放入 95 ℃恒温水浴中搅拌 8 h，待所得溶液冷却后，放入离心机中，用蒸馏水洗涤 2～3 次，再放入烘箱中干燥 24～48 h，烘箱温度保持在 60 ℃，干燥后的样品留出少量，其余则放入 450 ℃马弗炉内煅烧 4 h，即可获得 ZnO 粉末。

### 2. 样品的表征

（1）干燥后的前驱体使用 NETZSCHSTA409 进行热失重分析，从失重图上可以获得前驱体在加热过程中的一些物理及化学变化。

（2）干燥后的前驱体及煅烧后的样品进行 XRD 分析，以考察煅烧前后物相的变化。

（3）采用傅立叶变换红外光谱仪分析前驱体和煅烧后的样品，以了解煅烧前后物相的变化。

（4）采用透射电子显微镜分析煅烧后样品的粒径分布及形貌。

## 五、思考题

1. 加入尿素的目的是什么？
2. 获得的前驱体为什么需要进行煅烧？不煅烧可不可以得到所需氧化锌？
3. 在失重图上，如果对应某一温度有一个吸热峰，说明什么问题？

# 附　　录

## 附录1　洗涤液的配制及使用

1. 铬酸洗液

主要用于去除少量油污，是无机及分析化学实验室中最常用的洗涤液。使用时应先将待洗仪器用自来水冲洗一遍，尽量将附着在仪器上的水控净，然后用适量的洗液浸泡。

配制方法：称取 25 g 化学纯 $K_2Cr_2O_7$ 置于烧杯中，加 50 mL 水溶解，然后一边搅拌一边慢慢沿烧杯壁加入 450 mL 工业浓 $H_2SO_4$，冷却后转移至有玻璃塞的细口瓶中保存。

2. 酸性洗液

工业盐酸（1:1），用于去除碱性物质和无机物残渣，使用方法与铬酸洗液相同。

3. 碱性洗液

1% NaOH 水溶液，可用于去除油污，加热时洗涤效果较好，但长时间加热会腐蚀玻璃。使用方法与铬酸洗液相同。

4. 草酸洗液

用于除去 Mn、Fe 等氧化物。加热时洗涤效果更好。

配制方法：将 5～10 g 草酸溶于 100 mL 水中，再加入少量浓盐酸。

5. 盐酸－乙醇洗液

用于洗涤被染色的比色皿、比色管和吸量管等。

配制方法：将化学纯盐酸与乙醇以体积比 1:2 混合。

6. 酒精与浓硝酸的混合液

适用于洗涤滴定管。使用时，先在滴定管中加入 3 mL 酒精，再沿壁加入 4 mL 浓 $HNO_3$，盖上滴定管管口，利用反应所产生的氧化氮洗涤滴定管。

7. 含 $KMnO_4$ 的 NaOH 水溶液

将 10 g $KMnO_4$ 溶于少量水中，向该溶液中加入 100 mL 10% NaOH 溶液即得。本溶液适用于洗涤油污及有机物，洗涤后在玻璃器皿上留下的 $MnO_2$ 沉淀，可用浓 HCl 或 $Na_2SO_3$ 溶液将沉淀洗掉。

# 附录 2　市售酸碱试剂的浓度及密度

| 试剂 | 密度/（$g \cdot cm^{-3}$） | 物质的量浓度/（$mol \cdot L^{-1}$） | 溶质质量分数/% |
|---|---|---|---|
| 冰醋酸 | 1.05 | 17.4 | 99.7 |
| 氨水 | 0.90 | 14.8 | 28.0 |
| 苯胺 | 1.022 | 11.0 | |
| 盐酸 | 1.19 | 11.9 | 36.5 |
| 氢氟酸 | 1.14 | 27.4 | 48.0 |
| 硝酸 | 1.42 | 15.8 | 70.0 |
| 高氯酸 | 1.67 | 11.6 | 70.0 |
| 磷酸 | 1.69 | 14.6 | 85.0 |
| 硫酸 | 1.84 | 17.8 | 95.0 |
| 三乙醇胺 | 1.124 | 7.5 | |
| 浓氢氧化钠 | 1.44 | 14.4 | 40 |
| 饱和氢氧化钠 | 1.539 | 20.07 | |

# 附录 3　常用指示剂

1. 酸碱指示剂

| 指示剂 | 变色范围 pH | 颜色变化 | $pK_{HIn}$ | 浓度 |
|---|---|---|---|---|
| 百里酚蓝 | 1.2～2.8 | 红～黄 | 1.65 | 0.1% 的 20% 乙醇溶液 |
| 甲基黄 | 2.9～4.0 | 红～黄 | 3.25 | 0.1% 的 90% 乙醇溶液 |
| 甲基橙 | 3.1～4.4 | 红～黄 | 3.45 | 0.1% 的水溶液 |
| 溴甲酚绿 | 4.0～5.6 | 黄～蓝 | 4.9 | 0.1% 的 20% 乙醇溶液或其钠盐水溶液 |
| 甲基红 | 4.4～6.2 | 红～黄 | 5.0 | 0.1% 的 60% 乙醇溶液或其钠盐水溶液 |
| 溴百里酚蓝 | 6.2～7.6 | 黄～蓝 | 7.3 | 0.1% 的 20% 乙醇溶液或其钠盐水溶液 |
| 中性红 | 6.8～8.0 | 红～黄橙 | 7.4 | 0.1% 的 60% 乙醇溶液 |
| 酚酞 | 8.0～10.0 | 无～红 | 9.1 | 0.2% 的 90% 乙醇溶液 |
| 百里酚蓝 | 8.0～9.6 | 黄～蓝 | 8.9 | 0.1% 的 20% 乙醇溶液 |
| 百里酚酞 | 9.4～10.6 | 无～蓝 | 10.0 | 0.1% 的 90% 乙醇溶液 |

## 2. 混合指示剂

| 指示剂溶液的组成 | 变色时pH | 颜色 | | 备注 |
|---|---|---|---|---|
| | | 酸色 | 碱色 | |
| 一份 0.1% 溴甲酚绿钠盐水溶液<br>一份 0.2% 甲基橙水溶液 | 4.3 | 橙 | 蓝绿 | pH = 3.5　黄色<br>pH = 4.05　绿色<br>pH = 4.3　蓝绿色 |
| 一份 0.1% 甲酚红钠盐水溶液<br>三份 0.1% 百里酚蓝钠盐水溶液 | 8.3 | 黄 | 紫 | pH = 8.2　玫瑰红<br>pH = 8.4　清晰的紫色 |
| 一份 0.1% 百里酚蓝 50% 乙醇溶液<br>三份 0.1% 酚酞 50% 乙醇溶液 | 9.0 | 黄 | 紫 | 从黄到绿，再到紫 |
| 一份 0.1% 酚酞乙醇溶液<br>一份 0.1% 百里酚酞乙醇溶液 | 9.9 | 无 | 紫 | pH = 9.6　玫瑰红<br>pH = 10　紫色 |

## 3. 配位滴定指示剂

| 名称 | 配制 | 用于测定 | | |
|---|---|---|---|---|
| | | 元素 | 颜色变化 | 测定条件 |
| 酸性铬蓝 K | 0.1% 乙醇溶液 | Ca<br>Mg | 红～蓝<br>红～蓝 | pH = 12<br>pH = 10（氨性缓冲溶液） |
| 钙指示剂 | 与 NaCl 配成 1:100 的固体混合物 | Ca | 酒红～蓝 | pH＞12（KOH 或 NaOH） |
| 铬天青 S | 0.4% 水溶液 | Al<br>Cu<br>Fe（Ⅱ）<br>Mg | 紫～黄橙<br>蓝紫～黄<br>蓝～橙<br>红～黄 | pH = 4（醋酸缓冲溶液）热<br>pH = 6～6.5（醋酸缓冲溶液）<br>pH = 2～3<br>pH = 10～11（氨性缓冲溶液） |
| 双硫腙 | 0.03% 乙醇溶液 | Zn | 红～绿紫 | pH = 4.5　50% 乙醇溶液 |
| 铬黑 T | 与 NaCl 配成 1:100 的固体混合物 | Al<br>Bi<br>Ca<br>Cd<br>Mg<br>Mn<br>Ni<br>Pb<br>Zn | 蓝～红<br>蓝～红<br>红～蓝<br>红～蓝<br>红～蓝<br>红～蓝<br>红～蓝<br>红～蓝<br>红～蓝 | pH = 7～8 吡啶存在下，以 $Zn^{2+}$ 离子回滴<br>pH = 9～10 以 $Zn^{2+}$ 离子回滴<br>pH = 10 加入 EDTA－Mg<br>pH = 10（氨性缓冲溶液）<br>pH = 10（氨性缓冲溶液）<br>氨性缓冲溶液，加羟胺<br>氨性缓冲溶液<br>氨性缓冲溶液，加酒石酸钾<br>pH = 6.8～10（氨性缓冲溶液） |
| PAN | 0.1% 乙醇（或甲醇）溶液 | Cd<br>Co<br>Cu<br><br>Zn | 红～黄<br>黄～红<br>紫～黄<br>红～黄<br>粉红～黄 | pH = 6（醋酸缓冲溶液）<br>醋酸缓冲溶液，70～80 ℃，以 $Cu^{2+}$ 离子回滴<br>pH = 10（氨性缓冲溶液）<br>pH = 6（醋酸缓冲溶液）<br>pH = 5～7（醋酸缓冲溶液） |
| PAR | 0.05% 或 0.2% 水溶液 | Bi<br>Cu<br>Pb | 红～黄<br>红～黄（绿）<br>红～黄 | pH = 1～2（$HNO_3$）<br>pH = 5～11（六亚甲基四胺，氨性缓冲溶液）<br>六亚甲基四胺或氨性缓冲溶液 |

续表

| 名称 | 配制 | 用于测定 | | |
|---|---|---|---|---|
| | | 元素 | 颜色变化 | 测定条件 |
| 磺基水杨酸 | 1%～2% 水溶液 | Fe（Ⅱ） | 红紫～黄 | pH＝1.5～2 |
| 二甲酚橙 XO | 0.5% 乙醇（或水）溶液 | Bi<br>Cd<br>Pb<br>Th（Ⅳ）<br>Zn | 红～黄<br>粉红～黄<br>红紫～黄<br>红～黄<br>红～黄 | pH＝1～2（$HNO_3$）<br>pH＝5～6（六亚甲基四胺）<br>pH＝5～6（醋酸缓冲溶液）<br>pH＝1.6～3.5（$HNO_3$）<br>pH＝5～6（醋酸缓冲溶液） |

4. 吸附指示剂

| 名称 | 配制 | 用于测定 | | |
|---|---|---|---|---|
| | | 可测元素（括号内为滴定剂） | 颜色变化 | 测定条件 |
| 荧光黄 | 1% 钠盐水溶液 | $Cl^-$、$Br^-$、$I^-$、$SCN^-$（$Ag^+$） | 黄绿～粉红 | 中性或弱碱性 |
| 二氯荧光黄 | 1% 钠盐水溶液 | $Cl^-$、$Br^-$、$I^-$（$Ag^+$） | 黄绿～粉红 | pH＝4.4～7 |
| 四溴荧光黄（曙红） | 1% 钠盐水溶液 | $Br^-$、$I^-$（$Ag^+$） | 橙红～红紫 | pH＝1～2 |
| 溴酚蓝 | 0.1% 的 20% 乙醇溶液[①] | $Cl^-$、$I^-$（$Ag^+$） | 黄绿～蓝 | 微酸性 |
| 二氯四碘荧光黄 | | $I^-$（$Ag^+$） | 红～紫红 | 加入$(NH_4)_2CO_3$，且有 $Cl^-$存在 |
| 罗丹明 6G | | $Ag^+$、（$Br^-$） | 橙红～红紫 | 0.3 $mol \cdot L^{-1}$ $HNO_3$ |
| 二苯胺 | | $Cl^-$、$Br^-$、$I^-$、$SCN^-$（$Ag^+$） | 紫～绿 | 有 $I_2$ 或 $VO_3^-$ 存在 |
| 酚藏花红 | | $Cl^-$、$Br^-$（$Ag^+$） | 红～蓝 | |

# 附录 4　化学试剂纯度分级表

| 规格 | 基准试剂 | 一级试剂 | 二级试剂 | 三级试剂 | 四级试剂 |
|---|---|---|---|---|---|
| 我国标准 | J.Z.<br>绿色标签 | 优级纯<br>G.R.<br>绿色标签 | 分析纯<br>A.R.<br>红色标签 | 化学纯<br>C.P.<br>蓝色标签 | 实验纯<br>L.R.<br>黄标签 |
| 用途 | 作为基准物质，标定标准溶液 | 适用于最精确分析及研究工作 | 适用于精确的微量分析工作 | 适用于一般的微量分析实验 | 适用于一般定性检验 |

① 以 20%乙醇为溶剂，配成 0.1%（W/V）溶液。

高纯试剂（EP）：包括超纯、特纯、高纯、光谱纯，配制标准溶液。此类试剂质量注重的是在特定方法分析过程中可能引起分析结果偏差，对成分分析或浓度分析干扰的杂质浓度，但对主浓度不做很高要求。

色谱纯试剂（LC）：液相色谱分析标准物质。质量指标注重干扰液相色谱峰的杂质。主成分浓度高。

光谱纯试剂（SP）：用于光谱分析。分别适用于分光光度计标准品、原子吸收光谱标准品、原子发射光谱标准品。

生化试剂（BR）：配制生物化学检验试液和生化合成。质量指标注重生物活性杂质。可替代指示剂，可用于有机合成。

# 附录 5　化合物的相对分子质量表（1989）

| 名称 | 相对分子质量 | 名称 | 相对分子质量 |
|---|---|---|---|
| $Ag_3AsO_4$ | 462.53 | $BaCl_2 \cdot 2H_2O$ | 244.24 |
| $AgBr$ | 187.77 | $BaC_2O_4$ | 225.32 |
| $AgCl$ | 143.35 | $BaCO_3$ | 197.31 |
| $AgCN$ | 133.91 | $BaCrO_4$ | 253.32 |
| $Ag_2CrO_4$ | 331.73 | $BaO$ | 153.33 |
| $AgI$ | 234.77 | $Ba(OH)_2$ | 171.32 |
| $AgNO_3$ | 169.88 | $BaSO_4$ | 233.37 |
| $AgSCN$ | 165.96 | $BiCl_3$ | 315.33 |
| $Al(C_9H_6NO)_3$ | 459.44 | $BiOCl$ | 260.43 |
| $AlCl_3$ | 133.33 | $CaCl_2$ | 110.99 |
| $AlCl_3 \cdot 6H_2O$ | 241.43 | $CaCl_2 \cdot 6H_2O$ | 219.09 |
| $Al(NO_3)_3$ | 213.01 | $CaCO_3$ | 100.09 |
| $Al(NO_3)_3 \cdot 9H_2O$ | 375.19 | $CaC_2O_4$ | 128.10 |
| $Al_2O_3$ | 101.96 | $Ca(NO_3)_2 \cdot 4H_2O$ | 236.16 |
| $Al(OH)_3$ | 78.00 | $CaO$ | 56.08 |
| $Al_2(SO_4)_3$ | 342.17 | $Ca(OH)_2$ | 74.10 |
| $Al_2(SO_4)_3 \cdot 18H_2O$ | 666.46 | $Ca_3(PO_4)_2$ | 310.18 |
| $As_2O_3$ | 197.84 | $CaSO_4$ | 136.15 |
| $As_2O_5$ | 229.84 | $CdCl_2$ | 183.33 |
| $As_2S_3$ | 246.05 | $CdCO_3$ | 172.41 |
| $BaCl_2$ | 208.24 | $CdS$ | 144.47 |

续表

| 名称 | 相对分子质量 | 名称 | 相对分子质量 |
|---|---|---|---|
| $Ce(SO_4)_2$ | 332.24 | $CuSO_4 \cdot 5H_2O$ | 249.68 |
| $Ce(SO_4)_2 \cdot 4H_2O$ | 404.30 | $FeCl_2$ | 126.75 |
| $CH_3COOH$ | 60.05 | $FeCl_3$ | 162.21 |
| $CH_3COOH$ | 60.052 | $FeCl_2 \cdot 4H_2O$ | 198.81 |
| $CH_3COOHN_4$ | 77.08 | $FeCl_3 \cdot 6H_2O$ | 270.30 |
| $CH_3COONa$ | 82.03 | $FeNH_4(SO_4)_2 \cdot 12H_2O$ | 482.22 |
| $CH_3COONa \cdot 3H_2O$ | 136.08 | $Fe(NO_3)_3$ | 241.86 |
| $CO_2$ | 44.01 | $Fe(NO_3)_3 \cdot 9H_2O$ | 404.01 |
| $CoCl_2$ | 129.84 | $FeO$ | 71.85 |
| $CoCl_2 \cdot 6H_2O$ | 237.93 | $Fe_2O_3$ | 159.69 |
| $CO(NH_2)_2$ | 60.06 | $Fe_3O_4$ | 231.55 |
| $Co(NO_3)_2$ | 182.94 | $Fe(OH)_3$ | 106.87 |
| $Co(NO_3)_2 \cdot 6H_2O$ | 291.03 | $FeS$ | 87.92 |
| $CoS$ | 90.99 | $Fe_2S_3$ | 207.91 |
| $CoSO_4$ | 154.99 | $FeSO_4$ | 151.91 |
| $CoSO_4 \cdot 7H_2O$ | 281.10 | $FeSO_4 \cdot 7H_2O$ | 278.03 |
| $CrCl_3$ | 158.36 | $FeSO_4 \cdot (NH_4)_2SO_4 \cdot 6H_2O$ | 392.17 |
| $CrCl_3 \cdot 6H_2O$ | 266.45 | $H_3AsO_3$ | 125.94 |
| $Cr(NO_3)_3$ | 238.01 | $H_3AsO_4$ | 141.94 |
| $Cr_2O_3$ | 151.99 | $H_3BO_3$ | 61.83 |
| $CuCl$ | 99.00 | $HBr$ | 80.91 |
| $CuCl_2$ | 134.45 | $HCl$ | 36.46 |
| $CuCl_2 \cdot 2H_2O$ | 170.48 | $HCN$ | 27.03 |
| $CuI$ | 190.45 | $H_2C_2O_4$ | 90.04 |
| $Cu(NO_3)_2$ | 187.56 | $H_2CO_3$ | 62.03 |
| $Cu(NO_3)_2 \cdot 3H_2O$ | 241.60 | $H_2C_2O_4 \cdot 2H_2O$ | 126.07 |
| $Cu_2O$ | 143.09 | $HCOOH$ | 46.03 |
| $CuO$ | 79.55 | $HF$ | 20.01 |
| $CuS$ | 95.62 | $HgCl_2$ | 271.50 |
| $CuSCN$ | 121.62 | $Hg_2Cl_2$ | 472.09 |
| $CuSO_4$ | 159.62 | $Hg(CN)_2$ | 252.63 |

续表

| 名称 | 相对分子质量 | 名称 | 相对分子质量 |
|---|---|---|---|
| $HgI_2$ | 454.40 | $KHC_4H_4O_6$ | 188.18 |
| $Hg(NO_3)_2$ | 324.60 | $KHC_8H_4O_4$ | 204.22 |
| $Hg_2(NO_3)_2$ | 525.19 | $KHC_2O_4 \cdot H_2C_2O_4 \cdot 2H_2O$ | 254.19 |
| $Hg_2(NO_3)_2 \cdot 2H_2O$ | 561.22 | $KHC_2O_4 \cdot 12H_2O$ | 146.15 |
| $HgO$ | 216.59 | $KHSO_4$ | 136.18 |
| $HgS$ | 232.65 | $KI$ | 166.00 |
| $HgSO_4$ | 296.67 | $KIO_3$ | 214.00 |
| $Hg_2SO_4$ | 497.27 | $KIO_3 \cdot HIO_3$ | 389.91 |
| $HI$ | 127.91 | $KMnO_4$ | 158.03 |
| $HIO_3$ | 175.91 | $KNaC_4H_4O_6 \cdot 4H_2O$ | 282.22 |
| $HNO_2$ | 47.02 | $KNO_2$ | 85.10 |
| $HNO_3$ | 63.02 | $KNO_3$ | 101.10 |
| $H_2O$ | 18.02 | $K_2O$ | 94.20 |
| $H_2O_2$ | 34.02 | $KOH$ | 56.11 |
| $H_3PO_4$ | 97.99 | $K_2PtCl_6$ | 485.99 |
| $H_2S$ | 34.08 | $KSCN$ | 97.18 |
| $H_2SO_3$ | 82.09 | $K_2SO_4$ | 174.27 |
| $H_2SO_4$ | 98.09 | $MgCl_2$ | 95.22 |
| $KAl(SO_4)_2 \cdot 12H_2O$ | 474.41 | $MgCl_2 \cdot 6H_2O$ | 203.31 |
| $KBr$ | 119.00 | $MgCO_3$ | 84.32 |
| $KBrO_3$ | 167.00 | $MgC_2O_4$ | 112.33 |
| $KCl$ | 74.55 | $MgNH_4PO_4$ | 137.32 |
| $KClO_3$ | 122.55 | $Mg(NO_3)_2 \cdot 6H_2O$ | 256.43 |
| $KClO_4$ | 138.55 | $MgO$ | 40.31 |
| $KCN$ | 65.12 | $Mg(OH)_2$ | 58.33 |
| $K_2CO_3$ | 138.21 | $Mg_2P_2O_7$ | 222.55 |
| $K_2CrO_4$ | 194.19 | $MgSO_4 \cdot 7H_2O$ | 246.49 |
| $K_2Cr_2O_7$ | 294.18 | $MnCl_2 \cdot 4H_2O$ | 197.91 |
| $K_3Fe(CN)_6$ | 329.25 | $MnCO_3$ | 114.95 |
| $K_4Fe(CN)_6$ | 368.35 | $Mn(NO_3)_2 \cdot 6H_2O$ | 287.06 |
| $KFe(SO_4)_2 \cdot 12H_2O$ | 503.23 | $MnO$ | 70.94 |

续表

| 名称 | 相对分子质量 | 名称 | 相对分子质量 |
|---|---|---|---|
| $MnO_2$ | 86.94 | $Na_2S_2O_3 \cdot 5H_2O$ | 248.2 |
| $MnS$ | 87.01 | $NH_3$ | 17.03 |
| $MnSO_4$ | 151.01 | $NH_4Cl$ | 53.49 |
| $MnSO_4 \cdot 4H_2O$ | 223.06 | $(NH_4)_2CO_3$ | 96.09 |
| $Na_3AsO_3$ | 191.89 | $(NH_4)_2C_2O_2$ | 124.10 |
| $NaBiO_3$ | 279.97 | $(NH_4)_2C_2O_2 \cdot H_2O$ | 142.12 |
| $Na_2B_4O_7$ | 201.22 | $NH_4HCO_3$ | 79.06 |
| $Na_2B_4O_7 \cdot 10H_2O$ | 381.42 | $(NH_4)_2HPO_4$ | 132.06 |
| $NaCl$ | 58.41 | $(NH_4)_2MoO_4$ | 196.01 |
| $NaClO$ | 74.44 | $NH_4NO_3$ | 80.04 |
| $NaCN$ | 49.01 | $(NH_4)_3PO_4 \cdot 12MoO_3$ | 1 876.35 |
| $Na_2CO_3$ | 105.99 | $(NH_4)_2S$ | 68.15 |
| $Na_2C_2O_4$ | 134.00 | $NH_4SCN$ | 76.13 |
| $Na_2CO_3 \cdot 10H_2O$ | 286.19 | $(NH_4)_2SO_4$ | 132.15 |
| $NaHCO_3$ | 84.01 | $NH_4VO_3$ | 116.98 |
| $Na_2HPO_4$ | 141.96 | $NiCl_2 \cdot 6H_2O$ | 237.69 |
| $Na_2HPO_4 \cdot 12H_2O$ | 358.14 | $Ni(NO_3)_2 \cdot 6H_2O$ | 290.79 |
| $NaHSO_4$ | 120.07 | $NiO$ | 74.69 |
| $Na_2H_2Y \cdot 2H_2O$ | 272.24 | $NiS$ | 90.76 |
| $NaNO_2$ | 69.00 | $NiSO_4 \cdot 7H_2O$ | 280.87 |
| $NaNO_3$ | 85.00 | $NO$ | 30.01 |
| $Na_2O$ | 61.98 | $NO_2$ | 46.01 |
| $Na_2O_2$ | 77.98 | $Pb(CH_3COO)_2$ | 325.29 |
| $NaOH$ | 40.00 | $Pb(CH_3COO)_2 \cdot 3H_2O$ | 379.34 |
| $Na_3PO_4$ | 163.94 | $PbCl_2$ | 278.11 |
| $Na_2S$ | 78.05 | $PbCO_3$ | 267.21 |
| $Na_2S \cdot 9H_2O$ | 240.19 | $PbC_2O_4$ | 295.22 |
| $NaSCN$ | 81.08 | $PbCrO_4$ | 323.19 |
| $Na_2SO_3$ | 126.05 | $PbI_2$ | 461.01 |
| $Na_2SO_4$ | 142.05 | $Pb(NO_3)_2$ | 331.21 |
| $Na_2S_2O_3$ | 158.12 | $Pb_3O_4$ | 685.60 |

续表

| 名称 | 相对分子质量 | 名称 | 相对分子质量 |
|---|---|---|---|
| $PbO$ | 223.20 | $SrCO_3$ | 147.63 |
| $PbO_2$ | 239.20 | $SrCrO_4$ | 203.62 |
| $Pb_3(PO_4)_2$ | 811.54 | $Sr(NO_3)_2$ | 211.64 |
| $PbS$ | 239.27 | $Sr(NO_3)_2 \cdot 4H_2O$ | 283.69 |
| $PbSO_4$ | 303.27 | $SrSO_4$ | 183.68 |
| $P_2O_5$ | 141.94 | $TlCl$ | 239.84 |
| $SbCl_3$ | 228.15 | $U_3O_8$ | 842.08 |
| $SbCl_5$ | 299.05 | $UO_2(CH_3COO)_2 \cdot 2H_2O$ | 424.15 |
| $Sb_2O_3$ | 291.60 | $(UO_2)_2P_2O_7$ | 714.00 |
| $Sb_2S_3$ | 339.81 | $Zn(CH_3COO)_2$ | 183.43 |
| $SiF_4$ | 104.08 | $Zn(CH_3COO)_2 \cdot 2H_2O$ | 219.50 |
| $SiO_2$ | 60.08 | $ZnCl_2$ | 136.29 |
| $SnCl_2$ | 189.60 | $ZnCO_3$ | 125.39 |
| $SnCl_4$ | 260.50 | $ZnC_2O_4$ | 153.40 |
| $SnCl_2 \cdot 2H_2O$ | 225.63 | $Zn(NO_3)_2$ | 189.39 |
| $SnCl_4 \cdot 5H_2O$ | 350.58 | $Zn(NO_3)_2 \cdot 6H_2O$ | 297.51 |
| $SnO_2$ | 150.71 | $ZnO$ | 81.38 |
| $SnS$ | 150.77 | $ZnS$ | 97.46 |
| $SO_2$ | 64.07 | $ZnSO_4$ | 161.46 |
| $SO_3$ | 80.07 | $ZnSO_4 \cdot 7H_2O$ | 287.57 |
| $SrC_2O_4$ | 175.64 | | |

# 附录 6　常用基准物质的干燥条件和应用

| 基准物质 | | 干燥后的组成 | 干燥条件/℃ | 标定对象 |
|---|---|---|---|---|
| 名称 | 分子式 | | | |
| 碳酸氢钠 | $NaHCO_3$ | $Na_2CO_3$ | 270～300 | 酸 |
| 碳酸钠 | $Na_2CO_3 \cdot 10H_2O$ | $Na_2CO_3$ | 270～300 | 酸 |
| 硼砂 | $Na_2B_4O_7 \cdot 10H_2O$ | $Na_2B_4O_7 \cdot 10H_2O$ | 放在含 NaCl 和蔗糖饱和液的干燥器中 | 酸 |

续表

| 基准物质 | | 干燥后的组成 | 干燥条件/℃ | 标定对象 |
|---|---|---|---|---|
| 名称 | 分子式 | | | |
| 草酸 | $H_2C_2O_4 \cdot 2H_2O$ | $H_2C_2O_4 \cdot 2H_2O$ | 室温空气干燥 | 碱或 $KMnO_4$ |
| 邻苯二甲酸氢钾 | $KHC_8H_4O_4$ | $KHC_8H_4O_4$ | 110～120 | 碱 |
| 重铬酸钾 | $K_2Cr_2O_7$ | $K_2Cr_2O_7$ | 140～150 | 还原剂 |
| 草酸钠 | $Na_2C_2O_4$ | $Na_2C_2O_4$ | 130 | 氧化剂 |
| 碳酸钙 | $CaCO_3$ | $CaCO_3$ | 110 | EDTA |
| 氧化锌 | ZnO | ZnO | 900～1 000 | EDTA |
| 氯化钠 | NaCl | NaCl | 500～600 | $AgNO_3$ |
| 硝酸银 | $AgNO_3$ | $AgNO_3$ | 220～250 | 氯化物 |

# 附录 7　无机酸在水溶液中的解离常数（25 ℃）

| 序号 | 名称 | 化学式 | $K_a$ | $pK_a$ |
|---|---|---|---|---|
| 1 | 偏铝酸 | $HAlO_2$ | $6.3\times10^{-13}$ | 12.20 |
| 2 | 亚砷酸 | $H_3AsO_3$ | $6.0\times10^{-10}$ | 9.22 |
| 3 | 砷酸 | $H_3AsO_4$ | $6.3\times10^{-3}$（$K_1$） | 2.20 |
| | | | $1.05\times10^{-7}$（$K_2$） | 6.98 |
| | | | $3.2\times10^{-12}$（$K_3$） | 11.50 |
| 4 | 硼酸 | $H_3BO_3$ | $5.8\times10^{-10}$（$K_1$） | 9.24 |
| | | | $1.8\times10^{-13}$（$K_2$） | 12.74 |
| | | | $1.6\times10^{-14}$（$K_3$） | 13.80 |
| 5 | 次溴酸 | HBrO | $2.4\times10^{-9}$ | 8.62 |
| 6 | 氢氰酸 | HCN | $6.2\times10^{-10}$ | 9.21 |
| 7 | 碳酸 | $H_2CO_3$ | $4.2\times10^{-7}$（$K_1$） | 6.38 |
| | | | $5.6\times10^{-11}$（$K_2$） | 10.25 |
| 8 | 次氯酸 | HClO | $3.2\times10^{-8}$ | 7.50 |
| 9 | 氢氟酸 | HF | $6.61\times10^{-4}$ | 3.18 |
| 10 | 锗酸 | $H_2GeO_3$ | $1.7\times10^{-9}$（$K_1$） | 8.78 |
| | | | $1.9\times10^{-13}$（$K_2$） | 12.72 |

续表

| 序号 | 名称 | 化学式 | $K_a$ | $pK_a$ |
| --- | --- | --- | --- | --- |
| 11 | 高碘酸 | $HIO_4$ | $2.8\times10^{-2}$ | 1.56 |
| 12 | 亚硝酸 | $HNO_2$ | $5.1\times10^{-4}$ | 3.29 |
| 13 | 次磷酸 | $H_3PO_2$ | $5.9\times10^{-2}$ | 1.23 |
| 14 | 亚磷酸 | $H_3PO_3$ | $5.0\times10^{-2}$（$K_1$） | 1.30 |
| | | | $2.5\times10^{-7}$（$K_2$） | 6.60 |
| 15 | 磷酸 | $H_3PO_4$ | $7.52\times10^{-3}$（$K_1$） | 2.12 |
| | | | $6.31\times10^{-8}$（$K_2$） | 7.20 |
| | | | $4.4\times10^{-13}$（$K_3$） | 12.36 |
| 16 | 焦磷酸 | $H_4P_2O_7$ | $3.0\times10^{-2}$（$K_1$） | 1.52 |
| | | | $4.4\times10^{-3}$（$K_2$） | 2.36 |
| | | | $2.5\times10^{-7}$（$K_3$） | 6.60 |
| | | | $5.6\times10^{-10}$（$K_4$） | 9.25 |
| 17 | 氢硫酸 | $H_2S$ | $1.3\times10^{-7}$（$K_1$） | 6.88 |
| | | | $7.1\times10^{-15}$（$K_2$） | 14.15 |
| 18 | 亚硫酸 | $H_2SO_3$ | $1.23\times10^{-2}$（$K_1$） | 1.91 |
| | | | $6.6\times10^{-8}$（$K_2$） | 7.18 |
| 19 | 硫酸 | $H_2SO_4$ | $1.0\times10^{3}$（$K_1$） | −3.0 |
| | | | $1.02\times10^{-2}$（$K_2$） | 1.99 |
| 20 | 硫代硫酸 | $H_2S_2O_3$ | $2.52\times10^{-1}$（$K_1$） | 0.60 |
| | | | $1.9\times10^{-2}$（$K_2$） | 1.72 |
| 21 | 氢硒酸 | $H_2Se$ | $1.3\times10^{-4}$（$K_1$） | 3.89 |
| | | | $1.0\times10^{-11}$（$K_2$） | 11.0 |
| 22 | 亚硒酸 | $H_2SeO_3$ | $2.7\times10^{-3}$（$K_1$） | 2.57 |
| | | | $2.5\times10^{-7}$（$K_2$） | 6.60 |
| 23 | 硒酸 | $H_2SeO_4$ | $1\times10^{3}$（$K_1$） | −3.0 |
| | | | $1.2\times10^{-2}$（$K_2$） | 1.92 |
| 24 | 硅酸 | $H_2SiO_3$ | $1.7\times10^{-10}$（$K_1$） | 9.77 |
| | | | $1.6\times10^{-12}$（$K_2$） | 11.80 |

# 附录 8　EDTA 的 $\lg\alpha_{Y(H)}$ 值

| pH | $\lg\alpha_{Y(H)}$ | pH | $\lg\alpha_{Y(H)}$ | pH | $\lg\alpha_{Y(H)}$ | pH | $\lg\alpha_{Y(H)}$ | pH | $\lg\alpha_{Y(H)}$ |
|---|---|---|---|---|---|---|---|---|---|
| 0.0 | 23.64 | 2.5 | 11.90 | 5.0 | 6.45 | 7.5 | 2.78 | 10.0 | 0.45 |
| 0.1 | 23.06 | 2.6 | 11.62 | 5.1 | 6.26 | 7.6 | 2.68 | 10.1 | 0.39 |
| 0.2 | 22.47 | 2.7 | 11.35 | 5.2 | 6.07 | 7.7 | 2.57 | 10.2 | 0.33 |
| 0.3 | 21.89 | 2.8 | 11.09 | 5.3 | 5.88 | 7.8 | 2.47 | 10.3 | 0.28 |
| 0.4 | 21.32 | 2.9 | 10.84 | 5.4 | 5.69 | 7.9 | 2.37 | 10.4 | 0.24 |
| 0.5 | 20.75 | 3.0 | 10.60 | 5.5 | 5.51 | 8.0 | 2.27 | 10.5 | 0.20 |
| 0.6 | 20.18 | 3.1 | 10.37 | 5.6 | 5.33 | 8.1 | 2.17 | 10.6 | 0.16 |
| 0.7 | 19.62 | 3.2 | 10.14 | 5.7 | 5.15 | 8.2 | 2.07 | 10.7 | 0.13 |
| 0.8 | 19.08 | 3.3 | 9.92 | 5.8 | 4.98 | 8.3 | 1.97 | 10.8 | 0.11 |
| 0.9 | 18.54 | 3.4 | 9.70 | 5.9 | 4.81 | 8.4 | 1.87 | 10.9 | 0.09 |
| 1.0 | 18.01 | 3.5 | 9.48 | 6.0 | 4.65 | 8.5 | 1.77 | 11.0 | 0.07 |
| 1.1 | 17.49 | 3.6 | 9.27 | 6.1 | 4.49 | 8.6 | 1.67 | 11.1 | 0.06 |
| 1.2 | 16.98 | 3.7 | 9.06 | 6.2 | 4.34 | 8.7 | 1.57 | 11.2 | 0.05 |
| 1.3 | 16.49 | 3.8 | 8.85 | 6.3 | 4.20 | 8.8 | 1.48 | 11.3 | 0.04 |
| 1.4 | 16.02 | 3.9 | 8.65 | 6.4 | 4.06 | 8.9 | 1.38 | 11.4 | 0.03 |
| 1.5 | 15.55 | 4.0 | 8.44 | 6.5 | 3.92 | 9.0 | 1.28 | 11.5 | 0.02 |
| 1.6 | 15.11 | 4.1 | 8.24 | 6.6 | 3.79 | 9.1 | 1.19 | 11.6 | 0.02 |
| 1.7 | 14.68 | 4.2 | 8.04 | 6.7 | 3.67 | 9.2 | 1.10 | 11.7 | 0.02 |
| 1.8 | 14.27 | 4.3 | 7.84 | 6.8 | 3.55 | 9.3 | 1.01 | 11.8 | 0.01 |
| 1.9 | 13.88 | 4.4 | 7.64 | 6.9 | 3.43 | 9.4 | 0.92 | 11.9 | 0.01 |
| 2.0 | 13.51 | 4.5 | 7.44 | 7.0 | 3.32 | 9.5 | 0.83 | 12.0 | 0.01 |
| 2.1 | 13.16 | 4.6 | 7.24 | 7.1 | 3.21 | 9.6 | 0.75 | 12.1 | 0.01 |
| 2.2 | 12.82 | 4.7 | 7.04 | 7.2 | 3.10 | 9.7 | 0.67 | 12.2 | 0.005 |
| 2.3 | 12.50 | 4.8 | 6.84 | 7.3 | 2.99 | 9.8 | 0.59 | 13.0 | 0.000 8 |
| 2.4 | 12.19 | 4.9 | 6.65 | 7.4 | 2.88 | 9.9 | 0.52 | 13.9 | 0.000 1 |

# 附录 9　标准电极电势

本附录所列的标准电极电势（25.0 ℃，101.325 kPa）是相对于标准氢电极电势的值。标准氢电极电势被规定为零伏特（0.0 V）。

| 序号 | 电极过程 | $E^{\ominus}$/V |
|---|---|---|
| 1 | $Ag^{+}+e=Ag$ | 0.799 6 |
| 2 | $Ag^{2+}+e=Ag^{+}$ | 1.980 |
| 3 | $AgBr+e=Ag+Br^{-}$ | 0.071 3 |
| 4 | $AgBrO_3+e=Ag+BrO_3^{-}$ | 0.546 |
| 5 | $AgCl+e=Ag+Cl^{-}$ | 0.222 |
| 6 | $AgCN+e=Ag+CN^{-}$ | −0.017 |
| 7 | $Ag_2CO_3+2e=2Ag+CO_3^{2-}$ | 0.470 |
| 8 | $Ag_2C_2O_4+2e=2Ag+C_2O_4^{2-}$ | 0.465 |
| 9 | $Ag_2CrO_4+2e=2Ag+CrO_4^{2-}$ | 0.447 |
| 10 | $AgF+e=Ag+F^{-}$ | 0.779 |
| 11 | $Ag_4[Fe(CN)_6]+4e=4Ag+[Fe(CN)_6]^{4-}$ | 0.148 |
| 12 | $AgI+e=Ag+I^{-}$ | −0.152 |
| 13 | $AgIO_3+e=Ag+IO_3^{-}$ | 0.354 |
| 14 | $Ag_2MoO_4+2e=2Ag+MoO_4^{2-}$ | 0.457 |
| 15 | $[Ag(NH_3)_2]^{+}+e=Ag+2NH_3$ | 0.373 |
| 16 | $AgNO_2+e=Ag+NO_2^{-}$ | 0.564 |
| 17 | $Ag_2O+H_2O+2e=2Ag+2OH^{-}$ | 0.342 |
| 18 | $2AgO+H_2O+2e=Ag_2O+2OH^{-}$ | 0.607 |
| 19 | $Ag_2S+2e=2Ag+S^{2-}$ | −0.691 |
| 20 | $Ag_2S+2H^{+}+2e=2Ag+H_2S$ | −0.036 6 |
| 21 | $AgSCN+e=Ag+SCN^{-}$ | 0.089 5 |
| 22 | $Ag_2SeO_4+2e=2Ag+SeO_4^{2-}$ | 0.363 |
| 23 | $Ag_2SO_4+2e=2Ag+SO_4^{2-}$ | 0.654 |
| 24 | $Ag_2WO_4+2e=2Ag+WO_4^{2-}$ | 0.466 |
| 25 | $Al_3+3e=Al$ | −1.662 |
| 26 | $AlF_6^{3-}+3e=Al+6F^{-}$ | −2.069 |
| 27 | $Al(OH)_3+3e=Al+3OH^{-}$ | −2.31 |
| 28 | $AlO_2^{-}+2H_2O+3e=Al+4OH^{-}$ | −2.35 |
| 29 | $Am^{3+}+3e=Am$ | −2.048 |
| 30 | $Am^{4+}+e=Am^{3+}$ | 2.60 |
| 31 | $AmO_2^{2+}+4H^{+}+3e=Am^{3+}+2H_2O$ | 1.75 |

续表

| 序号 | 电极过程 | $E^{\ominus}/V$ |
| --- | --- | --- |
| 32 | $As+3H^{+}+3e = AsH_3$ | −0.608 |
| 33 | $As+3H_2O+3e = AsH_3+3OH^{-}$ | −1.37 |
| 34 | $As_2O_3+6H^{+}+6e = 2As+3H_2O$ | 0.234 |
| 35 | $HAsO_2+3H^{+}+3e = As+2H_2O$ | 0.248 |
| 36 | $AsO_2^{-}+2H_2O+3e = As+4OH^{-}$ | −0.68 |
| 37 | $H_3AsO_4+2H^{+}+2e = HAsO_2+2H_2O$ | 0.560 |
| 38 | $AsO_4^{3-}+2H_2O+2e = AsO_2^{-}+4OH^{-}$ | −0.71 |
| 39 | $AsS_2^{-}+3e = As+2S^{2-}$ | −0.75 |
| 40 | $AsS_4^{3-}+2e = AsS_2^{-}+2S^{2-}$ | −0.60 |
| 41 | $Au^{+}+e = Au$ | 1.692 |
| 42 | $Au^{3+}+3e = Au$ | 1.498 |
| 43 | $Au^{3+}+2e = Au^{+}$ | 1.401 |
| 44 | $AuBr_2^{-}+e = Au+2Br^{-}$ | 0.959 |
| 45 | $AuBr_4^{-}+3e = Au+4Br^{-}$ | 0.854 |
| 46 | $AuCl_2^{-}+e = Au+2Cl^{-}$ | 1.15 |
| 47 | $AuCl_4^{-}+3e = Au+4Cl^{-}$ | 1.002 |
| 48 | $AuI+e = Au+I^{-}$ | 0.50 |
| 49 | $Au(SCN)_4^{-}+3e = Au+4SCN^{-}$ | 0.66 |
| 50 | $Au(OH)_3+3H^{+}+3e = Au+3H_2O$ | 1.45 |
| 51 | $BF_4^{-}+3e = B+4F^{-}$ | −1.04 |
| 52 | $H_2BO_3^{-}+H_2O+3e = B+4OH^{-}$ | −1.79 |
| 53 | $B(OH)_3+7H^{+}+8e = BH_4^{-}+3H_2O$ | −0.481 |
| 54 | $Ba^{2+}+2e = Ba$ | −2.912 |
| 55 | $Ba(OH)_2+2e = Ba+2OH^{-}$ | −2.99 |
| 56 | $Be^{2+}+2e = Be$ | −1.847 |
| 57 | $Be_2O_3^{2-}+3H_2O+4e = 2Be+6OH^{-}$ | −2.63 |
| 58 | $Bi^{+}+e = Bi$ | 0.5 |
| 59 | $Bi^{3+}+3e = Bi$ | 0.308 |
| 60 | $BiCl_4^{-}+3e = Bi+4Cl^{-}$ | 0.16 |
| 61 | $BiOCl+2H^{+}+3e = Bi+Cl^{-}+H_2O$ | 0.16 |

续表

| 序号 | 电极过程 | $E^{\ominus}$/V |
|---|---|---|
| 62 | $Bi_2O_3+3H_2O+6e = 2Bi+6OH^-$ | −0.46 |
| 63 | $Bi_2O_4+4H^++2e = 2BiO^++2H_2O$ | 1.593 |
| 64 | $Bi_2O_4+H_2O+2e = Bi_2O_3+2OH^-$ | 0.56 |
| 65 | $Br_2$(水溶液,aq)$+2e = 2Br^-$ | 1.087 |
| 66 | $Br_2$(液体)$+2e = 2Br^-$ | 1.066 |
| 67 | $BrO^-+H_2O+2e = Br^-+2OH$ | 0.761 |
| 68 | $BrO_3^-+6H^++6e = Br^-+3H_2O$ | 1.423 |
| 69 | $BrO_3^-+3H_2O+6e = Br^-+6OH^-$ | 0.61 |
| 70 | $2BrO_3^-+12H^++10e = Br_2+6H_2O$ | 1.482 |
| 71 | $HBrO+H^++2e = Br^-+H_2O$ | 1.331 |
| 72 | $2HBrO+2H^++2e = Br_2$(水溶液,aq)$+2H_2O$ | 1.574 |
| 73 | $CH_3OH+2H^++2e = CH_4+H_2O$ | 0.59 |
| 74 | $HCHO+2H^++2e = CH_3OH$ | 0.19 |
| 75 | $CH_3COOH+2H^++2e = CH_3CHO+H_2O$ | −0.12 |
| 76 | $(CN)_2+2H^++2e = 2HCN$ | 0.373 |
| 77 | $(CNS)_2+2e = 2CNS^-$ | 0.77 |
| 78 | $CO_2+2H^++2e = CO+H_2O$ | −0.12 |
| 79 | $CO_2+2H^++2e = HCOOH$ | −0.199 |
| 80 | $Ca^{2+}+2e = Ca$ | −2.868 |
| 81 | $Ca(OH)_2+2e = Ca+2OH^-$ | −3.02 |
| 82 | $Cd^{2+}+2e = Cd$ | −0.403 |
| 83 | $Cd^{2+}+2e = Cd(Hg)$ | −0.352 |
| 84 | $Cd(CN)_4^{2-}+2e = Cd+4CN^-$ | −1.09 |
| 85 | $CdO+H_2O+2e = Cd+2OH^-$ | −0.783 |
| 86 | $CdS+2e = Cd+S^{2-}$ | −1.17 |
| 87 | $CdSO_4+2e = Cd+SO_4^{2-}$ | −0.246 |
| 88 | $Ce^{3+}+3e = Ce$ | −2.336 |
| 89 | $Ce^{3+}+3e = Ce(Hg)$ | −1.437 |
| 90 | $CeO_2+4H^++e = Ce^{3+}+2H_2O$ | 1.4 |
| 91 | $Cl_2$(气体)$+2e = 2Cl^-$ | 1.358 |

续表

| 序号 | 电极过程 | $E^{\ominus}$/V |
| --- | --- | --- |
| 92 | $ClO^- + H_2O + 2e = Cl^- + 2OH^-$ | 0.89 |
| 93 | $HClO + H^+ + 2e = Cl^- + H_2O$ | 1.482 |
| 94 | $2HClO + 2H^+ + 2e = Cl_2 + 2H_2O$ | 1.611 |
| 95 | $ClO_2^- + 2H_2O + 4e = Cl^- + 4OH^-$ | 0.76 |
| 96 | $2ClO_3^- + 12H^+ + 10e = Cl_2 + 6H_2O$ | 1.47 |
| 97 | $ClO_3^- + 6H^+ + 6e = Cl^- + 3H_2O$ | 1.451 |
| 98 | $ClO_3^- + 3H_2O + 6e = Cl^- + 6OH^-$ | 0.62 |
| 99 | $ClO_4^- + 8H^+ + 8e = Cl^- + 4H_2O$ | 1.38 |
| 100 | $2ClO_4^- + 16H^+ + 14e = Cl_2 + 8H_2O$ | 1.39 |
| 101 | $Cm^{3+} + 3e = Cm$ | −2.04 |
| 102 | $Co^{2+} + 2e = Co$ | −0.28 |
| 103 | $[Co(NH_3)_6]^{3+} + e = [Co(NH_3)_6]^{2+}$ | 0.108 |
| 104 | $[Co(NH_3)_6]^{2+} + 2e = Co + 6NH_3$ | −0.43 |
| 105 | $Co(OH)_2 + 2e = Co + 2OH^-$ | −0.73 |
| 106 | $Co(OH)_3 + e = Co(OH)_2 + OH^-$ | 0.17 |
| 107 | $Cr^{2+} + 2e = Cr$ | −0.913 |
| 108 | $Cr^{3+} + e = Cr^{2+}$ | −0.407 |
| 109 | $Cr^{3+} + 3e = Cr$ | −0.744 |
| 110 | $[Cr(CN)_6]^{3-} + e = [Cr(CN)_6]^{4-}$ | −1.28 |
| 111 | $Cr(OH)_3 + 3e = Cr + 3OH^-$ | −1.48 |
| 112 | $Cr_2O_7^{2-} + 14H^+ + 6e = 2Cr^{3+} + 7H_2O$ | 1.232 |
| 113 | $CrO_2^- + 2H_2O + 3e = Cr + 4OH^-$ | −1.2 |
| 114 | $HCrO_4^- + 7H^+ + 3e = Cr^{3+} + 4H_2O$ | 1.350 |
| 115 | $CrO_4^{2-} + 4H_2O + 3e = Cr(OH)_3 + 5OH^-$ | −0.13 |
| 116 | $Cs^+ + e = Cs$ | −2.92 |
| 117 | $Cu^+ + e = Cu$ | 0.521 |
| 118 | $Cu^{2+} + 2e = Cu$ | 0.342 |
| 119 | $Cu^{2+} + 2e = Cu(Hg)$ | 0.345 |
| 120 | $Cu^{2+} + Br^- + e = CuBr$ | 0.66 |
| 121 | $Cu^{2+} + Cl^- + e = CuCl$ | 0.57 |

续表

| 序号 | 电极过程 | $E^{\ominus}$/V |
|---|---|---|
| 122 | $Cu^{2+}+I^{-}+e=CuI$ | 0.86 |
| 123 | $Cu^{2+}+2CN^{-}+e=[Cu(CN)_2]^{-}$ | 1.103 |
| 124 | $CuBr_2^{-}+e=Cu+2Br^{-}$ | 0.05 |
| 125 | $CuCl_2^{-}+e=Cu+2Cl^{-}$ | 0.19 |
| 126 | $CuI_2^{-}+e=Cu+2I^{-}$ | 0.00 |
| 127 | $Cu_2O+H_2O+2e=2Cu+2OH^{-}$ | −0.360 |
| 128 | $Cu(OH)_2+2e=Cu+2OH^{-}$ | −0.222 |
| 129 | $2Cu(OH)_2+2e=Cu_2O+2OH^{-}+H_2O$ | −0.080 |
| 130 | $CuS+2e=Cu+S^{2-}$ | −0.70 |
| 131 | $CuSCN+e=Cu+SCN^{-}$ | −0.27 |
| 132 | $Dy^{2+}+2e=Dy$ | −2.2 |
| 133 | $Dy^{3+}+3e=Dy$ | −2.295 |
| 134 | $Er^{2+}+2e=Er$ | −2.0 |
| 135 | $Er^{3+}+3e=Er$ | −2.331 |
| 136 | $Es^{2+}+2e=Es$ | −2.23 |
| 137 | $Es^{3+}+3e=Es$ | −1.91 |
| 138 | $Eu^{2+}+2e=Eu$ | −2.812 |
| 139 | $Eu^{3+}+3e=Eu$ | −1.991 |
| 140 | $F_2+2H^{+}+2e=2HF$ | 3.053 |
| 141 | $F_2O+2H^{+}+4e=H_2O+2F^{-}$ | 2.153 |
| 142 | $Fe^{2+}+2e=Fe$ | −0.447 |
| 143 | $Fe^{3+}+3e=Fe$ | −0.037 |
| 144 | $[Fe(CN)_6]^{3-}+e=[Fe(CN)_6]^{4-}$ | 0.358 |
| 145 | $[Fe(CN)_6]^{4-}+2e=Fe+6CN^{-}$ | −1.5 |
| 146 | $FeF_6^{3-}+e=Fe^{2+}+6F^{-}$ | 0.4 |
| 147 | $Fe(OH)_2+2e=Fe+2OH^{-}$ | −0.877 |
| 148 | $Fe(OH)_3+e=Fe(OH)_2+OH^{-}$ | −0.56 |
| 149 | $Fe_3O_4+8H^{+}+2e=3Fe^{2+}+4H_2O$ | 1.23 |
| 150 | $Fm^{3+}+3e=Fm$ | −1.89 |
| 151 | $Fr^{+}+e=Fr$ | −2.9 |

续表

| 序号 | 电极过程 | $E^{\ominus}$/V |
| --- | --- | --- |
| 152 | $Ga^{3+}+3e = Ga$ | −0.549 |
| 153 | $H_2GaO_3^-+H_2O+3e = Ga+4OH^-$ | −1.29 |
| 154 | $Gd^{3+}+3e = Gd$ | −2.279 |
| 155 | $Ge^{2+}+2e = Ge$ | 0.24 |
| 156 | $Ge^{4+}+2e = Ge^{2+}$ | 0.0 |
| 157 | $GeO_2+2H^++2e = GeO$(棕色)$+H_2O$ | −0.118 |
| 158 | $GeO_2+2H^++2e = GeO$(黄色)$+H_2O$ | −0.273 |
| 159 | $H_2GeO_3+4H^++4e = Ge+3H_2O$ | −0.182 |
| 160 | $2H^++2e = H_2$ | 0.000 0 |
| 161 | $H_2+2e = 2H^-$ | −2.25 |
| 162 | $2H_2O+2e = H_2+2OH^-$ | −0.827 7 |
| 163 | $Hf^{4+}+4e = Hf$ | −1.55 |
| 164 | $Hg^{2+}+2e = Hg$ | 0.851 |
| 165 | $Hg_2^{2+}+2e = 2Hg$ | 0.797 |
| 166 | $2Hg^{2+}+2e = Hg_2^{2+}$ | 0.920 |
| 167 | $Hg_2Br_2+2e = 2Hg+2Br^-$ | 0.139 2 |
| 168 | $HgBr_4^{2-}+2e = Hg+4Br^-$ | 0.21 |
| 169 | $Hg_2Cl_2+2e = 2Hg+2Cl^-$ | 0.268 1 |
| 170 | $2HgCl_2+2e = Hg_2Cl_2+2Cl^-$ | 0.63 |
| 171 | $Hg_2CrO_4+2e = 2Hg+CrO_4^{2-}$ | 0.54 |
| 172 | $Hg_2I_2+2e = 2Hg+2I^-$ | −0.040 5 |
| 173 | $Hg_2O+H_2O+2e = 2Hg+2OH^-$ | 0.123 |
| 174 | $HgO+H_2O+2e = Hg+2OH^-$ | 0.097 7 |
| 175 | $HgS$(红色)$+2e = Hg+S^{2-}$ | −0.70 |
| 176 | $HgS$(黑色)$+2e = Hg+S^{2-}$ | −0.67 |
| 177 | $Hg_2(SCN)_2+2e = 2Hg+2SCN^-$ | 0.22 |
| 178 | $Hg_2SO_4+2e = 2Hg+SO_4^{2-}$ | 0.613 |
| 179 | $Ho^{2+}+2e = Ho$ | −2.1 |
| 180 | $Ho^{3+}+3e = Ho$ | −2.33 |
| 181 | $I_2+2e = 2I^-$ | 0.535 5 |

续表

| 序号 | 电极过程 | $E^{\ominus}$/V |
| --- | --- | --- |
| 182 | $I_3^- + 2e = 3I^-$ | 0.536 |
| 183 | $2IBr + 2e = I_2 + 2Br^-$ | 1.02 |
| 184 | $ICN + 2e = I^- + CN^-$ | 0.30 |
| 185 | $2HIO + 2H^+ + 2e = I_2 + 2H_2O$ | 1.439 |
| 186 | $HIO + H^+ + 2e = I^- + H_2O$ | 0.987 |
| 187 | $IO^- + H_2O + 2e = I^- + 2OH^-$ | 0.485 |
| 188 | $2IO_3^- + 12H^+ + 10e = I_2 + 6H_2O$ | 1.195 |
| 189 | $IO_3^- + 6H^+ + 6e = I^- + 3H_2O$ | 1.085 |
| 190 | $IO_3^- + 2H_2O + 4e = IO^- + 4OH^-$ | 0.15 |
| 191 | $IO_3^- + 3H_2O + 6e = I^- + 6OH^-$ | 0.26 |
| 192 | $2IO_3^- + 6H_2O + 10e = I_2 + 12OH^-$ | 0.21 |
| 193 | $H_5IO_6 + H^+ + 2e = IO_3^- + 3H_2O$ | 1.601 |
| 194 | $In^+ + e = In$ | −0.14 |
| 195 | $In^{3+} + 3e = In$ | −0.338 |
| 196 | $In(OH)_3 + 3e = In + 3OH^-$ | −0.99 |
| 197 | $Ir^{3+} + 3e = Ir$ | 1.156 |
| 198 | $IrBr_6^{2-} + e = IrBr_6^{3-}$ | 0.99 |
| 199 | $IrCl_6^{2-} + e = IrCl_6^{3-}$ | 0.867 |
| 200 | $K^+ + e = K$ | −2.931 |
| 201 | $La^{3+} + 3e = La$ | −2.379 |
| 202 | $La(OH)_3 + 3e = La + 3OH^-$ | −2.90 |
| 203 | $Li^+ + e = Li$ | −3.040 |
| 204 | $Lr^{3+} + 3e = Lr$ | −1.96 |
| 205 | $Lu^{3+} + 3e = Lu$ | −2.28 |
| 206 | $Md^{2+} + 2e = Md$ | −2.40 |
| 207 | $Md^{3+} + 3e = Md$ | −1.65 |
| 208 | $Mg^{2+} + 2e = Mg$ | −2.372 |
| 209 | $Mg(OH)_2 + 2e = Mg + 2OH^-$ | −2.690 |
| 210 | $Mn^{2+} + 2e = Mn$ | −1.185 |
| 211 | $Mn^{3+} + 3e = Mn$ | 1.542 |

续表

| 序号 | 电极过程 | $E^{\ominus}$/V |
| --- | --- | --- |
| 212 | $MnO_2+4H^++2e═Mn^{2+}+2H_2O$ | 1.224 |
| 213 | $MnO_4^-+4H^++3e═MnO_2+2H_2O$ | 1.679 |
| 214 | $MnO_4^-+8H^++5e═Mn^{2+}+4H_2O$ | 1.507 |
| 215 | $MnO_4^-+2H_2O+3e═MnO_2+4OH^-$ | 0.595 |
| 216 | $Mn(OH)_2+2e═Mn+2OH^-$ | −1.56 |
| 217 | $Mo^{3+}+3e═Mo$ | −0.200 |
| 218 | $MoO_4^{2-}+4H_2O+6e═Mo+8OH^-$ | −1.05 |
| 219 | $N_2+2H_2O+6H^++6e═2NH_4OH$ | 0.092 |
| 220 | $2NH_3OH^++H^++2e═N_2H_5{}^++2H_2O$ | 1.42 |
| 221 | $2NO+H_2O+2e═N_2O+2OH^-$ | 0.76 |
| 222 | $2HNO_2+4H^++4e═N_2O+3H_2O$ | 1.297 |
| 223 | $NO_3^-+3H^++2e═HNO_2+H_2O$ | 0.934 |
| 224 | $NO_3^-+H_2O+2e═NO_2^-+2OH^-$ | 0.01 |
| 225 | $2NO_3^-+2H_2O+2e═N_2O_4+4OH^-$ | −0.85 |
| 226 | $Na^++e═Na$ | −2.713 |
| 227 | $Nb^{3+}+3e═Nb$ | −1.099 |
| 228 | $NbO_2+4H^++4e═Nb+2H_2O$ | −0.690 |
| 229 | $Nb_2O_5+10H^++10e═2Nb+5H_2O$ | −0.644 |
| 230 | $Nd^{2+}+2e═Nd$ | −2.1 |
| 231 | $Nd^{3+}+3e═Nd$ | −2.323 |
| 232 | $Ni^{2+}+2e═Ni$ | −0.257 |
| 233 | $NiCO_3+2e═Ni+CO_3^{2-}$ | −0.45 |
| 234 | $Ni(OH)_2+2e═Ni+2OH^-$ | −0.72 |
| 235 | $NiO_2+4H^++2e═Ni^{2+}+2H_2O$ | 1.678 |
| 236 | $No^{2+}+2e═No$ | −2.50 |
| 237 | $No^{3+}+3e═No$ | −1.20 |
| 238 | $Np^{3+}+3e═Np$ | −1.856 |
| 239 | $NpO_2+H_2O+H^++e═Np(OH)_3$ | −0.962 |
| 240 | $O_2+4H^++4e═2H_2O$ | 1.229 |
| 241 | $O_2+2H_2O+4e═4OH^-$ | 0.401 |

续表

| 序号 | 电极过程 | $E^{\ominus}$/V |
| --- | --- | --- |
| 242 | $O_3+H_2O+2e=O_2+2OH^-$ | 1.24 |
| 243 | $Os^{2+}+2e=Os$ | 0.85 |
| 244 | $OsCl_6^{3-}+e=Os^{2+}+6Cl^-$ | 0.4 |
| 245 | $OsO_2+2H_2O+4e=Os+4OH^-$ | −0.15 |
| 246 | $OsO_4+8H^++8e=Os+4H_2O$ | 0.838 |
| 247 | $OsO_4+4H^++4e=OsO_2+2H_2O$ | 1.02 |
| 248 | $P+3H_2O+3e=PH_3(g)+3OH^-$ | −0.87 |
| 249 | $H_2PO_2^-+e=P+2OH^-$ | −1.82 |
| 250 | $H_3PO_3+2H^++2e=H_3PO_2+H_2O$ | −0.499 |
| 251 | $H_3PO_3+3H^++3e=P+3H_2O$ | −0.454 |
| 252 | $H_3PO_4+2H^++2e=H_3PO_3+H_2O^-$ | −0.276 |
| 253 | $PO_4^{3-}+2H_2O+2e=HPO_3^{2-}+3OH^-$ | −1.05 |
| 254 | $Pa^{3+}+3e=Pa$ | −1.34 |
| 255 | $Pa^{4+}+4e=Pa$ | −1.49 |
| 256 | $Pb^{2+}+2e=Pb$ | −0.126 |
| 257 | $Pb^{2+}+2e=Pb(Hg)$ | −0.121 |
| 258 | $PbBr_2+2e=Pb+2Br^-$ | −0.284 |
| 259 | $PbCl_2+2e=Pb+2Cl^-$ | −0.268 |
| 260 | $PbCO_3+2e=Pb+CO_3^{2-}$ | −0.506 |
| 261 | $PbF_2+2e=Pb+2F^-$ | −0.344 |
| 262 | $PbI_2+2e=Pb+2I^-$ | −0.365 |
| 263 | $PbO+H_2O+2e=Pb+2OH^-$ | −0.580 |
| 264 | $PbO+4H^++2e=Pb+H_2O$ | 0.25 |
| 265 | $PbO_2+4H^++2e=Pb^2+2H_2O$ | 1.455 |
| 266 | $HPbO_2^-+H_2O+2e=Pb+3OH^-$ | −0.537 |
| 267 | $PbO_2+SO_4^{2-}+4H^++2e=PbSO_4+2H_2O$ | 1.691 |
| 268 | $PbSO_4+2e=Pb+SO_4^{2-}$ | −0.359 |
| 269 | $Pd^{2+}+2e=Pd$ | 0.915 |
| 270 | $PdBr_4^{2-}+2e=Pd+4Br^-$ | 0.6 |
| 271 | $PdO_2+H_2O+2e=PdO+2OH^-$ | 0.73 |

续表

| 序号 | 电极过程 | $E^{\ominus}$/V |
| --- | --- | --- |
| 272 | $Pd(OH)_2+2e = Pd+2OH^-$ | 0.07 |
| 273 | $Pm^{2+}+2e = Pm$ | −2.20 |
| 274 | $Pm^{3+}+3e = Pm$ | −2.30 |
| 275 | $Po^{4+}+4e = Po$ | 0.76 |
| 276 | $Pr^{2+}+2e = Pr$ | −2.0 |
| 277 | $Pr^{3+}+3e = Pr$ | −2.353 |
| 278 | $Pt^{2+}+2e = Pt$ | 1.18 |
| 279 | $[PtCl_6]^{2-}+2e = [PtCl_4]^{2-}+2Cl^-$ | 0.68 |
| 280 | $Pt(OH)_2+2e = Pt+2OH^-$ | 0.14 |
| 281 | $PtO_2+4H^++4e = Pt+2H_2O$ | 1.00 |
| 282 | $PtS+2e = Pt+S^{2-}$ | −0.83 |
| 283 | $Pu^{3+}+3e = Pu$ | −2.031 |
| 284 | $Pu^{5+}+e = Pu^{4+}$ | 1.099 |
| 285 | $Ra^{2+}+2e = Ra$ | −2.8 |
| 286 | $Rb^++e = Rb$ | −2.98 |
| 287 | $Re^{3+}+3e = Re$ | 0.300 |
| 288 | $ReO_2+4H^++4e = Re+2H_2O$ | 0.251 |
| 289 | $ReO_4^-+4H^++3e = ReO_2+2H_2O$ | 0.510 |
| 290 | $ReO_4^-+4H_2O+7e = Re+8OH^-$ | −0.584 |
| 291 | $Rh^{2+}+2e = Rh$ | 0.600 |
| 292 | $Rh^{3+}+3e = Rh$ | 0.758 |
| 293 | $Ru^{2+}+2e = Ru$ | 0.455 |
| 294 | $RuO_2+4H^++2e = Ru^{2+}+2H_2O$ | 1.120 |
| 295 | $RuO_4+6H^++4e = Ru(OH)_2^{2+}+2H_2O$ | 1.40 |
| 296 | $S+2e = S^{2-}$ | −0.476 |
| 297 | $S+2H^++2e = H_2S$(水溶液,aq) | 0.142 |
| 298 | $S_2O_6^{2-}+4H^++2e = 2H_2SO_3$ | 0.564 |
| 299 | $2SO_3^{2-}+3H_2O+4e = S_2O_3^{2-}+6OH^-$ | −0.571 |
| 300 | $2SO_3^{2-}+2H_2O+2e = S_2O_4^{2-}+4OH^-$ | −1.12 |
| 301 | $SO_4^{2-}+H_2O+2e = SO_3^{2-}+2OH^-$ | −0.93 |
| 302 | $Sb+3H^++3e = SbH_3$ | −0.510 |

续表

| 序号 | 电极过程 | $E^{\ominus}$/V |
|---|---|---|
| 303 | $Sb_2O_3+6H^++6e = 2Sb+3H_2O$ | 0.152 |
| 304 | $Sb_2O_5+6H^++4e = 2SbO^++3H_2O$ | 0.581 |
| 305 | $SbO_3^-+H_2O+2e = SbO_2^-+2OH^-$ | −0.59 |
| 306 | $Sc^{3+}+3e = Sc$ | −2.077 |
| 307 | $Sc(OH)_3+3e = Sc+3OH^-$ | −2.6 |
| 308 | $Se+2e = Se^{2-}$ | −0.924 |
| 309 | $Se+2H^++2e = H_2Se$(水溶液,aq) | −0.399 |
| 310 | $H_2SeO_3+4H^++4e = Se+3H_2O$ | −0.74 |
| 311 | $SeO_3^{2-}+3H_2O+4e = Se+6OH^-$ | −0.366 |
| 312 | $SeO_4^{2-}+H_2O+2e = SeO_3^{2-}+2OH^-$ | 0.05 |
| 313 | $Si+4H^++4e = SiH_4$(气体) | 0.102 |
| 314 | $Si+4H_2O+4e = SiH_4+4OH^-$ | −0.73 |
| 315 | $SiF_6^{2-}+4e = Si+6F^-$ | −1.24 |
| 316 | $SiO_2+4H^++4e = Si+2H_2O$ | −0.857 |
| 317 | $SiO_3^{2-}+3H_2O+4e = Si+6OH^-$ | −1.697 |
| 318 | $Sm^{2+}+2e = Sm$ | −2.68 |
| 319 | $Sm^{3+}+3e = Sm$ | −2.304 |
| 320 | $Sn^{2+}+2e = Sn$ | −0.138 |
| 321 | $Sn^{4+}+2e = Sn^{2+}$ | 0.151 |
| 322 | $SnCl_4^{2-}+2e = Sn+4Cl^-$(1mol/L HCl) | −0.19 |
| 323 | $SnF_6^{2-}+4e = Sn+6F^-$ | −0.25 |
| 324 | $Sn(OH)_3^-+3H^++2e = Sn^{2+}+3H_2O$ | 0.142 |
| 325 | $SnO_2+4H^++4e = Sn+2H_2O$ | −0.117 |
| 326 | $Sn(OH)_6^{2-}+2e = HSnO_2^-+3OH^-+H_2O$ | −0.93 |
| 327 | $Sr^{2+}+2e = Sr$ | −2.899 |
| 328 | $Sr^{2+}+2e = Sr(Hg)$ | −1.793 |
| 329 | $Sr(OH)_2+2e = Sr+2OH^-$ | −2.88 |
| 330 | $Ta^{3+}+3e = Ta$ | −0.6 |
| 331 | $Tb^{3+}+3e = Tb$ | −2.28 |
| 332 | $Tc^{2+}+2e = Tc$ | 0.400 |

续表

| 序号 | 电极过程 | $E^{\ominus}$/V |
|---|---|---|
| 333 | $TcO_4^- + 8H^+ + 7e = Tc + 4H_2O$ | 0.472 |
| 334 | $TcO_4^- + 2H_2O + 3e = TcO_2 + 4OH^-$ | −0.311 |
| 335 | $Te + 2e = Te^{2-}$ | −1.143 |
| 336 | $Te^{4+} + 4e = Te$ | 0.568 |
| 337 | $Th^{4+} + 4e = Th$ | −1.899 |
| 338 | $Ti^{2+} + 2e = Ti$ | −1.630 |
| 339 | $Ti^{3+} + 3e = Ti$ | −1.37 |
| 340 | $TiO_2 + 4H^+ + 2e = Ti^{2+} + 2H_2O$ | −0.502 |
| 341 | $TiO^{2+} + 2H^+ + e = Ti^{3+} + H_2O$ | 0.1 |
| 342 | $Tl^+ + e = Tl$ | −0.336 |
| 343 | $Tl^{3+} + 3e = Tl$ | 0.741 |
| 344 | $Tl^{3+} + Cl^- + 2e = TlCl$ | 1.36 |
| 345 | $TlBr + e = Tl + Br^-$ | −0.658 |
| 346 | $TlCl + e = Tl + Cl^-$ | −0.557 |
| 347 | $TlI + e = Tl + I^-$ | −0.752 |
| 348 | $Tl_2O_3 + 3H_2O + 4e = 2Tl^+ + 6OH^-$ | 0.02 |
| 349 | $TlOH + e = Tl + OH^-$ | −0.34 |
| 350 | $Tl_2SO_4 + 2e = 2Tl + SO_4^{2-}$ | −0.436 |
| 351 | $Tm^{2+} + 2e = Tm$ | −2.4 |
| 352 | $Tm^{3+} + 3e = Tm$ | −2.319 |
| 353 | $U^{3+} + 3e = U$ | −1.798 |
| 354 | $UO_2 + 4H^+ + 4e = U + 2H_2O$ | −1.40 |
| 355 | $UO_2^+ + 4H^+ + e = U^{4+} + 2H_2O$ | 0.612 |
| 356 | $UO_2^{2+} + 4H^+ + 6e = U + 2H_2O$ | −1.444 |
| 357 | $V^{2+} + 2e = V$ | −1.175 |
| 358 | $VO^{2+} + 2H^+ + e = V^{3+} + H_2O$ | 0.337 |
| 359 | $VO_2^+ + 2H^+ + e = VO^{2+} + H_2O$ | 0.991 |
| 360 | $VO_2^+ + 4H^+ + 2e = V^{3+} + 2H_2O$ | 0.668 |
| 361 | $V_2O_5 + 10H^+ + 10e = 2V + 5H_2O$ | −0.242 |
| 362 | $W^{3+} + 3e = W$ | 0.1 |
| 363 | $WO_3 + 6H^+ + 6e = W + 3H_2O$ | −0.090 |

续表

| 序号 | 电极过程 | $E^{\ominus}/V$ |
|---|---|---|
| 364 | $W_2O_5+2H^{+}+2e \longrightarrow 2WO_2+H_2O$ | −0.031 |
| 365 | $Y^{3+}+3e \longrightarrow Y$ | −2.372 |
| 366 | $Yb^{2+}+2e \longrightarrow Yb$ | −2.76 |
| 367 | $Yb^{3+}+3e \longrightarrow Yb$ | −2.19 |
| 368 | $Zn^{2+}+2e \longrightarrow Zn$ | −0.761 8 |
| 369 | $Zn^{2+}+2e \longrightarrow Zn(Hg)$ | −0.762 8 |
| 370 | $Zn(OH)_2+2e \longrightarrow Zn+2OH^{-}$ | −1.249 |
| 371 | $ZnS+2e \longrightarrow Zn+S^{2-}$ | −1.40 |
| 372 | $ZnSO_4+2e \longrightarrow Zn(Hg)+SO_4^{2-}$ | −0.799 |

# 附录 10 难溶化合物的溶度积常数

| 序号 | 分子式 | $K_{sp}$ | $pK_{sp}$ ($-\lg K_{sp}$) | 序号 | 分子式 | $K_{sp}$ | $pK_{sp}$ ($-\lg K_{sp}$) |
|---|---|---|---|---|---|---|---|
| 1 | $Ag_3AsO_4$ | $1.0\times10^{-22}$ | 22.0 | 18 | $Ag_2SO_4$ | $1.4\times10^{-5}$ | 4.84 |
| 2 | $AgBr$ | $5.0\times10^{-13}$ | 12.3 | 19 | $Ag_2Se$ | $2.0\times10^{-64}$ | 63.7 |
| 3 | $AgBrO_3$ | $5.50\times10^{-5}$ | 4.26 | 20 | $Ag_2SeO_3$ | $1.0\times10^{-15}$ | 15.00 |
| 4 | $AgCl$ | $1.8\times10^{-10}$ | 9.75 | 21 | $Ag_2SeO_4$ | $5.7\times10^{-8}$ | 7.25 |
| 5 | $AgCN$ | $1.2\times10^{-16}$ | 15.92 | 22 | $AgVO_3$ | $5.0\times10^{-7}$ | 6.3 |
| 6 | $Ag_2CO_3$ | $8.1\times10^{-12}$ | 11.09 | 23 | $Ag_2WO_4$ | $5.5\times10^{-12}$ | 11.26 |
| 7 | $Ag_2C_2O_4$ | $3.5\times10^{-11}$ | 10.46 | 24 | $Al(OH)_3$① | $4.57\times10^{-33}$ | 32.34 |
| 8 | $Ag_2Cr_2O_4$ | $1.2\times10^{-12}$ | 11.92 | 25 | $AlPO_4$ | $6.3\times10^{-19}$ | 18.24 |
| 9 | $Ag_2Cr_2O_7$ | $2.0\times10^{-7}$ | 6.70 | 26 | $Al_2S_3$ | $2.0\times10^{-7}$ | 6.7 |
| 10 | $AgI$ | $8.3\times10^{-17}$ | 16.08 | 27 | $Au(OH)_3$ | $5.5\times10^{-46}$ | 45.26 |
| 11 | $AgIO_3$ | $3.1\times10^{-8}$ | 7.51 | 28 | $AuCl_3$ | $3.2\times10^{-25}$ | 24.5 |
| 12 | $AgOH$ | $2.0\times10^{-8}$ | 7.71 | 29 | $AuI_3$ | $1.0\times10^{-46}$ | 46.0 |
| 13 | $Ag_2MoO_4$ | $2.8\times10^{-12}$ | 11.55 | 30 | $Ba_3(AsO_4)_2$ | $8.0\times10^{-51}$ | 50.1 |
| 14 | $Ag_3PO_4$ | $1.4\times10^{-16}$ | 15.84 | 31 | $BaCO_3$ | $5.1\times10^{-9}$ | 8.29 |
| 15 | $Ag_2S$ | $6.3\times10^{-50}$ | 49.2 | 32 | $BaC_2O_4$ | $1.6\times10^{-7}$ | 6.79 |
| 16 | $AgSCN$ | $1.0\times10^{-12}$ | 12.00 | 33 | $BaCrO_4$ | $1.2\times10^{-10}$ | 9.93 |
| 17 | $Ag_2SO_3$ | $1.5\times10^{-14}$ | 13.82 | 34 | $Ba_3(PO_4)_2$ | $3.4\times10^{-23}$ | 22.44 |

续表

| 序号 | 分子式 | $K_{sp}$ | $pK_{sp}$ $(-\lg K_{sp})$ |
|---|---|---|---|
| 35 | $BaSO_4$ | $1.1\times10^{-10}$ | 9.96 |
| 36 | $BaS_2O_3$ | $1.6\times10^{-5}$ | 4.79 |
| 37 | $BaSeO_3$ | $2.7\times10^{-7}$ | 6.57 |
| 38 | $BaSeO_4$ | $3.5\times10^{-8}$ | 7.46 |
| 39 | $Be(OH)_2$[②] | $1.6\times10^{-22}$ | 21.8 |
| 40 | $BiAsO_4$ | $4.4\times10^{-10}$ | 9.36 |
| 41 | $Bi_2(C_2O_4)_3$ | $3.98\times10^{-36}$ | 35.4 |
| 42 | $Bi(OH)_3$ | $4.0\times10^{-31}$ | 30.4 |
| 43 | $BiPO_4$ | $1.26\times10^{-23}$ | 22.9 |
| 44 | $CaCO_3$ | $2.8\times10^{-9}$ | 8.54 |
| 45 | $CaC_2O_4\cdot H_2O$ | $4.0\times10^{-9}$ | 8.4 |
| 46 | $CaF_2$ | $2.7\times10^{-11}$ | 10.57 |
| 47 | $CaMoO_4$ | $4.17\times10^{-8}$ | 7.38 |
| 48 | $Ca(OH)_2$ | $5.5\times10^{-6}$ | 5.26 |
| 49 | $Ca_3(PO_4)_2$ | $2.0\times10^{-29}$ | 28.70 |
| 50 | $CaSO_4$ | $3.16\times10^{-7}$ | 5.04 |
| 51 | $CaSiO_3$ | $2.5\times10^{-8}$ | 7.60 |
| 52 | $CaWO_4$ | $8.7\times10^{-9}$ | 8.06 |
| 53 | $CdCO_3$ | $5.2\times10^{-12}$ | 11.28 |
| 54 | $CdC_2O_4\cdot 3H_2O$ | $9.1\times10^{-8}$ | 7.04 |
| 55 | $Cd_3(PO_4)_2$ | $2.5\times10^{-33}$ | 32.6 |
| 56 | CdS | $8.0\times10^{-27}$ | 26.1 |
| 57 | CdSe | $6.31\times10^{-36}$ | 35.2 |
| 58 | $CdSeO_3$ | $1.3\times10^{-9}$ | 8.89 |
| 59 | $CeF_3$ | $8.0\times10^{-16}$ | 15.1 |
| 60 | $CePO_4$ | $1.0\times10^{-23}$ | 23.0 |
| 61 | $Co_3(AsO_4)_2$ | $7.6\times10^{-29}$ | 28.12 |
| 62 | $CoCO_3$ | $1.4\times10^{-13}$ | 12.84 |
| 63 | $CoC_2O_4$ | $6.3\times10^{-8}$ | 7.2 |

| 序号 | 分子式 | $K_{sp}$ | $pK_{sp}$ $(-\lg K_{sp})$ |
|---|---|---|---|
| 64 | $Co(OH)_2$(蓝) | $6.31\times10^{-15}$ | 14.2 |
| | $Co(OH)_2$(粉红，新沉淀) | $1.58\times10^{-15}$ | 14.8 |
| | $Co(OH)_2$(粉红，陈化) | $2.00\times10^{-16}$ | 15.7 |
| 65 | $CoHPO_4$ | $2.0\times10^{-7}$ | 6.7 |
| 66 | $Co_3(PO_4)_3$ | $2.0\times10^{-35}$ | 34.7 |
| 67 | $CrAsO_4$ | $7.7\times10^{-21}$ | 20.11 |
| 68 | $Cr(OH)_3$ | $6.3\times10^{-31}$ | 30.2 |
| 69 | $CrPO_4\cdot 4H_2O$(绿) | $2.4\times10^{-23}$ | 22.62 |
| | $CrPO_4\cdot 4H_2O$(紫) | $1.0\times10^{-17}$ | 17.0 |
| 70 | CuBr | $5.3\times10^{-9}$ | 8.28 |
| 71 | CuCl | $1.2\times10^{-6}$ | 5.92 |
| 72 | CuCN | $3.2\times10^{-20}$ | 19.49 |
| 73 | $CuCO_3$ | $2.34\times10^{-10}$ | 9.63 |
| 74 | CuI | $1.1\times10^{-12}$ | 11.96 |
| 75 | $Cu(OH)_2$ | $4.8\times10^{-20}$ | 19.32 |
| 76 | $Cu_3(PO_4)_2$ | $1.3\times10^{-37}$ | 36.9 |
| 77 | $Cu_2S$ | $2.5\times10^{-48}$ | 47.6 |
| 78 | $Cu_2Se$ | $1.58\times10^{-61}$ | 60.8 |
| 79 | CuS | $6.3\times10^{-36}$ | 35.2 |
| 80 | CuSe | $7.94\times10^{-49}$ | 48.1 |
| 81 | $Dy(OH)_3$ | $1.4\times10^{-22}$ | 21.85 |
| 82 | $Er(OH)_3$ | $4.1\times10^{-24}$ | 23.39 |
| 83 | $Eu(OH)_3$ | $8.9\times10^{-24}$ | 23.05 |
| 84 | $FeAsO_4$ | $5.7\times10^{-21}$ | 20.24 |
| 85 | $FeCO_3$ | $3.2\times10^{-11}$ | 10.50 |

续表

| 序号 | 分子式 | $K_{sp}$ | $pK_{sp}$ ($-\lg K_{sp}$) | 序号 | 分子式 | $K_{sp}$ | $pK_{sp}$ ($-\lg K_{sp}$) |
|---|---|---|---|---|---|---|---|
| 86 | $Fe(OH)_2$ | $8.0\times10^{-16}$ | 15.1 | 117 | $MgCO_3\cdot3H_2O$ | $2.14\times10^{-5}$ | 4.67 |
| 87 | $Fe(OH)_3$ | $4.0\times10^{-38}$ | 37.4 | 118 | $Mg(OH)_2$ | $1.8\times10^{-11}$ | 10.74 |
| 88 | $FePO_4$ | $1.3\times10^{-22}$ | 21.89 | 119 | $Mg_3(PO_4)_2\cdot8H_2O$ | $6.31\times10^{-26}$ | 25.2 |
| 89 | FeS | $6.3\times10^{-18}$ | 17.2 | | | | |
| 90 | $Ga(OH)_3$ | $7.0\times10^{-36}$ | 35.15 | 120 | $Mn_3(AsO_4)_2$ | $1.9\times10^{-29}$ | 28.72 |
| 91 | $GaPO_4$ | $1.0\times10^{-21}$ | 21.0 | 121 | $MnCO_3$ | $1.8\times10^{-11}$ | 10.74 |
| 92 | $Gd(OH)_3$ | $1.8\times10^{-23}$ | 22.74 | 122 | $Mn(IO_3)_2$ | $4.37\times10^{-7}$ | 6.36 |
| 93 | $Hf(OH)_4$ | $4.0\times10^{-26}$ | 25.4 | 123 | $Mn(OH)_4$ | $1.9\times10^{-13}$ | 12.72 |
| 94 | $Hg_2Br_2$ | $5.6\times10^{-23}$ | 22.24 | 124 | MnS(粉红) | $2.5\times10^{-10}$ | 9.6 |
| 95 | $Hg_2Cl_2$ | $1.3\times10^{-18}$ | 17.88 | 125 | MnS(绿) | $2.5\times10^{-13}$ | 12.6 |
| 96 | $HgC_2O_4$ | $1.0\times10^{-7}$ | 7.0 | 126 | $Ni_3(AsO_4)_2$ | $3.1\times10^{-26}$ | 25.51 |
| 97 | $Hg_2CO_3$ | $8.9\times10^{-17}$ | 16.05 | 127 | $NiCO_3$ | $6.6\times10^{-9}$ | 8.18 |
| 98 | $Hg_2(CN)_2$ | $5.0\times10^{-40}$ | 39.3 | 128 | $NiC_2O_4$ | $4.0\times10^{-10}$ | 9.4 |
| 99 | $Hg_2CrO_4$ | $2.0\times10^{-9}$ | 8.70 | 129 | $Ni(OH)_2$(新) | $2.0\times10^{-15}$ | 14.7 |
| 100 | $Hg_2I_2$ | $4.5\times10^{-29}$ | 28.35 | 130 | $Ni_3(PO_4)_2$ | $5.0\times10^{-31}$ | 30.3 |
| 101 | $HgI_2$ | $2.82\times10^{-29}$ | 28.55 | 131 | α−NiS | $3.2\times10^{-19}$ | 18.5 |
| 102 | $Hg_2(IO_3)_2$ | $2.0\times10^{-14}$ | 13.71 | 132 | β−NiS | $1.0\times10^{-24}$ | 24.0 |
| 103 | $Hg_2(OH)_2$ | $2.0\times10^{-24}$ | 23.7 | 133 | γ−NiS | $2.0\times10^{-26}$ | 25.7 |
| 104 | HgSe | $1.0\times10^{-59}$ | 59.0 | 134 | $Pb_3(AsO_4)_2$ | $4.0\times10^{-36}$ | 35.39 |
| 105 | HgS(红) | $4.0\times10^{-53}$ | 52.4 | 135 | $PbBr_2$ | $4.0\times10^{-5}$ | 4.41 |
| 106 | HgS(黑) | $1.6\times10^{-52}$ | 51.8 | 136 | $PbCl_2$ | $1.6\times10^{-5}$ | 4.79 |
| 107 | $Hg_2WO_4$ | $1.1\times10^{-17}$ | 16.96 | 137 | $PbCO_3$ | $7.4\times10^{-14}$ | 13.13 |
| 108 | $Ho(OH)_3$ | $5.0\times10^{-23}$ | 22.30 | 138 | $PbCrO_4$ | $2.8\times10^{-13}$ | 12.55 |
| 109 | $In(OH)_3$ | $1.3\times10^{-37}$ | 36.9 | 139 | $PbF_2$ | $2.7\times10^{-8}$ | 7.57 |
| 110 | $InPO_4$ | $2.3\times10^{-22}$ | 21.63 | 140 | $PbMoO_4$ | $1.0\times10^{-13}$ | 13.0 |
| 111 | $In_2S_3$ | $5.7\times10^{-74}$ | 73.24 | 141 | $Pb(OH)_2$ | $1.2\times10^{-15}$ | 14.93 |
| 112 | $La_2(CO_3)_3$ | $3.98\times10^{-34}$ | 33.4 | 142 | $Pb(OH)_4$ | $3.2\times10^{-66}$ | 65.49 |
| 113 | $LaPO_4$ | $3.98\times10^{-23}$ | 22.43 | 143 | $Pb_3(PO_4)_3$ | $8.0\times10^{-43}$ | 42.10 |
| 114 | $Lu(OH)_3$ | $1.9\times10^{-24}$ | 23.72 | 144 | PbS | $1.0\times10^{-28}$ | 28.00 |
| 115 | $Mg_3(AsO_4)_2$ | $2.1\times10^{-20}$ | 19.68 | 145 | $PbSO_4$ | $1.6\times10^{-8}$ | 7.79 |
| 116 | $MgCO_3$ | $3.5\times10^{-8}$ | 7.46 | 146 | PbSe | $7.94\times10^{-43}$ | 42.1 |

续表

| 序号 | 分子式 | $K_{sp}$ | $pK_{sp}$ ($-\lg K_{sp}$) | 序号 | 分子式 | $K_{sp}$ | $pK_{sp}$ ($-\lg K_{sp}$) |
|---|---|---|---|---|---|---|---|
| 147 | $PbSeO_4$ | $1.4\times10^{-7}$ | 6.84 | 173 | $SrSO_4$ | $3.2\times10^{-7}$ | 6.49 |
| 148 | $Pd(OH)_2$ | $1.0\times10^{-31}$ | 31.0 | 174 | $SrWO_4$ | $1.7\times10^{-10}$ | 9.77 |
| 149 | $Pd(OH)_4$ | $6.3\times10^{-71}$ | 70.2 | 175 | $Tb(OH)_3$ | $2.0\times10^{-22}$ | 21.7 |
| 150 | PdS | $2.03\times10^{-58}$ | 57.69 | 176 | $Te(OH)_4$ | $3.0\times10^{-54}$ | 53.52 |
| 151 | $Pm(OH)_3$ | $1.0\times10^{-21}$ | 21.0 | 177 | $Th(C_2O_4)_2$ | $1.0\times10^{-22}$ | 22.0 |
| 152 | $Pr(OH)_3$ | $6.8\times10^{-22}$ | 21.17 | 178 | $Th(IO_3)_4$ | $2.5\times10^{-15}$ | 14.6 |
| 153 | $Pt(OH)_2$ | $1.0\times10^{-35}$ | 35.0 | 179 | $Th(OH)_4$ | $4.0\times10^{-45}$ | 44.4 |
| 154 | $Pu(OH)_3$ | $2.0\times10^{-20}$ | 19.7 | 180 | $Ti(OH)_3$ | $1.0\times10^{-40}$ | 40.0 |
| 155 | $Pu(OH)_4$ | $1.0\times10^{-55}$ | 55.0 | 181 | TlBr | $3.4\times10^{-6}$ | 5.47 |
| 156 | $RaSO_4$ | $4.2\times10^{-11}$ | 10.37 | 182 | TlCl | $1.7\times10^{-4}$ | 3.76 |
| 157 | $Rh(OH)_3$ | $1.0\times10^{-23}$ | 23.0 | 183 | $Tl_2CrO_4$ | $9.77\times10^{-13}$ | 12.01 |
| 158 | $Ru(OH)_3$ | $1.0\times10^{-36}$ | 36.0 | 184 | TlI | $6.5\times10^{-8}$ | 7.19 |
| 159 | $Sb_2S_3$ | $1.5\times10^{-93}$ | 92.8 | 185 | $TlN_3$ | $2.2\times10^{-4}$ | 3.66 |
| 160 | $ScF_3$ | $4.2\times10^{-18}$ | 17.37 | 186 | $Tl_2S$ | $5.0\times10^{-21}$ | 20.3 |
| 161 | $Sc(OH)_3$ | $8.0\times10^{-31}$ | 30.1 | 187 | $TlSeO_3$ | $2.0\times10^{-39}$ | 38.7 |
| 162 | $Sm(OH)_3$ | $8.2\times10^{-23}$ | 22.08 | 188 | $UO_2(OH)_2$ | $1.1\times10^{-22}$ | 21.95 |
| 163 | $Sn(OH)_2$ | $1.4\times10^{-28}$ | 27.85 | 189 | $VO(OH)_2$ | $5.9\times10^{-23}$ | 22.13 |
| 164 | $Sn(OH)_4$ | $1.0\times10^{-56}$ | 56.0 | 190 | $Y(OH)_3$ | $8.0\times10^{-23}$ | 22.1 |
| 165 | $SnO_2$ | $3.98\times10^{-65}$ | 64.4 | 191 | $Yb(OH)_3$ | $3.0\times10^{-24}$ | 23.52 |
| 166 | SnS | $1.0\times10^{-25}$ | 25.0 | 192 | $Zn_3(AsO_4)_2$ | $1.3\times10^{-28}$ | 27.89 |
| 167 | SnSe | $3.98\times10^{-39}$ | 38.4 | 193 | $ZnCO_3$ | $1.4\times10^{-11}$ | 10.84 |
| 168 | $Sr_3(AsO_4)_2$ | $8.1\times10^{-19}$ | 18.09 | 194 | $Zn(OH)_2$[③] | $2.09\times10^{-16}$ | 15.68 |
| 169 | $SrCO_3$ | $1.1\times10^{-10}$ | 9.96 | 195 | $Zn_3(PO_4)_2$ | $9.0\times10^{-33}$ | 32.04 |
| 170 | $SrC_2O_4\cdot H_2O$ | $1.6\times10^{-7}$ | 6.80 | 196 | $\alpha$-ZnS | $1.6\times10^{-24}$ | 23.8 |
| 171 | $SrF_2$ | $2.5\times10^{-9}$ | 8.61 | 197 | $\beta$-ZnS | $2.5\times10^{-22}$ | 21.6 |
| 172 | $Sr_3(PO_4)_2$ | $4.0\times10^{-28}$ | 27.39 | 198 | $ZrO(OH)_2$ | $6.3\times10^{-49}$ | 48.2 |

①～③ 形态均为无定形。

# 参 考 文 献


［1］南京大学大学化学实验教学组．大学化学实验（第一版）［M］．北京：高等教育出版社，1999．

［2］北京师范大学．无机化学实验（第三版）［M］．北京：高等教育出版社，2007．

［3］大连理工大学无机化学教研室．无机化学实验（第二版）［M］．北京：高等教育出版社，2004．

［4］李方实，刘宝春，张娟．无机化学与化学分析实验（第一版）［M］．北京：化学工业出版社，2006．

［5］南京大学．无机及分析化学实验（第四版）［M］．北京：高等教育出版社，2006．

［6］武汉大学．分析化学实验（第三版）［M］．北京：高等教育出版社，1994．

［7］华中师范大学，东北师范大学，陕西师范大学，等．分析化学实验（第三版）［M］．北京：高等教育出版社，2001．

［8］方宾，王伦．化学实验上册［M］．北京：高等教育出版社，2003．

［9］邢宏龙．无机与分析化学实验［M］．上海：华东理工大学出版社，2009．

［10］孙尔康，张剑荣．分析化学实验［M］．南京：南京大学出版社，2009．